Global Report on the Development of Microbial Resources

全球微生物领域发展态势报告 2021

马俊才　吴新年　主编

科学技术文献出版社
SCIENTIFIC AND TECHNICAL DOCUMENTATION PRESS
·北京·

图书在版编目（CIP）数据

全球微生物领域发展态势报告. 2021= Global Report on the Development of Microbial Resources 2021 / 马俊才，吴新年主编. —北京：科学技术文献出版社，2023. 3
ISBN 978-7-5235-0069-9

Ⅰ. ①全… Ⅱ. ①马… ②吴… Ⅲ. ①微生物学—学科发展—研究报告—世界—2021
Ⅳ. ① Q93-11

中国国家版本馆 CIP 数据核字（2023）第 037881 号

全球微生物领域发展态势报告2021

策划编辑：周国臻 责任编辑：张　红 责任校对：王瑞瑞 责任出版：张志平

出 版 者　科学技术文献出版社
地　　址　北京市复兴路15号　邮编　100038
编 务 部　（010）58882938，58882087（传真）
发 行 部　（010）58882868，58882870（传真）
邮 购 部　（010）58882873
官方网址　www.stdp.com.cn
发 行 者　科学技术文献出版社发行　全国各地新华书店经销
印 刷 者　北京九州迅驰传媒文化有限公司
版　　次　2023 年 3 月第 1 版　2023 年 3 月第 1 次印刷
开　　本　787 × 1092　1/16
字　　数　249千
印　　张　13.75
书　　号　ISBN 978-7-5235-0069-9
定　　价　128.00元

版权所有　违法必究

购买本社图书，凡字迹不清、缺页、倒页、脱页者，本社发行部负责调换

《全球微生物领域发展态势报告2021》编写组

名誉主编　高　福

主　　编　马俊才　吴新年

副 主 编　喻亚静　仝　舟　吴林寰

成　　员（按姓氏拼音排序）

白光祖　曹　琨　陈　奇　范国梅

付　爽　郭翀晔　靳军宝　刘　柳

孟欢欢　亓合媛　孙　彦　孙清岚

王　芳　张荐辕　郑玉荣

前　言

微生物影响整个地球生态系统并与人类健康息息相关，微生物技术正在深刻改变医药健康、工业、农业、生态环保等领域。科学技术的发展正在更新人类对微生物世界的认知和理解，颠覆传统理论，而基于微生物技术形成的新生产力和颠覆性技术将对经济社会发展产生重要影响，并促进产业结构调整，正在成为新的经济增长点。

本报告基于创新价值链不同环节的表征物及其相互之间的知识关联关系，开展了微生物研究与开发相关重点领域全球发展态势分析，重点关注合成生物学、微生物组学、基因编辑技术、微生物传感器、生物反应器、微生物菌剂等，通过多源数据的融合与挖掘，描摹驱动技术进步的科学知识演变过程，跟踪前沿技术的萌芽、发展、突变演化轨迹；基于政策规划和产业发展态势，明确微生物领域产业结构及演化趋势，分析世界主要经济体的微生物产业战略布局，研判未来产业与技术重点发展方向。

本报告重点研究了以下 5 个方面的内容：

①全球微生物资源开发重点领域发展环境分析。重点分析了全球主要创新型国家微生物资源开发重点领域的政策与规划、法律法规、发展重点、实施步骤、未来布局等，并对全球主要国家微生物领域的发展环境进行对比分析。

②基于科研项目信息分析全球微生物资源开发重点领域研究进展。重点分析了全球主要国家微生物资源开发重点领域的项目布局、研究机构、学科主题及发展趋势等。

③基于公开发表的论文信息分析全球微生物资源开发重点领域基础研究进展。重点分析了全球主要国家微生物资源开发重点领域的基础研究热点主题分布、主要研究机构、基金资助情况及发展趋势等，并对全球主要国家基础研究进展进行对比分析。

④基于专利信息分析全球微生物资源开发重点领域应用研究与技术研发进展。重点分析了全球主要国家微生物资源开发重点领域技术研发方向、技术布局、技术竞争格局、技术影响力等，并对微生物领域重点技术主题及其演化趋势、合作网络、技术发展路线图等进行分析。

⑤分析全球微生物资源开发重点领域发展趋势，并对未来发展进行展望。根据行业专家及权威智库观点，对微生物资源开发重点领域发展趋势、未来走向等进行分析。

根据世界知识产权组织公开的“国际保藏单位 2001—2020 年专利微生物保藏与发

放”数据显示，全球 26 个国家的 47 个国际保藏单位共保藏专利微生物 129 202 株，发放 243 693 株。中美两国在专利微生物保藏量上处于领先地位，两国合计占全球专利微生物保藏量的 60.93%。美国发放专利微生物 233 808 株，占全球发放量的 95.94%，处于垄断地位。美国的专利法对美国生物技术的开发和利用起到了积极促进作用。

合成生物学领域科研项目资助国家主要为美国、中国和英国，项目主持机构主要为斯坦福大学、加利福尼亚大学旧金山分校和帝国理工学院等。从基础研究论文数量看，排名前五的国家依次为美国、中国、日本、英国和德国；排名前五的研发机构依次为哈佛大学、麻省理工学院、东京大学、斯坦福大学和中国科学院。从专利数量看，排名前五的国家 / 地区分别为美国、中国、日本、加拿大和欧盟，其中，美国的专利数量占全部专利数量的 46.83%；排名前五的研发机构分别为加利福尼亚大学系统、杜邦公司、麻省理工学院、美国卫生与人类服务部、巴斯夫公司；研发主题主要集中在突变或遗传工程、酶或微生物的测定或检验方法等。

微生物组学领域科研项目资助国家主要为美国、中国和英国，项目主持机构主要为华盛顿大学、哥伦比亚大学和贝勒医学院等。从基础研究论文数量看，排名前五的国家分别为美国、中国、英国、德国和加拿大；排名前五的研发机构依次为加利福尼亚大学圣迭戈分校、中国科学院、华盛顿大学、佛罗里达大学和密歇根大学。从专利数量看，排名前五的国家 / 机构分别为美国、中国、加拿大、世界知识产权组织和韩国；排名前五的研发机构分别为 uBiome 公司、Psomagen 公司、加利福尼亚大学、帝斯曼知识产权资产公司和 AOBiome 公司；研究主题主要集中在核酸的测定或检验方法、含有细菌的医用配制品和具有特殊物理形状医药配制品等。

基因编辑技术领域科研项目资助国家主要为美国、中国和日本，项目主持机构主要为杜克大学、中山大学和加利福尼亚大学旧金山分校等。从基础研究论文数量看，排名前五的国家分别为美国、中国、德国、日本和英国；排名前五的研发机构依次为哈佛大学、中国科学院、斯坦福大学、中国科学院大学和加利福尼亚大学伯克利分校。从专利数量看，排名前五的国家 / 机构分别为中国、美国、加拿大、韩国和欧洲专利局；排名前五的研发机构分别为上海博德基因开发有限公司、麻省理工学院、哈佛医学院、Broad 研究所和加利福尼亚大学；研究主题主要集中在 CRISPR、锌指蛋白、肺癌治疗、基因突变模型、基因编辑技术用于植物育种等。

微生物传感器领域科研项目资助国家 / 地区主要为美国、欧盟和英国，项目主持机构主要为加利福尼亚大学、华盛顿大学和普林斯顿大学等。从基础研究论文数量看，排名前五的国家分别为美国、中国、德国、英国和印度；排名前五的研发机构依次为加利福尼亚大学、中国科学院、华盛顿大学、法国国家科学研究中心和哈佛大学。从专利数量看，排名前五的国家分别为中国、日本、美国、韩国和俄罗斯；排名前五的研发机构分别为松下电器、LG电器、江苏大学、中国科学院和江南大学；研究主题主要集中在酶学或微生物学装置等。

生物反应器领域科研项目资助国家主要为美国、巴西和日本，项目主持机构主要为莱斯大学、塔夫茨大学和匹兹堡大学等。从基础研究论文数量看，排名前五的国家分别为美国、中国、德国、加拿大和印度；排名前五的研发机构依次为中国科学院、哈尔滨工业大学、法国国家科学研究中心、同济大学和印度理工学院。从专利数量看，排名前五的国家分别为中国、美国、日本、韩国和德国；排名前五的研发机构分别为美国通用电气公司、美国基因工程技术公司、浙江大学、中国石油化工股份有限公司和德国赛多利斯公司；研究主题主要集中在水、废水或污水的生物处理，酶学或微生物学装置等。

微生物菌剂领域科研项目资助国家主要为美国、中国和巴西，项目主持机构主要为美国农业研究服务所、匹兹堡大学和阿拉巴马大学等。从基础研究论文数量看，排名前五的国家分别为美国、中国、印度、意大利和英国；排名前五的研发机构依次为中国科学院、乌得勒支大学、西班牙最高科研理事会、圣保罗大学和佛罗里达大学。从专利数量看，排名前五的国家分别为中国、韩国、美国、加拿大和日本；排名前五的研发机构分别为中国农业科学院、江阴昊松格氏生物技术有限公司、中国科学院、江南大学和南京农业大学；研究主题主要集中在一种或多种肥料与无特殊肥效的添加剂组分的混合物等。

目　录

Contents

第一章

总论

内容提要

微生物影响整个地球生态系统并与人类健康息息相关，微生物技术正在深刻改变医药健康、工业、农业、生态环保等领域。科学技术的发展正在更新人类对微生物世界的认知和理解，颠覆传统理论，而基于微生物技术形成的新生产力和颠覆性技术将对经济社会发展产生重要影响，并促进产业结构调整，正在成为新的经济增长点。

未来，微生物产业将颠覆人类的制造范式、食品范式、大健康范式。“生物制造”将在制造方式、绿色生产、能源供应、人类健康等方面产生颠覆性影响。其中，合成生物学、微生物组学、基因编辑技术、微生物传感器、生物反应器、微生物菌剂等是全球微生物研究与国家战略布局的重点领域，引领着未来生物产业发展方向。

合成生物学是在分子生物学、系统生物学、生物信息学、组学等现代生物学和系统科学的基础上发展起来的融合了独特的工程学属性的新兴交叉学科，它将传统生物学以描述、定性、分析为主转变为定量、预测、计算及工程化模式。2000 年以来，合成生物学研究进展主要体现在基础理论与方法研究、技术创新、工程化、产业化和提升医疗水平等方面。

微生物组学发展主要基于新一代测序和质谱技术的革命性突破，包括高通量测序技术、SMRT 技术、Nanopore 技术等。微生物组学研究逐渐转向对物种生物学特征、演化历程和互作代谢的深入研究，研究策略也由单一组学测序逐渐延伸为基因组、转录组、代谢组和表观遗传组的多组学分析，尤其重点关注微生物与宿主之间的相互机制、因果作用等。

基因编辑技术是指对基因组进行定点修饰的一项新技术，利用该技术可以精确地定位到基因组的某一位点上，并在该位点上进行单碱基或 DNA 片段的插入、删除或替换。基因编辑技术的出现是生命科学发展的一个里程碑，推动了生命科学领域的跨越式发展。

微生物传感器被赋予简便、灵敏、快速、准确等特征，因而在生命科学研究、疾病诊断和监护、生物过程控制、农业与食品安全、环境质量与污染控制、生物安全与生物安保、航天、深海和极地科学等领域展现出广阔的应用前景。

生物反应器技术主要应用于生物医药等领域的全生命周期中，目前应用较多的是膜生物反应器。

微生物菌剂可用于解决农业生产中的许多问题，近年来显得日益重要。农业生产实践证明，微生物肥料在土壤生产力维系、土壤修复改良、作物提质增效、减肥增效、资源化循环利用等农业绿色发展中起到了不可或缺的作用。

第一节 研究背景

一、微生物基础创新与生物经济的重要意义

微生物影响整个地球生态系统并与人类健康息息相关，微生物技术正在深刻改变医药健康、工业、农业、生态环保等领域。科学技术的发展正在更新人类对微生物世界的认知和理解，颠覆传统理论，而基于微生物技术形成的新生产力和颠覆性技术将对经济社会发展产生重要影响，并促进产业结构调整，正在成为新的经济增长点[①]。

近年来，全球主要经济体均将生物经济作为未来重点发展方向。美国先后出台了《国家生物经济蓝图》（2012 年）、《国家微生物组计划》（2016 年）、《生物经济计划：实施框架》（2019 年）、《护航生物经济》（2020 年）等多项有关生物经济的发展规划，将人类健康、新型疫苗、生物安全等领域作为重点；欧盟先后制定并发布了《构建欧洲生物经济》（2010 年）、《工业生物技术路线图》（2012 年）、《面向生物经济的欧洲化学工业路线图》（2019 年）等有关生物经济的规划，重点支持发展欧洲生物经济体系、监管体系、工业生物技术、生物安全等；日本相继制定并发布了《生物质产业化战略》（2012 年）、《日本生物经济 2030 愿景》（2016 年）、《生物战略 2019》等有关生物经济的发展规划，重点聚焦在生物产业、食品安全、监管体系等方面；韩国、英国、意大利等国家也纷纷制定了相关政策规划，加速推动本国生物经济战略的实施。

业界专家普遍的观点是，未来微生物产业将颠覆人类的制造范式、食品范式、大健康范式等。“生物制造”将在制造方式、绿色生产、能源供应、人类健康等方面产生颠覆性影响。例如，生物制造可以实现生物的自组织、自生长、自培育、自修复等，在制造方式上产生颠覆性影响；通过“3D 打印”技术，人类的食品来源不再局限于动植物，肉类等食品可以通过 3D 打印技术将微生物资源打印成食品，通常意义上的动植物很有可能成为生态资源，从而颠覆人类的食品思维；通过“细胞工厂”技术，兢兢业业的微生物细胞以清洁生物加工方式替代传统加工方式，改变高消耗、高污染、低效益的生产模式，还可以“重置”人类的血液和免疫系统，在人类健康领域产生颠覆性影响；通过“合成生物学”技术，可以构建有各类用途的人造生命系统，可以赋予人类更强的“改造自然、利用自然”的能力，从而颠覆人类的生命观念。

其中，合成生物学、微生物组学、基因编辑技术、微生物传感器、生物反应器、微生物菌剂等是全球微生物研究与国家战略布局的重点领域，引领着未来生物产业发展方向，对构建未来国家产业竞争优势具有重要作用，属于全球层面战略高地。

---

① 刘双江 . 微生物对经济社会发展的影响研究 [J]. 人民论坛，2021（22）：24–27.

二、合成生物学发展态势

合成生物学（Synthetic Biology）是在分子生物学、系统生物学、生物信息学、组学等现代生物学和系统科学的基础上发展起来的融合了独特的工程学属性的新兴交叉学科，它将传统生物学以描述、定性、分析为主转变为定量、预测、计算及工程化模式。

2000 年以来，合成生物学研究进展主要体现在以下几个方面。

1. 合成生物学基础理论与方法研究

主要包括：强化工程学“设计—建造—测试”概念；建立元件—模块—装置—系统—多细胞交互与群体感应的层级化设计理念，利用基本元件设计并构建基因开关（双相开关、双稳态开关等）、振荡器、逻辑门等合成装置，重编程生命系统使其执行期望功能；核酸 / 蛋白质调控元件的鉴定、合成、设计，基因线路的组装与优化。

2. 合成生物学技术创新

主要包括：计算机辅助设计与人工智能；化学合成生物学引领的正交人工生命体系搭建；与基因测序和合成成本超摩尔定律下降、DNA 组装、基因编辑技术发展一同蓬勃涌现的基因组工程化改造；基于饱和突变 / 理性设计的蛋白质元件 / 菌种定向进化工作。

3. 合成生物学工程化、产业化和提升医疗水平

主要包括：在底盘生物高效遗传操作与编辑、代谢网络检测与调控的基础上发展的大宗化学品、生物基产品、药品（青蒿素前体、大麻素、阿片类药物等）的细胞工厂构建；以 CRISPR 基因编辑技术为代表的快速检测、疾病动物模型构建、细胞疗法、先进肿瘤治疗等在生物医学中的应用。

三、微生物组学发展态势

微生物组是指一个特定环境或生态系统中全部微生物及其遗传信息的集合，其蕴藏着极为丰富的微生物资源。全面系统地解析微生物组的结构和功能，将为解决人类面临的能源、生态环境、工农业生产和人体健康等重大问题带来新思路。

微生物组学研究进展主要体现在以下几个方面。

1. 微生物组学基础理论与方法研究

大致可分为 3 个阶段[①]：第一个阶段是 20 世纪 70 年代以前，主要采用传统的微生物分离培养技术获得菌株，并进行一系列烦冗的生理生化分析，因此，人们对于微生物的认识基本停留在形态观察、描述、分类及生理学阶段。第二个阶段是从 20 世纪 80 年代开始，BIOLOG 技术、磷脂脂肪酸法、DNA 指纹图谱、基因芯片等分子生物学技术的兴起

① 高贵锋，褚海燕 . 微生物组学的技术和方法及其应用 [J]. 植物生态学报，2020，44（4）：395-408.

实现了不依赖微生物培养，而直接对环境微生物群落进行分析，开创了微生物分子生态学研究的新时代。值得注意的是，在 DNA 指纹图谱等技术的发展过程中，还出现了第一代测序技术，即 Sanger 法。第三个阶段是从 2006 年开始，高通量测序（第二代测序技术）和质谱技术的革命性突破及生物信息学的快速发展极大地推动了微生物组学研究。

2. 微生物组学技术创新

微生物组学技术是指不依赖微生物培养，而利用高通量测序和质谱鉴定等技术来研究微生物组的手段，目前已被广泛应用于环境微生物组研究，其研究对象包括土壤、水体、大气和人体等。目前，微生物组学技术主要包括微生物宏基因组学、微生物宏转录组学、微生物宏蛋白质组学、微生物宏代谢组学。

3. 微生物组学的应用

主要包括[①]确定未知基因的功能、微生物鉴定、微生物代谢途径、抗生素耐药性、环境微生物代谢与群落、肠道微生物代谢与疾病、工业发酵的改进、合成生物学、酶的发现、微生物生物地球化学循环、微生物与植物生长和健康、环境污染微生物修复、天体生物标志物等。

四、基因编辑技术发展态势

基因编辑技术的出现是生命科学发展的一个里程碑，推动了生命科学领域的跨越式发展。基因编辑是指对基因组进行定点修饰的一项新技术，利用该技术可以精确地定位到基因组的某一位点上，并在该位点上进行单碱基或 DNA 片段的插入、删除或替换。此过程既模拟了基因的自然突变，又修改并编辑了原有的基因组，并保留可定点修饰的特点，可应用到更多的物种上，效率更高，构建时间更短，成本更低。目前主要有 3 种基因编辑技术，分别为人工核酸酶介导的锌指核酸酶（Zinc-Finger Nucleases，ZFN）技术、转录激活因子样效应物核酸酶（Transcription Activator-Like Effector Nucleases，TALEN）技术和 RNA 引导的 CRISPR-Cas 核酸酶（CRISPR-Cas RGNs）技术。

迄今开发的三代位点特异性基因编辑 ZFN、TALEN、CRISPR 技术已被广泛应用于生命科学研究的各个方面，多次入选 *Science* 杂志评选的全球年度十大科技突破、*Nature Methods* 杂志评选的年度科学技术、*MIT Technology Review* 杂志评选的全球年度十大突破性技术等榜单。其中，CRISPR 技术及其相关成果更是前所未有的 3 次（2013 年、2015 年、2017 年）入选了 *Science* 杂志评选的全球年度十大科技突破，并于 2020 年获得诺贝尔化学奖。

① YE D Y，LI X W，SHEN J Z，et al. Microbial metabolomics：from novel technologies to diversified applications[J]. TrAC trends in analytical chemistry，2022（prepublish）.

自 2013 年首次报道 CRISPR/Cas9 系统在哺乳动物基因编辑中的应用以来，以 CRISPR 为代表的基因编辑技术受到了高度关注。在过去的近 10 年里，“魔剪” CRISPR 以其廉价、快捷、便利的优势，迅速席卷全球各地实验室，为生命科学研究领域带来了疾风骤雨般的改变[①]。

2019 年 6 月，美国工程生物学研究联盟（EBRC）首次发布了《工程生物学：下一代生物经济的研究路线图》，提出了未来 20 年的发展目标。其中，在基因编辑、合成和组装（Gene Editing，Synthesis and Assembly）领域，未来将专注于工具的开发和升级，以实现染色体 DNA 的合成和整个基因组的工程化改造。其发展目标为：高保真合成长度为数千个寡聚核苷酸的长链；多片段 DNA 组装，并进行实时、高保真序列验证；在多个位点同时进行精准基因组编辑，且无脱靶效应[②]。

五、微生物传感器发展态势

生物传感技术是生物学、化学、物理学和信息学等多学科集成的分析技术，被认为是涉及内容广泛、多学科介入和交叉并且充满创新活力的领域，其借助微阵列平台技术实现了高通量分析，在生命科学研究、疾病诊断和监护、生物过程控制、农业与食品安全、环境质量与污染控制、生物安全与生物安保、航天、深海和极地科学等领域展现出广阔的应用前景[③]。

根据传感元件，可将生物传感器分为酶传感器、微生物传感器、组织传感器、细胞传感器、DNA 传感器、免疫传感器等类型，放置在生物传感器中的传感元件则包括生物组织、微生物、细胞器、酶、抗体、抗原、核酸、DNA 等，其中，酶因其特异性和敏感性而成为应用最广泛的识别元件[④]。但是，酶的纯化成本高，且耗费的时间长，操作环境对酶的影响较大，会导致其活性下降，而微生物可以通过细胞培养大量生产，在生物传感器的制造中成为一种很好的传感元件替代物，且和动植物细胞或组织等相比，其具有更好的生存力和稳定性，易被操纵，有利于简化生物传感器的制造及提高生物传感器的性能[⑤]。

微生物传感器是由固定化微生物、换能器和信号输出装置组成，以微生物活体作为分子识别敏感材料固定于电极表面构成的一种生物传感器。其主要是利用微生物呼

① 王慧媛，范月蕾，褚鑫，等 . CRISPR 基因编辑技术发展态势分析 [J]. 生命科学，2018，30（9）：113-123.

② 美国 EBRC 发布工程生物学研究路线图 [EB/OL].（2019-11-25）[2022-04-15].http：//www.casisd.cn/zkcg/ydkb/kjqykb/2019/kjqykb201908/201911/t20191125_5442178.html.

③ 张先恩 . 生物传感发展 50 年及展望 [J]. 中国科学院院刊，2017，32（12）：1271–1280.

④ D’SOUZA S F. Microbial biosensors [J]. Biosensors & bioelectronics，2001，16（6）：337–353.

⑤ BYFIELD M P，ABUKNESHA R A. Biochemical aspects of biosensors [J]. Biosensors & bioelectronics，1994，9（4–5）：373.

吸代谢的原理——呼吸代谢产生的特殊离子在阳极放电，进而形成可以被检测出来的一种特殊信号，从而达到检测的最终目的①。这种以活的微生物为敏感材料，利用微生物体内的酶系和代谢系统对相应底物进行识别和测定的新型传感技术，对各种污染物的检测具有低成本、高效率、高灵敏度、选择性好等特点，同时，微生物传感器容易制作且使用寿命长，因而应用广泛，其在基础理论研究、临床医学检测、工业产品分析和环境质量监测等方面具有重要作用，如帮助人类监测环境，设计构建能够识别和富集土壤或水中的镉、汞、砷等重金属污染物的微生物，以大幅提升污染治理效能。

根据微生物传感器的工作原理对其进行分类，可以分为发光微生物传感器、呼吸机能型微生物传感器、代谢机能型微生物传感器和基因工程微生物传感器②。

微生物传感器是生物传感器的一个重要分支。1975 年，Divies 制成了第一支微生物传感器，由此开辟了生物传感器发展的又一新领域。微生物传感器的主要技术在于固定化微生物技术和换能器。固定化微生物技术中，载体材料的选择起着关键作用，目前常见的有有机载体材料、无机载体材料、改性载体材料、复合载体材料及新型的载体材料；同时，研究人员也在研发兼容性高且不会影响细胞活性、材料绿色环保、具有较大的比表面积、可以重复使用、成本低且易获得的性能更加优异的载体材料。微生物的固定化方法目前主要是吸附法、包埋法、交联法及联合固定法，未来研究追求的是反应温和、作用力强且稳定、不影响微生物细胞活性的固定技术。

换能器是将生物或化学反应过程中产生的各种信息转变成可方便测量的信号，对物理、化学、生物等多元信号进行转换。随着现代测试技术的提高，信息转换的方式也越来越丰富、越来越灵敏，因此，对于信息的反馈也越来越精准。

微生物传感器技术正在进入一个新的蓬勃发展阶段，主要的促进因素源于近年来的研究热点从信号传输、细胞分离逐渐向基因表达、细菌群体效应、蛋白质相关研究转变，再到后来的纳米粒子、抗病毒等方向。开发新的固定化技术，利用微生物育种、基因工程和细胞融合技术研制出新型、高效耐毒性的微生物传感器是该领域具有发展潜力的研究方向，定会随着人们对大健康的追求和生物科学、材料科学及其相关学科的发展，以及物联网、大数据等的快速进步逐步趋向微型化、集成化、智能化发展。

六、生物反应器发展态势

生物反应器是利用酶或生物体（如微生物）所具有的生物功能，在体外进行生化

① 孙龙月，王艳，薛也，等. 检测性生物传感器的应用研究进展 [J]. 食品工业，2021，42（4）：367–372.

② 张静，吕雪飞，邓玉林. 基因工程微生物传感器及其应用研究进展 [J]. 生命科学仪器，2019，17（1）：11–16.

反应的装置系统，它是一种生物功能模拟机，如发酵罐、固定化酶或固定化细胞反应器等，在酒类、医药生产、浓缩果酱、果汁发酵、有机污染物降解方面有重要应用。

生物反应器研究进展主要体现在以下几个方面。

1. 生物反应器的更新换代

从出现至今，生物反应器经历了几个发展阶段①：细菌基因、细胞基因和转基因生物。其中，转基因生物反应器的出现受到了业内专家学者的广泛关注，这是因为此类反应器克服了前两类反应器的缺陷，细菌基因的缺陷是不具备生物活性，需要通过羟基化加工才能生成有效的药物；细胞基因是由于哺乳动物细胞的培养条件比较苛刻，加之成本过高，限制了它的规模化生产。而转基因动物生物反应器具有易提纯、质量高等特点，其优越性体现在：转基因动物的出现给基因工程的利用提供了一条低成本、高活性的路径，作为生物反应器的转基因动物可利用其血液和乳腺组织进行定位表达。

2. 生物反应器技术创新

包括生物反应器细胞的驯化、生物反应器培养基的个性化定制、动物细胞悬浮培养技术、反应器悬浮培养技术、生化环境的优化控制、全悬浮放大和微载体放大技术、生物反应器培养工艺、过程自动化操控技术、细胞株筛选与评价中采用高通量培养技术、基于微型生物反应器的平行培养技术，以及基于微流控的微型生物反应器技术等。

3. 生物反应器的应用

生物反应器在生物医药等领域的全生命周期中起到了越来越重要的作用，主要应用产品包括膜生物反应器、一次性生物反应器、高通量微型生物反应器、植物细胞反应器、动物细胞反应器、酶反应器、光生物反应器、乳腺生物反应器、生物人工肝、膀胱生物反应器、血液生物反应器、微藻生物反应器、泥浆生物反应器及其他新型生物反应器等。

七、微生物菌剂发展态势

微生物菌剂是指目标微生物（有效菌）经过工业化生产扩繁后，利用多孔的物质作为吸附剂（如草炭、蛭石），吸附菌体的发酵液加工制成的活菌制剂。微生物菌剂按内含的微生物种类或功能特性分为根瘤菌菌剂、固氮菌菌剂、解磷类微生物菌剂、硅酸盐微生物菌剂、光合细菌菌剂、有机物料腐熟剂、促生菌剂、菌根菌剂、生物修复菌剂；剂型以液体为主，也有粉剂、颗粒型。按照复合方式则以微生物菌剂和复合微生物菌剂（如 JT 微生物菌剂）为主。

1895 年，德国科学家 Noble 研发出名为“Nitragin”的根瘤菌接种剂，是世界上最

① 范铁男，郭爽 . 生物反应器的研究进展 [J]. 科学技术创新，2017（29）：122-123.

早的微生物菌剂。20 世纪 30—40 年代，美国、澳大利亚等国家先后发展了根瘤菌接种剂产业。20 世纪 30 年代，我国土壤微生物学专家张宪武教授对大豆根瘤菌的相关研究带领我国微生物菌剂研究不断深入并进入市场。50 年代，微生物菌剂的生产和应用初具规模，大豆根瘤菌剂接种技术在东北地区大面积推广应用，平均增产 10% 以上。60 年代后期至 70 年代，我国掀起了微生物肥料研究、生产和应用的热潮。固氮蓝绿藻肥、“5406”抗生菌肥、VA 菌根肥、生物钾肥等微生物肥料得到大面积推广应用。80 年代后期，为了适应农业发展需求，微生物肥料的研究从单一的固氮菌剂逐步向复合多功能菌剂、菌肥发展，衍生出生物有机肥、复合微生物肥料等。

微生物菌剂应用于农业肥料生产时，通过其中所含有益微生物的生命活动，可以提升土壤中微生物的数量和整体活性，减少农作物受多种病原真菌、细菌等侵袭，维持植物根际微生物区系平衡，降解有毒害物质，具有消除土壤板结、改良土壤的作用，同时能够避免多种土传病害和传染性病害发生，提高作物抗旱、抗寒等抗逆境能力，降低成本、改良土壤，同时还能够保护生态环境①。

从我国农业农村部微生物肥料和食用菌菌种质量监督检验测试中心官网查询到，截至 2022 年 1 月，我国农业农村部已经登记的微生物肥料产品有 9564 种，微生物菌剂产品有 4600 多种，有效推动了微生物肥料行业的健康、有序发展。而近 20 年微生物肥料行业发展的相关统计数据也反映了微生物产品正逐渐成为市场主流产品，截至 2022 年按 1 月已经登记的 4600 多种微生物菌剂产品中，使用频率较高的前 10 位菌种分别为枯草芽孢杆菌、胶冻样类芽孢杆菌、地衣芽孢杆菌、解淀粉芽孢杆菌、巨大芽孢杆菌、酿酒酵母、侧孢短芽孢杆菌、细黄链霉菌、植物乳杆菌、黑曲霉。

微生物菌剂应用于食品和饲料生产时，能够有效补充人体和动物消化道内的有益微生物，杀灭有害微生物，改善肠道微生物生态平衡，提高机体代谢能力、营养吸收能力，从而促进机体生长，成为理想的抗生素替代品。选用有益复合菌，利用有益菌预防动物肠道疾病，具有较高的经济价值②。

微生物菌剂应用于环保时，主要集中在印染废水、啤酒废水、制药废水、造纸废水、焦化废水等废水处理领域，可用于生活垃圾除臭、养殖场除臭、化粪池除臭等，污水中的有机污染物被微生物分解，最终转换为氮气、二氧化碳、水等。由于微生物菌剂具有成本低、用量少、效率高等优点，随着研究的不断深入微生物菌剂的应用范围将更加广阔。

---

① 宋晓，陈莉，李建芬，等.增施微生物菌剂对设施土壤理化性质及微生物的影响 [J]. 安徽农业科学，2021，49（21）：167–171.

② 德诺科技实业（沈阳）有限公司.一种饲用活性腐殖酸复合微生物菌剂的制备及其应用：CN112617037A[P]. 中国，2021-01-07.

第二节　总体思路与目标

一、总体思路

本报告基于创新价值链不同环节的表征物及其相互之间的知识关联关系，开展了微生物研究与开发相关重点领域全球发展态势分析，重点关注合成生物学、微生物组学、基因编辑技术、微生物传感器、生物反应器、微生物菌剂等，通过多源数据的融合与挖掘，描摹驱动技术进步的科学知识演变过程，跟踪前沿技术的萌芽、发展、突变演化轨迹；基于政策规划和产业发展态势，明确微生物领域产业结构及演化趋势，分析世界主要经济体的微生物产业战略布局，研判未来产业与技术重点发展方向（图 1–1）。

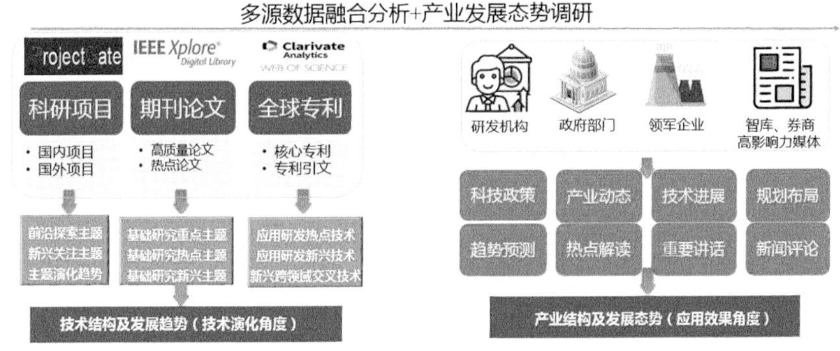

图 1–1　全球微生物领域发展态势研究思路

本报告针对全球微生物资源开发研究重点领域（包括合成生物学、微生物组学、基因编辑技术、微生物传感器、生物反应器、微生物菌剂等），主要开展 5 个方面的研究：

①全球微生物资源开发重点领域发展环境分析。重点分析了全球主要创新型国家微生物资源开发重点领域的政策与规划、法律法规、发展重点、实施步骤、未来布局等，并对全球主要国家微生物领域的发展环境进行对比分析。

②基于科研项目信息分析全球微生物资源开发重点领域研究进展。重点分析了全球主要国家微生物资源开发重点领域的项目布局、研究机构、学科主题及发展趋势等。

③基于公开发表的论文信息分析全球微生物资源开发重点领域基础研究进展。重点分析了全球主要国家微生物资源开发重点领域的基础研究热点主题分布、主要研究机构、基金资助情况及发展趋势等，并对全球主要国家基础研究进展进行对比分析。

④基于专利信息分析全球微生物资源开发重点领域应用研究与技术研发进展。重点分析了全球主要国家微生物资源开发重点领域技术研发方向、技术布局、技术竞争格局、技术影响力等，并对微生物领域重点技术主题及其演化趋势、合作网络、技术发展路线图等进行分析。

⑤分析全球微生物资源开发重点领域发展趋势，并对未来发展进行展望。根据行业专家及权威智库观点，对微生物资源开发重点领域发展趋势、未来走向等进行分析。

二、总体目标

研究全球微生物资源开发重点领域最新产业发展环境、科研项目布局情况、基础研究发展态势、应用研究发展态势，明确全球微生物领域重点发展方向。分析我国在全球微生物资源开发重点领域最新发展态势中的地位、优势及不足，为我国微生物资源开发与产业发展战略布局提供参考。

第三节　主要研究方法与工具

一、研究方法

文献调研法：调研国内外微生物资源保藏现状、主要国家产业政策、产业发展现状、主要市场规模等。

文献计量法：以科学论文和专利数据为数据源开展微生物基础研究和应用研发分析，包括在微生物领域开展相关研究的主要国家、主要机构 / 企业、主要科学家、合作网络及强度、竞争格局及影响力等分析。

数据挖掘法：借助专业的情报分析工具对不同来源的信息进行数据挖掘，分析对比不同来源、不同时间跨度下相关研究主题的演化、传承与变化，并绘制技术路线图。

专利引证分析法：采集专利前引及后引数据，通过分析专利后引数据分析后续技术研发及应用方向，研判下游产业的需求增长方向；通过对比专利前引核心论文的研究主题演化，分析核心技术的发展脉络。

专家咨询法：通过专家咨询，对微生物资源相关研究成果进行论证。

二、分析工具

主要分析工具包括数据挖掘软件 DDA（Derwent Data Analyzer）、INNOGRAPHY、智慧芽等，以及可视化的专利地图分析工具 Derwent Innovation（DI）。

第四节　数据来源

一、数据来源及检索式

1. 数据来源

全球微生物重点领域最新科技发展态势数据来源于基础研究数据、应用研发数据和科研项目数据。

基础研究数据：主要来源于科学引文索引（SCI-E）、社会科学引文索引（SSCI）和科技会议录索引（CPCI-S）。

应用研发数据：主要来源于德温特创新索引数据库（DII）。

科研项目数据：主要来源于全球科研项目数据库。

2. 检索式及结果

对全球微生物重点领域，如合成生物学、微生物组学、基因编辑技术、微生物传感器、生物反应器、微生物菌剂等的基础研究、全球专利和全球科研项目科技数据进行检索，检索式及结果如表 1–1 所示。

表 1–1 全球微生物重点领域科技数据检索式及结果

序号	主题方向	数据来源	检索式	数据量 / 条
1	合成生物学	基础研究	TI= ((gene circuit) OR (gene circuits) OR (genetic circuit) OR (genetic circuits) OR (genetic device) OR (genetic devices) OR (synthetic life) OR (synthetic lives) OR (synthetic tissue) OR (synthetic tissues) OR (synthetic cell) OR (synthetic cells) OR (synthetic genome) OR (synthetic genomes) OR (synthetic gene) OR (synthetic genes) OR (minimal genome) OR (minimal genomes) OR (essential gene) OR (essential genes) OR (biology，synthetic))	18 492
		全球专利	TS= ((gene circuit) OR (gene circuits) OR (genetic circuit) OR (genetic circuits) OR (genetic device) OR (genetic devices) OR (synthetic life) OR (synthetic lives) OR (synthetic tissue) OR (synthetic tissues) OR (synthetic cell) OR (synthetic cells) OR (synthetic genome) OR (synthetic genomes) OR (synthetic gene) OR (synthetic genes) OR (minimal genome) OR (minimal genomes) OR (essential gene) OR (essential genes) OR (biology，synthetic)) AND IP= (B01* OR C12N* OR C12P* OR C12Q* OR C12S* OR C40B*)	13 147
		全球科研项目	((query_find：" gene circuit ") OR (query_find：" gene circuits ") OR (query_find：" genetic circuit ") OR (query_find：" genetic circuits ") OR (query_find：" genetic device ") OR (query_find：" genetic devices " OR (query_find：" synthetic life ") OR (query_find：" synthetic live ") OR (query_find："synthetic tissue") OR (query_find：" synthetic tissues ") OR (query_find：" synthetic cell ") OR (query_find：" synthetic cells ") OR (query_find：" synthetic genome ") OR (query_find：" synthetic genomes") OR (query_find：" synthetic gene ") OR (query_find：" synthetic genes ") OR (query_find：" minimal genome ") OR (query_find：" minimal genomes ") OR (query_find：" essential gene ") OR (query_find：" essential genes ") OR (query_find：" synthetic biology ") OR (query_find：" 合成生物 ") OR (query_find：" 合成生命 ")) NOT PY=2022	6297

续表

序号	主题方向	数据来源	检索式	数据量 / 条
2	微生物组学	基础研究	TI=（Microbiom* OR microbial-metagenom* OR microbial-metatranscriptom* OR microbial-metaproteom* OR microbial-metabolom*）OR AK=（Microbiom* OR microbial-metagenom* OR microbial-metatranscriptom* OR microbial-metaproteom* OR microbial-metabolom*）OR AK=（（microORganism* OR microbe* OR bacter* OR archae* OR fung*）AND（metagenomics OR metatranscriptomics OR metaproteomics OR metabolomics））OR TI=（（microORganism* OR microbe* OR bacter* OR archae* OR fung*）AND（metagenomics OR metatranscriptomics OR metaproteomics OR metabolomics））	24 772
		全球专利	TS=（Microbiom* or microbial-metagenom* or microbial-metatranscriptom* or microbial-metaproteom* or microbial-metabolom*）OR TS=（（microorganism* or microbe* or bacter* or archae* or fung*）and（Microbiom* OR metagenomics or metatranscriptomics or metaproteomics or metabolomics））	979
		全球科研项目	（（query_find："微生物组"）OR（query_find："Microbiome"）OR（query_find："microbial-metagenome"）OR（query_find："microbial-metatranscriptome"）OR（query_find："microbial-metaproteome"）OR（query_find："microbial-metabolome"））NOT PY=2022	10 650
3	基因编辑技术	基础研究	TI=（（ZFN）OR（ZFNs）OR（ZFPN）OR（zinc finger proteinnuclease*）OR（zinc finger nuclease*）OR（zinc finger protein））OR（TI=（TALEN OR TALENs）OR TI=（trancription activator-like effector*）OR TI=（TALE nucleases））OR（TI=（CRISPR* NOT crisprolls）OR TI=（Clustered regularly interspaced short palindromic repeat*））OR（TI=（（gene edit*）OR（Genome Edit*）））OR TI=（（NgAgo）OR（Natronobacterium gregoryi Argonaute））OR TI=（（ADAR）OR（ADAR1）OR（Adenosine-deaminase-acting-on-RNA））	23 615
		全球专利	TS=（（ZFN）OR（ZFNs）OR（ZFPN）OR（zinc finger proteinnuclease*）OR（zinc finger nuclease*）OR（zinc finger protein））OR（TS=（TALEN OR TALENs）OR TS=（trancription activator-like effector*）OR TS=（TALE nucleases）OR（TS=（TALE* not TALENT）AND IP=C12*））OR（TS=（CRISPR* NOT crisprolls）OR TS=（Cas9）OR（TS=（Cas1 OR Cas1 OR Cas2 OR Cas3 OR Cas4 OR Cas5 OR Cas6 OR Cas7 OR Cas8 OR Cas10 OR Cas12 OR Cas13 OR Cas14 OR Cpf1）AND IP=C12*）OR TS=（Clustered regularly interspaced short palindromic repeat*））OR（TS=（（gene edit*）OR（Genome Edit*）））OR TS=（（NgAgo）OR（Natronobacterium gregoryi Argonaute））OR TS=（（ADAR）OR（ADAR1）OR（Adenosine-deaminase-acting-on-RNA））	9022

续表

序号	主题方向	数据来源	检索式	数据量/条
3	基因编辑技术	全球科研项目	TI="ZFN" OR TI="ZFNs" OR TI="zinc finger proteinnuclease*" OR TI="zinc finger nuclease*" OR TI="zinc finger protein" OR (TI="TALEN" OR TI="TALENs" OR TI="trancription activator-like effector*" OR TI="TALE nucleases") OR TI="CRISPR*" OR TI="Clustered regularly interspaced short palindromic repeat*" OR TI="gene edit*" OR TI="Genome Edit*" OR TI="NgAgo" OR TI="Natronobacterium gregoryi Argonaute" OR TI="ADAR" OR TI="ADAR1" OR TI="Adenosine-deaminase-acting-on-RNA" OR TI="	2176
4	微生物传感器	基础研究	((TI="microbial sens*" OR "microbial biosens*" OR "microbiosens*" OR "microorganism sens*" OR "microorganism biosens*") OR ((TI="MICROBIOTA" OR "ANTIBIOTIC" OR "Microbe" OR "MICROBES" OR "Microbial" OR "microbiome" OR "MICROBIOLOGY" OR "MICROORGANISM*" OR "micro-organism*" OR "mycoplasma*" OR "Nanoorganism*" OR "Nano-organism*" OR "MYCOBACTERIUM*" OR "antimicrobi*" OR "anti-microbi*" OR "BACTERIA*" OR "BACTERIUM*" OR "ARCHAEA*" OR "BACTERIOPHAGE*" OR "Archaebacteria*" OR "Extremophile*" OR "Fungi" OR "FUNGAL" OR "FUNGUS" OR "VIRUS" OR "VIRUSES" OR "Antiviral*" OR "Anti-viral*" OR "ESCHERICHIA-COLI*" OR "SACCHAROMYCES-CEREVISIAE*" OR "FERMENTATION*" OR "Microalgae*" OR "YEAST" OR "PATHOGENS*" OR "BACILLUS-SUBTILIS*" OR "HIV" OR "KLEBSIELLA-PNEUMONIAE*" OR "LISTERIA-MONOCYTOGENES*" OR "ENTEROBACTERIACEAE*" OR "GRAM-NEGATIVE-BACTERIA*" OR "probiotics*" OR "CANDIDA-ALBICANS*"OR "STREPTOCOCCUS-PNEUMONIAE*" OR "PLASMID*" OR "cultur*-Collect*" OR "SALMONELLA-TYPHIMURIUM*" OR "INFLUENZA*" OR "SALMONELLA-ENTERICA*" OR"Cyanobacteria*" OR "LACTOCOCCUS-LACTIS*" OR "MICROFLORA*" OR "CRISPR-Cas9" OR "ANTIBACTERIAL*" OR "prebiotics*" OR "SARS-CORONAVIRUS*" OR "Biocatalysis*" OR "METAGENOMIC-*" OR "meta-analysis*" OR "H5N1" OR "MERS-COV*" OR "TYPHIMURIUM*" OR "ACTINOBACTERIA*" OR "metatranscriptomics*" OR "Bacilli" OR "bacillus" OR "NOROVIRUS*" OR "adenovirus*" OR "PATHOGENIC*" OR "Protozoa*" OR "Protozoan*" OR "Protozoal*" OR "ARCHAEAL*" OR "endobacteria*" OR "actinomyce*" OR "archaebacterial*" OR "chlamydia*" OR "rickettsia*" OR "spirochaeta*" OR "spirochete*" OR "treponemata*" OR "bacteriophagolog*" OR "bacteriolog*" OR "mycolog*" OR "protistolog*" OR "protozoology*" OR "paleomicrobiolog*" OR "type-strain*" OR "Mushroom*" OR "Bacteriophage*" OR "Phage*" OR "Viroid*" OR "euvirus*" OR "subvirus*" OR "virusoid*") AND (TI="sensor" OR "sensors" OR "sensing"))) AND PY=[1900-01-01 TO 2021-12-31]	7414

续表

序号	主题方向	数据来源	检索式	数据量 / 条
4	微生物传感器	全球专利	(TI= ("sensor" OR "sensors" OR "sensing") AND TI= ("MICROBIOTA" OR "ANTIBIOTIC" OR "Microbe" OR "MICROBES" OR "Microbial" OR "microbiome" OR "MICROBIOLOGY" OR "MICROORGANISM*" OR "micro-organism*" OR "mycoplasma*" OR "Nanoorganism*" OR "Nano-organism*" OR "MYCOBACTERIUM*" OR "antimicrobi*" OR "anti-microbi*" OR "BACTERIA*" OR "BACTERIUM*" OR "ARCHAEA*" OR "BACTERIOPHAGE*" OR "Archaebacteria*" OR "Extremophile*" OR "Fungi" OR "FUNGAL" OR "FUNGUS" OR "VIRUS" OR "VIRUSES" OR "Antiviral*" OR "Anti-viral*" OR "ESCHERICHIA-COLI*" OR "SACCHAROMYCES-CEREVISIAE*" OR "FERMENTATION*" OR "Microalgae*" OR "YEAST" OR "PATHOGENS*" OR "BACILLUS-SUBTILIS*" OR "HIV" OR "KLEBSIELLA-PNEUMONIAE*" OR "LISTERIA-MONOCYTOGENES*" OR "ENTEROBACTERIACEAE*" OR "GRAM-NEGATIVE-BACTERIA*" OR "probiotics*" OR "CANDIDA-ALBICANS*" OR "STREPTOCOCCUS-PNEUMONIAE*" OR "PLASMID*" OR"cultur*-Collect*" OR "SALMONELLA-TYPHIMURIUM*" OR "INFLUENZA*" OR "SALMONELLA-ENTERICA*" OR "Cyanobacteria*" OR "LACTOCOCCUS-LACTIS*" OR "MICROFLORA*" OR "CRISPR-Cas9" OR "ANTIBACTERIAL*" OR "prebiotics*" OR "SARS-CORONAVIRUS*" OR "Biocatalysis*" OR "METAGENOMIC-*" OR "meta-analysis*" OR "H5N1" OR"MERS-COV*" OR "TYPHIMURIUM*" OR "ACTINOBACTERIA*" OR "metatranscriptomics*" OR "Bacilli" OR "bacillus" OR "NOROVIRUS*" OR "adenovirus*" OR "PATHOGENIC*" OR "Protozoa*" OR "Protozoan*" OR"Protozoal*" OR "ARCHAEAL*" OR "endobacteria*" OR "actinomyce*" OR "archaebacterial*" OR "chlamydia*" OR "rickettsia*" OR "spirochaeta*" OR "spirochete*" OR "treponemata*" OR "bacteriophagolog*" OR "bacteriolog*" OR "mycolog*" OR "protistolog*" OR "protozoology*" OR "paleomicrobiolog*" OR "type-strain*" OR "Mushroom*" OR "Bacteriophage*" OR "Phage*" OR "Viroid*" OR "euvirus*" OR "subvirus*" OR "virusoid*")) OR TS= (microbial-sens* or microbial-biosens* OR microbiosens* OR microorganism-sens* OR microorganism-biosens*)	5830
		全球科研项目	((TI=" 微生物传感器 " OR "microbial sens*" OR "microbial biosens*" OR "microbiosens*" OR "microorganism sens*" OR "microorganism biosens*") OR ((TI="MICROBIOTA" OR "ANTIBIOTIC" OR "Microbe" OR "MICROBES" OR "Microbial" OR "microbiome" OR "MICROBIOLOGY" OR "MICROORGANISM*" OR "micro-organism*" OR "mycoplasma*" OR "Nanoorganism*" OR "Nano-organism*" OR "MYCOBACTERIUM*" OR "antimicrobi*" OR "anti-microbi*" OR "BACTERIA*" OR "BACTERIUM*" OR "ARCHAEA*" OR "BACTERIOPHAGE*" OR "Archaebacteria*" OR "Extremophile*" OR "Fungi" OR "FUNGAL" OR "FUNGUS" OR "VIRUS" OR "VIRUSES" OR"Antiviral*" OR "Anti-viral*" OR "ESCHERICHIA-COLI*" OR "SACCHAROMYCES-CEREVISIAE*" OR "FERMENTATION*" OR "Microalgae*" OR "YEAST" OR "PATHOGENS*"	7685

续表

序号	主题方向	数据来源	检索式	数据量/条
4	微生物传感器	全球科研项目	OR"BACILLUS-SUBTILIS*"OR"HIV" OR "KLEBSIELLA-PNEUMONIAE*" OR "LISTERIA-MONOCYTOGENES*" OR "ENTEROBACTERIACEAE*" OR "GRAM-NEGATIVE-BACTERIA*" OR "probiotics*" OR "CANDIDA-ALBICANS*" OR "STREPTOCOCCUS-PNEUMONIAE*" OR "PLASMID*" OR "cultur*-Collect*" OR "SALMONELLA-TYPHIMURIUM*" OR "INFLUENZA*" OR "SALMONELLA-ENTERICA*" OR "Cyanobacteria*" OR "LACTOCOCCUS-LACTIS*" OR "MICROFLORA*" OR "CRISPR-Cas9" OR "ANTIBACTERIAL*" OR "prebiotics*" OR "SARS-CORONAVIRUS*" OR "Biocatalysis*" OR "METAGENOMIC-*" OR "meta-analysis*" OR "H5N1" OR "MERS-COV*" OR "TYPHIMURIUM*" OR "ACTINOBACTERIA*" OR "metatranscriptomics*" OR "Bacilli"OR "bacillus" OR "NOROVIRUS*" OR "adenovirus*" OR "PATHOGENIC*" OR "Protozoa*" OR "Protozoan*" OR "Protozoal*" OR "ARCHAEAL*" OR "endobacteria*" OR "actinomyce*" OR "archaebacterial*" OR "chlamydia*" OR "rickettsia*" OR "spirochaeta*" OR "spirochete*" OR "treponemata*" OR "bacteriophagolog*" OR "bacteriolog*" OR "mycolog*" OR "protistolog*" OR "protozoology*" OR "paleomicrobiolog*" OR "type-strain*" OR "Mushroom*" OR "Bacteriophage*" OR "Phage*" OR "Viroid*" OR "euvirus*" OR "subvirus*" OR "virusoid*"）AND（TI="sensor" OR "sensors" OR "sensing"）））AND PY=[1900 TO 2021]	7685
5	生物反应器	基础研究	TI=（bioreactor* OR Bio-Reactor* OR biological-reactor*）OR AK=（bioreactor* OR Bio-Reactor* OR biological-reactor*）	23 046
		全球专利	TS=（bioreactor* OR Bio-Reactor* OR biological-reactor*）	21 720
		全球科研项目	((query_find："bioreactors")OR(query_find："Bio-Reactors")OR(query_find："biological-reactors")OR(query_find："bioreactor")OR(query_find："Bio-Reactor")OR(query_find："biological-reactor"))NOT date_start：2022	3915
6	微生物菌剂	基础研究	((TI="Microbial-inoculant" OR "Microbial-inoculant" OR "microbial-agent" OR "microbial-agents" OR "Microbial-inoculum" OR "microbial-inocula")NOT (TI="anti-microbial agent*"))AND PY=[1900-01-01 TO 2021-12-31]	2613
		全球专利	((TI="Microbial-inoculant" OR "Microbial-inoculant" OR "microbial-agent" OR "microbial-agents" OR "Microbial-inoculum" OR "microbial-inocula")NOT(TI="anti-microbial agent*"))	14 946
		全球科研项目	((TI="Microbial-inoculant" OR "Microbial-inoculant" OR "microbial-agent" OR "microbial-agents" OR "Microbial-inoculum" OR "microbial-inocula" OR "微生物菌剂")NOT(TI="anti-microbial agent*"))AND PY=[1900 TO 2021]	767

二、政策规划、产业及智库观点数据来源

主要来自国研网、EMIS 数据库、国家/机构/团体/企业官网、相关商业数据库、智库/专家微博或微信公众号等。

第二章

全球专利微生物保藏与发放情况

内容提要

本章根据世界知识产权组织公开的“国际保藏单位 2001—2020 年专利微生物保藏与发放”数据对全球专利微生物保藏现状进行了统计分析，结果如下。

全球 26 个国家的 47 个国际保藏单位共保藏专利微生物 129 202 株，发放 243 693 株。专利微生物的保藏量大体上处于增长状态，专利微生物的发放量在 2001—2018 年均保持在 10 000 株以上，2019 年发放量急剧上升，突破 20 000 株，达到 24 995 株，而 2020 年发放量又急剧下降至 950 株。中美两国在专利微生物保藏量上处于领先地位，合计占全球专利微生物保藏量的 60.93%。美国发放专利微生物 233 808 株，占全球发放量的 95.94%，处于垄断地位。美国的专利法对美国生物技术的开发和利用起到了积极促进作用。

从国际保藏单位情况看，美国 ATCC 保藏专利微生物 35 950 株，占全球保藏量的 27.82%，居全球第 1 位；其次是中国 CGMCC，保藏了 21 630 株，占全球保藏量的 16.74%，居全球第 2 位；中国 CCTCC 以保藏 14 180 株专利微生物居第 3 位，占全球保藏量的 10.98%。从 TOP 10 保藏单位的年度保藏量可以看出，2010 年，中国 CGMCC 的年度新增保藏量首次超过美国 ATCC，之后年度新增保藏量一直处于首位。中国 CCTCC 在 2015 年后跃升到年度新增保藏量第 2 位，之后仍大体上保持增长态势。美国 ATCC 年度新增保藏量维持在 1000 株左右，而 2020 年急剧下降至 362 株。2001—2020 年，47 个国际保藏单位共发放专利微生物 243 693 株，美国 ATCC 发放量为 226 863 株，占全球发放量的 93.09%，居第 1 位。美国 ATCC 的保藏量和发放量均占绝对优势，中国 CCTCC 和 CGMCC 在保藏量上居领先地位，但发放量较低，专利微生物利用程度不高。

第一节　数据来源

根据世界知识产权组织（WIPO）公开的“国际保藏单位 2001—2020 年专利微生物保藏与发放”数据进行统计分析，该数据是依据《布达佩斯条约实施细则》第十一条提供的保藏 / 样品的件数——根据 WIPO 在年度调查中向国际保藏单位索要的信息对专利微生物数据进行统计的结果。

第二节　全球专利微生物保藏与发放情况

通过WIPO数据库统计，截至2020年，全球26个国家的47个国际保藏单位共保藏专利微生物 129 202 株，发放 243 693 株。从保藏量来看，2001—2005 年，保藏量略有下降，从 3253 株下降到 2698 株；2006—2010 年，保藏量从 2851 株增长到 3982 株；2011—2019 年增速明显，保藏量从 4110 株增长到 7370 株；而 2020 年的保藏量略微下降至 6756 株。从发放量来看，2001—2005 年，发放量从 11 155 株增长到 12 467 株；2006—2010 年，发放量略有下降；2011—2015 年，发放量基本维持在 12 000 株左右；2016—2018 年，发放量从 13 525 株下降至 11 364 株；2019 年，发放量急剧上升，突破 20 000 株，达到 24 995 株；而 2020 年，发放量又急剧下降至 950 株（图 2-1）。

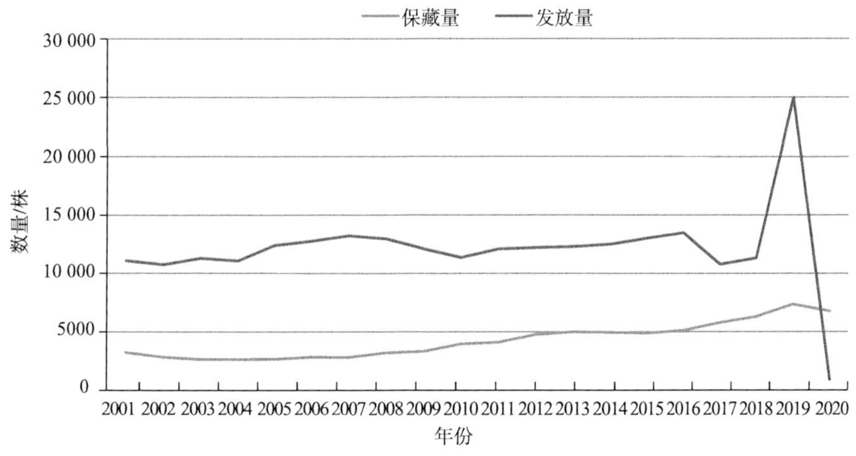

图 2-1　2001—2020 年全球专利微生物保藏和发放情况

截至 2020 年，美国的 3 个国际保藏单位专利微生物保藏量为 41 506 株，占全球专利微生物保藏量的 32.12%，居第 1 位；中国的 3 个国际保藏单位保藏 37 228 株，占全球专利微生物保藏量的 28.81%，居第 2 位；日本以 11 520 株的保藏量居第 3 位，占全球专利微生物保藏量的 8.92%；德国保藏量为 9104 株，位列第四；韩国第五，保藏了 8995 株。第 6 ～ 10 位依次是英国（6275 株）、法国（5080 株）、荷兰（1380 株）、印度（1354 株）

和西班牙（1293 株）。总体上看，中美两国在专利微生物保藏量上处于领先地位，合计占全球专利微生物保藏量的 60.93%（表 2–1）。

表 2–1 全球专利微生物保藏量排名前 10 位的国家（截至 2020 年）

国家	国际保藏单位 / 个	保藏量 / 株	全球占比
美国	3	41 506	32.12%
中国	3	37 228	28.81%
日本	2	11 520	8.92%
德国	1	9104	7.05%
韩国	4	8995	6.96%
英国	7	6275	4.86%
法国	1	5080	3.93%
荷兰	1	1380	1.07%
印度	2	1354	1.05%
西班牙	2	1293	1.00%

从图 2–2 可以看出，中国的专利微生物保藏量处于快速增长状态，2001—2005 年年度新增保藏量从 214 株增加到 497 株，增长了 1.32 倍；2006—2010 年年度新增保藏量从 529 株增加到 1473 株，增长了 1.78 倍；2011—2015 年年度新增保藏量从 1775 株增加到 2700 株，增长了 0.52 倍；2016—2020 年年度新增保藏量从 2791 株增加到 4031 株，增长了 0.44 倍。2001—2020 年，美国的专利微生物年度新增保藏量一直维持在平稳状态。日本、德国、韩国、英国、法国、荷兰、印度和西班牙的年度新增保藏量均低于 1000 株。

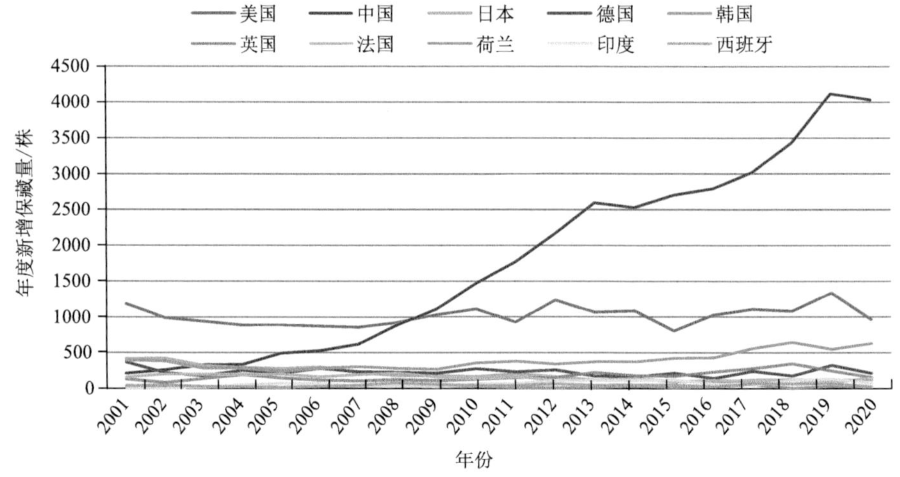

图 2–2 2001—2020 年全球专利微生物保藏量排名前 10 位国家的年度新增保藏量变化情况

2001—2020年，全球26个国家共发放专利微生物243 693株，其中，美国发放专利微生物233 808株，占全球发放量的95.94%；其次是德国，发放2007株，占全球发放量的0.82%；韩国以发放1412株排在第3位；日本发放1401株，位列第四；第5～10位依次是中国（1220株）、法国（1132株）、英国（976株）、西班牙（386株）、比利时（294株）和捷克（191株）（表2–2）。可见，美国在专利微生物发放量上处于垄断地位，美国的专利法对美国生物技术的开发和利用起到了积极促进作用。

表2–2　2001—2020年全球专利微生物发放量排名前10位的国家

国家	国际保藏单位 / 个	发放量 / 株	全球占比
美国	3	233 808	95.94%
德国	1	2007	0.82%
韩国	4	1412	0.58%
日本	2	1401	0.57%
中国	3	1220	0.50%
法国	1	1132	0.46%
英国	7	976	0.40%
西班牙	2	386	0.16%
比利时	1	294	0.12%
荷兰	1	191	0.08%

第三节　全球专利微生物保藏单位保藏与发放情况

截至2020年，全球47个国际保藏单位共保藏专利微生物129 202株，其中，美国ATCC保藏专利微生物35 950株，占全球保藏量的27.82%，居全球第1位；中国CGMCC保藏21 630株，占全球保藏量的16.74%，居全球第2位；中国CCTCC以保藏14 180株专利微生物居第3位，占全球保藏量的10.98%；第4～10位依次是日本IPOD（10 271株）、德国DSMZ（9104株）、韩国KCTC（5463株）、法国CNCM（5080株）、美国NRRL（4760株）、英国NCIMB（4054株）和韩国KCCM（2920株），这些单位的保藏量占全球保藏量的比例均低于10%（表2–3）。

表2–3　全球专利微生物保藏量排名前10位的保藏单位（截至2020年）

国际保藏单位	中文名称	保藏量 / 株	全球占比
American Type Culture Collection（ATCC）	美国典型菌种保藏中心	35 950	27.82%
China General Microbiological Culture Collection Center（CGMCC）	中国普通微生物菌种保藏管理中心	21 630	16.74%

续表

国际保藏单位	中文名称	保藏量 / 株	全球占比
China Center for Type Culture Collection（CCTCC）	中国典型培养物保藏中心	14 180	10.98%
International Patent Organism Depositary（IPOD）	日本国际专利生物保藏中心	10 271	7.95%
Leibniz-Institut DSMZ-Deutsche Sammlung von Mikroorganismen und Zellkulturen GmbH（DSMZ）	德国微生物菌种保藏中心	9104	7.05%
Korean Collection for Type Cultures（KCTC）	韩国典型菌种保藏中心	5463	4.23%
Collection nationale de cultures de micro-organismes（CNCM）	法国巴斯德研究所保藏中心	5080	3.93%
Agricultural Research Service Culture Collection（NRRL）	美国农业菌种保藏中心	4760	3.68%
National Collections of Industrial，Food and Marine Bacteria（NCIMB）	英国工业、食品及海洋细菌保藏中心	4054	3.14%
Korean Culture Center of Microorganisms（KCCM）	韩国微生物菌种保藏中心	2920	2.26%

从图 2–3 中 TOP 10 保藏单位的年度新增保藏量可以看出，2011 年，中国 CGMCC 的专利微生物年度新增保藏量首次超过美国 ATCC，之后一直处于首位。中国 CCTCC 在 2015 年后年度新增保藏量跃升到第 2 位，之后仍大体上保持增长态势。美国 ATCC 年度新增保藏量维持在 1000 株左右，而 2020 年急剧下降至 362 株。

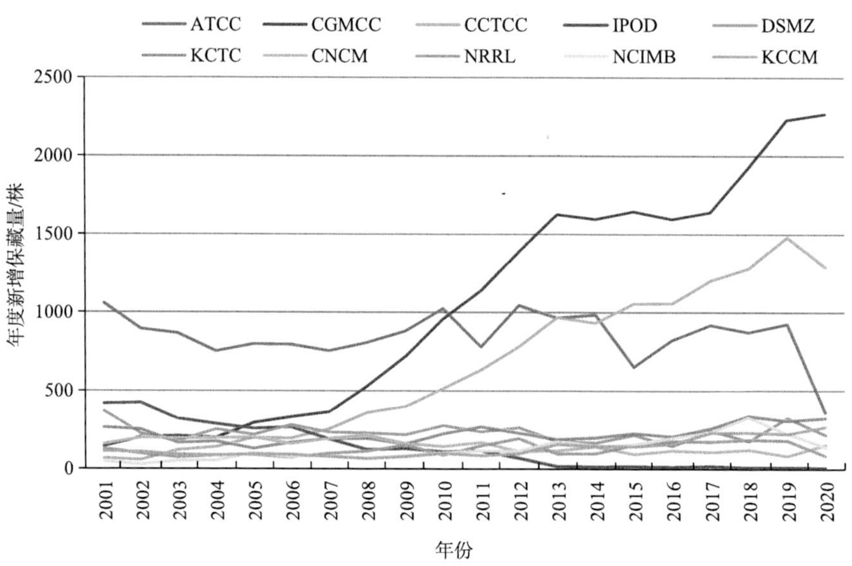

图 2–3 2001—2020 年全球专利微生物保藏量排名前 10 位保藏单位的年度新增保藏量变化情况

2001—2020 年，47 个国际保藏单位共发放专利微生物 243 693 株，其中，美国 ATCC 发放量为 226 863 株，占全球发放量的 93.09%，居全球第 1 位；美国 NRRL 发放 6944 株，占全球发放量的 2.85%，居全球第 2 位；德国 DSMZ 以发放 2007 株居第 3 位，占全球发放量的 0.82%；第 4 ～ 10 位依次是日本 IPOD（1353 株）、法国 CNCM（1132 株）、韩国 KCTC（672 株）、中国 CGMCC（618 株）、中国 CCTCC（574 株）、英国 NCIMB（574 株）、韩国 KCCM（406 株），这些单位的发放量占全球发放量的比例均低于 1%（表 2-4）。可见，美国 ATCC 的保藏量和发放量均占绝对优势，中国 CCTCC 和 CGMCC 在保藏量上居领先地位，但发放量较低，专利微生物利用程度不高。

表 2-4　2001—2020 年全球专利微生物发放量排名前 10 位的保藏单位

国际保藏单位	中文名称	发放量 / 株	全球占比
American Type Culture Collection（ATCC）	美国典型菌种保藏中心	226 863	93.09%
Agricultural Research Service Culture Collection（NRRL）	美国农业菌种保藏中心	6944	2.85%
Leibniz-Institut DSMZ-Deutsche Sammlung von Mikroorganismen und Zellkulturen GmbH（DSMZ）	德国微生物菌种保藏中心	2007	0.82%
International Patent Organism Depositary（IPOD）	日本国际专利生物保藏中心	1353	0.56%
Collection nationale de cultures de micro-organismes（CNCM）	法国巴斯德研究所保藏中心	1132	0.46%
Korean Collection for Type Cultures（KCTC）	韩国典型菌种保藏中心	672	0.28%
China General Microbiological Culture Collection Center（CGMCC）	中国普通微生物菌种保藏管理中心	618	0.25%
China Center for Type Culture Collection（CCTCC）	中国典型培养物保藏中心	574	0.24%
National Collections of Industrial, Food and Marine Bacteria（NCIMB）	英国工业、食品及海洋细菌保藏中心	574	0.24%
Korean Culture Center of Microorganisms（KCCM）	韩国微生物菌种保藏中心	406	0.17%

第三章

合成生物学

内容提要

本章基于合成生物学全球主要国家相关政策与规划、科研项目布局、科学论文及专利，分析合成生物学发展态势，进而研判其发展趋势及面临的挑战。

综观全球，美国、英国、德国、法国、日本、加拿大及澳大利亚等国家均先后出台相关政策支持合成生物学发展；同样，我国对前沿交叉领域的科技创新也非常重视，并有持续的规划部署，相继出台了相关政策及规划，推动合成生物学的发展。

从科研项目布局看，世界主要国家合成生物学科研项目资助数量自 2012 年开始出现显著增长，2017 年到达顶峰；2018—2021 年项目数量有所回落。科研项目所属国家统计中，资助项目数量最多的国家为美国（4179 项），中国和英国资助的项目数量并列全球第二，其余国家资助的项目数量均低于 500 项。从项目资助机构看，资助项目数量前 3 名分别为美国国立卫生研究院（US-NIH）、美国国家科学基金会（US-NSF）、中国国家自然科学基金委员会（CN-NSFC）。从项目所属学科主题看，数量排名前三的分别是医学科学（2984 项）、生物科学（1607 项）、化学科学（638 项）。从项目主持机构看，排名前三的机构分别为斯坦福大学（Stanford University）、加利福尼亚大学旧金山分校（University of California San Francisco）、帝国理工学院（Imperial College Landon）。从统计项目经费看，10 万 ~20 万美元的项目最多，达到 4235 项。

从论文数量看，1968 年之后，合成生物学领域相关发文数量呈现快速增长态势，其中 2018 年共有 923 篇；论文数量排名前 5 位的国家 / 地区分别为美国、中国大陆、日本、英国和德国；排名前 5 位的研发机构依次为哈佛大学（Harvard Univ）、麻省理工学院（MIT）、东京大学（Univ Tokyo）、斯坦福大学（Stanford Univ）和中国科学院。

从专利分析看，合成生物学领域相关的专利数量排名前五的国家 / 地区分别为美国、中国大陆、日本、加拿大、欧盟。其中，美国的专利数量占全部专利数量的 46.83%，说明美国在合成生物学方面占有绝对的优势；中国大陆的专利数量占全部专利数量的 20.83%，说明中国大陆在合成生物学方面的专利数量也越来越多；其他国家 / 地区在合成生物学方面的研究也有不同程度的布局。排名前五的研发机构分别为加利福尼亚大学系统（Univ California）、杜邦公司（DuPont Company）、麻省理工学院（MIT）、美国卫生与人类服务部（US Dept Health & Human Services）、巴斯夫公司（BASF AG）。合成生物学领域专利主要集中在 C12N-015/00（突变或遗传工程，遗传工程涉及的 DNA 或 RNA，载体或其分离、制备或纯化）、C12Q-001/00（包含酶或微生物的测定或检验方法）、C12N-005/00（未分化的人类、动物或植物细胞，如细胞系、组织及其培养或维持；其培养基）、G01N-033/00（利用不包括在 G01N1/00 至 G01N31/00 组中的特殊方法来研究或分析材料）、C07K-014/00（具有多于 20 个氨基酸的肽；促胃液素；生长激素释放抑制因子；促黑激素；其衍生物）等几个类目。

第一节　全球主要国家相关政策与规划

一、国外相关政策与规划

1. 美国

美国在合成生物学领域处于全球领先地位，美国政府部门近 10 年来不断出台相关研发计划和扶持政策支持这一领域的发展，以保持美国在该领域的优势。

2011 年，美国国防部开始布局合成生物学，美国国防部高级研究计划局（DARPA）宣布了一项名为“生命铸造厂”（Living Foundries）的新计划，主要聚焦合成生物学项目的投资与开发。

2013 年，在“生命铸造厂”项目实施 2 年之后，美国国防部高级研究计划局启动了另一项计划“生命铸造厂：千分子”（Living Foundries：1000 Molecules），以作为前一项计划的补充；同年，美国能源部向国会提交了报告《向国会报告：合成生物学》，以响应美国国会关于联邦政府应支持合成生物学计划的研究和开发活动的要求。

2014 年，在美国国防部发布的《国防部科技优先事项》中，合成生物学被列为 21 世纪优先发展的六大颠覆性基础研究领域之一。

2015 年，美国国防部发布了题为《技术评估：合成生物学》的报告，在其评估中这样写道:“合成生物学有潜力影响与国防部相关的广泛领域……由于工程生物现有的和有希望的未来能力，该评估发现合成生物空间为国防部提供了一个重大机会。”

2017 年，美国国家科学基金会宣布征集“用于信息处理和存储技术的半导体合成生物学”（SemiSynBio），布局半导体与合成生物学的前沿交叉，目标是利用半导体技术整合合成生物学来创建存储系统。

2018 年，受美国国防部委托，美国国家科学院对合成生物学可能引发的生物威胁进行了评估，并发布了《合成生物学时代的生物防御》报告。报告指出，合成生物学可能被滥用于制造生物武器，且难以预防和监测，将对民众和军事作战产生巨大威胁。该报告评估了合成生物学可能带来的潜在威胁，按照威胁的紧急程度和危害程度拟定了防御框架，并建议国防部加强公共卫生基础设施建设以充分预防潜在的生物攻击。

2020 年，美国工程生物学研究联盟（EBRC）发布《微生物组工程：下一代生物经济研究路线图》（“Microbiome Engineering：A Research Roadmap for the Next—Generation Bioeconomy”）。这是继 2019 年工程生物学路线图后 EBRC 发布的第二份研究路线图。路线图聚焦微生物组与合成 / 工程生物学交叉融合后的技术研发与应用，将该领域分为 3 个技术主题（时空控制、功能生物多样性、分布式代谢），阐明了 3 个技术领域未来 20 年的发展目标，以及 5 个应用领域（工业生物技术、健康与医药、食品与农业、环境生物技术、能源）如何利用微生物组工程的进步解决目前面临的广泛社会挑战。

2021 年 6 月 8 日，美国国会参议院通过了《2021 美国创新与竞争法案》。在该法案中，合成生物学名列几大关键技术重点领域之一。同时，在该法案对其所有政府部门的指导中，均着重强调了配合发展“合成生物学 / 工程生物学”。

美国合成生物学相关政策 / 规划如表 3–1 所示。

表 3–1 美国合成生物学相关政策 / 规划

发布机构	时间	政策 / 规划名称	政策 / 规划主要思想
美国国防部高级研究计划局	2011 年	“生命铸造厂”	聚焦合成生物学项目的投资与开发
美国能源部	2013 年	《向国会报告：合成生物学》	响应美国国会关于联邦政府应支持合成生物学计划的研究和开发活动的要求
美国国防部	2014 年	《国防部科技优先事项》	合成生物学被列为 21 世纪优先发展的六大颠覆性基础研究领域之一
美国国防部	2015 年	《技术评估：合成生物学》	宣称“合成生物学有潜力影响与国防部相关的广泛领域……由于工程生物现有的和有希望的未来能力，该评估发现合成生物空间为国防部提供了一个重大机会”
美国能源部	2015 年	敏捷生物铸造厂（Agile BioFoundry，ABF）联盟计划	在生物化学品、生物燃料的生物制造领域投入巨资开展项目研发，启动敏捷生物铸造厂联盟计划，并于 2020 年新建生物工业制造和设计生态系统（BioMADE）
美国国家科学基金会	2017 年	“用于信息处理和存储技术的半导体合成生物学”	布局半导体与合成生物学的前沿交叉，目标是利用半导体技术整合合成生物学来创建存储系统
美国国家科学院	2018 年	《合成生物学时代的生物防御》	报告指出，合成生物学可能被滥用于制造生物武器，且难以预防和监测，将对民众和军事作战产生巨大威胁。该报告评估了合成生物学可能带来的潜在威胁，按照威胁的紧急程度和危害程度拟定了防御框架，并建议国防部加强公共卫生基础设施建设以充分预防潜在的生物攻击
美国工程生物学研究联盟	2020 年	《微生物组工程：下一代生物经济研究路线图》	该路线图聚焦微生物组与合成 / 工程生物学交叉融合后的技术研发与应用，将该领域分为 3 个技术主题（时空控制、功能生物多样性、分布式代谢），阐明了 3 个技术领域未来 20 年的发展目标，以及 5 个应用领域（工业生物技术、健康与医药、食品与农业、环境生物技术、能源）如何利用微生物组工程的进步解决目前面临的广泛社会挑战
美国国会参议院	2021 年	《2021 美国创新与竞争法案》	该法案中，合成生物学名列几大关键技术重点领域之一。同时，在该法案对其所有政府部门的指导中，均着重强调了配合发展“合成生物学 / 工程生物学”

2. 英国

2012 年 7 月，英国商业、创新和技能部发布了《英国合成生物学战略路线图 2012》，从整体上规划了英国合成生物学的发展。在该路线图中，提出了英国合成生物学发展的 5 个关键建议，分别是：①建设多学科网络中心，构建卓越的英国合成生物学资源体系；②建立英国合成生物学社区；③促进技术市场化；④形成国际领导地位；⑤建立领导理事会。围绕这些建议，英国政府进行了大量布局，其在 2012 年年底专门成立了英国合成生物学领导理事会（SBLC）；除此之外，英国政府还投入了超过 3 亿英镑的资金，催生出了合成生物学博士培训中心（SynBioCDT）、英国合成生物学产业加速器（SynbiCITE）及 6 个新的合成生物学研究中心等一系列机构。

2016 年 2 月，SBLC 总结并更新了英国的合成生物学战略，发布了《英国合成生物学战略计划（2016）》。在新的战略中，5 条发展建议也得到了更新：①加速工业化和商业化，通过对生物设计技术的投入和转化，推动生物经济的增长；②实现创新能力的最大化，加强平台技术开发，提高生产效率，迎接未来更大的机遇；③建立专家队伍，通过教育和培训，掌握生物设计所需的技能；④发展有利的商业环境，完善监管和治理体系，满足产业与利益相关者的愿望和需求；⑤从国家和国际伙伴关系中创造价值，全面整合英国合成生物学团队，促进英国科研、产业、决策的发展，使英国成为国际合作的首选伙伴。

2018 年 12 月，英国发布首个国家生物经济战略，提出到 2030 年在开发、生产、使用和出口生物基解决方案领域成为全球领导者，目标是到 2030 年实现生物经济影响规模较 2014 年翻一番，达到 4400 亿英镑。

2021 年 7 月 22 日，英国政府发布《英国创新战略：创造引领未来》（“UK Innovation Strategy：Leading the Future by Creating It”），制订了促进私营部门投资的新计划，以巩固英国在全球创新竞赛中的领先地位。该战略的主要愿景是到 2035 年英国将成为全球创新中心，而强大的知识产权制度将是实现这一目标的关键。英国政府还制定了 7 项战略技术，以优先考虑并利用英国现有的研发优势、全球竞争优势和产业实力，包括先进材料与制造，人工智能、数字和高性能计算，生物信息学和基因组学，工程生物学，电子学、光子学和量子学，能源和环境技术，机器人和智能机器。

英国合成生物学相关政策 / 规划如表 3–2 所示。

表 3-2 英国合成生物学相关政策 / 规划

发布机构	时间	政策 / 规划名称	政策 / 规划主要思想
英国商业、创新和技能部	2012 年	《英国合成生物学战略路线图 2012》	提出了英国合成生物学发展的 5 个关键建议。在合成生物学路线图和战略规划的引导下，英国政府专门成立了英国合成生物学领导理事会，并持续加大对合成生物学的投入和支持
英国合成生物学领导理事会	2016 年	《英国合成生物学战略计划（2016）》	提出了加速工业化和商业化、新兴创意转化及促进国际共创等 5 条建议，旨在到 2030 年实现英国合成生物学 100 亿欧元的市场
英国商业、创新和技能部	2018 年	《发展生物经济、改善我们的生活、强化我们的经济：2030 年国家生物经济战略》	着力加强合成生物学研究成果的转化与应用，建立和完善合成生物技术产业创新网络式布局，推动国家工业战略的实施
英国商业、能源和产业战略部	2021 年	《英国创新战略：创造引领未来》	英国政府制定了 7 项战略技术，以优先考虑并利用英国现有的研发优势、全球竞争优势和产业实力，其中包括生物信息学和基因组学、工程生物学等

3. 德国

2009 年 6 月，德国科学基金会（DFG）、德国科学与工程院及德国利奥波第那科学院联合发表了题为《合成生物学：机遇与风险》的报告，对德国合成生物学研究的机遇与风险进行了探讨和论述。

2010 年，由德国联邦教育和研究部（BMBF）等机构倡议发起的研究战略《生物技术 2020+ 计划》中，合成生物学占据了相当大的篇幅，包括马克斯·普朗克学会发起推动的合成生物学研究网络“MaxSynBio”、“SynBioDesign– 合成生物学用于设计复杂天然物质生物系统”项目等。

2016 年，德国联邦议院技术评估办公室（TAB）在其报告《合成生物学：生物技术和基因工程的新高度》中这样回顾道：“德国的研究活动并不是全面协调的，其是由不同参与者各自从事进行的。合成生物学也是如此，没有可以遵循的整体策略，而是归功于各个参与者的独立倡议。”而一直以来，德国政府对合成生物学都保持着谨慎、观望的态度。不过，得益于德国民间积极的合成生物学倡议，德国合成生物学依然在快速发展，并走进了某些政府层面的战略。

2019 年 10 月 29 日，德国联邦政府在联邦议院面对国会议员关于“合成生物学”议题的质询时这样表示：“无论是在联邦政府之前的行动，还是在高科技领域战略 2025 中，都显示了利用这一技术潜力的意愿。”

德国合成生物学相关政策 / 规划如表 3-3 所示。

表 3–3　德国合成生物学相关政策 / 规划

发布机构	时间	政策 / 规划名称	政策 / 规划主要思想
德国科学基金会等	2009 年	《合成生物学：机遇与风险》	对德国合成生物学研究的机遇与风险进行了探讨和论述
德国联邦教育和研究部	2010 年	《生物技术 2020+ 计划》	马克斯·普朗克学会发起推动的合成生物学研究网络“MaxSynBio”、“SynBioDesign– 合成生物学用于设计复杂天然物质生物系统”项目
德国联邦议院技术评估办公室	2016 年	《合成生物学：生物技术和基因工程的新高度》	宣称合成生物学没有可以遵循的整体策略，而是归功于各个参与者的独立倡议
德国联邦政府	2019 年	“合成生物学”议题	无论是在联邦政府之前的行动，还是在高科技领域战略 2025 中，都显示了利用合成生物学技术潜力的意愿

4. 法国

2009 年，法国高等教育和研究部发布的《国家研究与创新战略》（SNRI）将新兴学科“合成生物学”列为“优先挑战”。

2010 年，在 SNRI 的推动下专门成立了一个合成生物学工作组，用于评估合成生物学的发展、潜力和挑战。该小组的报告最终于 2011 年 3 月发表，报告指出，法国可以在该领域“争取在全球排名第二或第三”。同年，法国第一个合成生物学实验室和合成生物学研究所（iSSB）在法国国家科学研究中心（CNRS）、Genopole 和埃夫里大学的支持下成立。

2015 年，法国高等教育和研究部制定了《法国—欧洲 2020》战略，提出五大主题行动计划，合成生物学在医学与产业化应用的系统生物学研究这一主题中也被重点提及。

2021 年，法国政府提出《法国健康创新 2030 战略》，在该战略中，马克龙总统这样说道：“法国 95% 的生物疗法依赖进口，在该领域全球趋势中展现出重要性时，我们需要重建主权以减少依赖。我正在考虑 RNA 疫苗，在这方面我认为这是最后的机会。类似的我还想到了合成生物学，想到了所有新的生物生产技术。”

法国合成生物学相关政策 / 规划如表 3–4 所示。

表 3–4　法国合成生物学相关政策 / 规划

发布机构	时间	政策 / 规划名称	政策 / 规划主要思想
法国高等教育和研究部	2009 年	《国家研究与创新战略》	将新兴学科“合成生物学”列为“优先挑战”
法国国家科学研究中心等	2010 年	成立合成生物学实验室和合成生物学研究所	建立专门网站用以普及和推动本国合成生物学发展
法国高等教育和研究部	2015 年	《法国—欧洲 2020》	提出五大主题行动计划，合成生物学在医学与产业化应用的系统生物学研究这一主题中也被重点提及

续表

发布机构	时间	政策 / 规划名称	政策 / 规划主要思想
法国政府	2021 年	《法国健康创新 2030 战略》	认为法国 95% 的生物疗法依赖进口，在该领域全球趋势中展现出重要性时，法国需要重建主权以减少依赖。提出应关注 RNA 疫苗，以及合成生物学及所有新的生物生产技术

5. 日本

2019 年，日本民间研究机构未来工学研究所（IFENG）宣称：“日本生物领域的国家战略空白了 10 年，已然赶不上合成生物学潮流。”也正是考虑到日本在生物领域国际存在度下降越来越严重的情况，日本内阁府制定了《生物战略 2019》，并在其开头的“现状分析”中，第一次明确提及合成生物学在产业与经济上的巨大前景。在该战略中，日本政府提出的目标是“到 2030 年，成为世界最先进的生物经济社会”。

2020 年，在《生物战略 2019》的基础上，日本内阁府又进一步制定了更为详细的生物战略基本实施措施，即《生物战略 2020》。在国家战略的驱动下，经济产业省、文部科学省等日本政府部门直接提及合成生物学的频率大幅增加，投资和布局主要方向集中在植物高附加值产物生产、药物研发、基因治疗等领域。例如，文部科学省在 2020 年发布的 JST（日本科学技术振兴机构）战略目标“创新植物分子设计”中就明确提出开发有助于修改和创造生物合成途径的合成生物学方法。

日本合成生物学相关政策 / 规划如表 3–5 所示。

表 3–5　日本合成生物学相关政策 / 规划

发布机构	时间	政策 / 规划名称	政策 / 规划主要思想
日本内阁府	2019 年	《生物战略 2019》	提出到 2030 年建成“世界最先进的生物经济社会”
日本内阁府	2020 年	《生物战略 2020》	进一步制定了更为详细的生物战略基本实施措施
日本文部科学省	2020 年	“创新植物分子设计”	明确提出开发有助于修改和创造生物合成途径的合成生物学方法

6. 加拿大

迄今为止，加拿大政府尚未有官方的有关合成生物学研究和发展的国家战略。

2020 年 11 月，加拿大国家工程生物学指导委员会发布了《加拿大工程生物学白皮书：推动经济复苏和生物制造现代化的技术平台》，在该白皮书中，加拿大本国的专家们论述强调了合成生物学对于加拿大的重要性。

虽然官方层面尚未有明确的合成生物学战略，但是在其他分类项中已经有了部分与合成生物学相关的研究布局，如 2019 年加拿大国家研究委员会（NRC）宣布了一系列研究挑战项目，其中一项即“细胞治疗和基因治疗”。

此外，加拿大民间的合成生物学项目也从不同渠道获得了官方的一小部分资助，如莱斯布里奇大学的 SynBridge（合成生物学创客空间）便从加拿大西部经济多元化计划（Western Economic Diversification Canada）中获得了资金支持。

目前，加拿大国内有着来自学界、业界各方的强烈呼吁，希望政府尽早出台合成生物学相关战略及政策，以支持加拿大的合成生物学发展。

7. 澳大利亚

2021 年 8 月，澳大利亚联邦科学与工业研究组织（Commonwealth Scientific and Industrial Research Organization，CSIRO）发布了《国家合成生物学路线图》（“Australia’s Synthetic Biology Roadmap”）报告，其中写道：“自 2016 年以来，澳大利亚在合成生物学领域进行了大量投资，公共投资总额超过 8000 万美元。”此外，这份路线图还列举了公共投资主要的几个布局项目，除了 SynBio FSP，还包括：① 2019 年，新南威尔士州政府投资 250 万美元支持在麦考瑞大学建立“生物铸造厂”；② 2020 年 10 月 6 日，澳大利亚财政部长宣布了研究计划，其中将 830 万美元预算用于建立国家合成生物学研究基础设施（BioFoundry）；③ 2020 年，澳大利亚研究委员会（ARC）合成生物学卓越研究中心（CoESB）在麦考瑞大学落成，在 7 年内将获得联邦政府 3500 万美元的资金支持。此外，值得注意的是，在路线图中，CSIRO 还进一步对投资规模进行了分析：“从绝对值来看，澳大利亚的早期投资至少比美国和英国的投资小一个数量级。然而，根据经济规模（以 GDP 衡量）进行调整后，澳大利亚的公共投资规模与美国相当，但不到英国的 1/3。”

在 CSIRO 发布的《国家合成生物学路线图》报告中，还确定了合成生物学对澳大利亚国家发展的价值，并探讨了澳大利亚将如何加快合成生物学应用示范、规模化和商业化。该报告由 5 个章节组成，分别为引言、澳大利亚合成生物学发展现状、澳大利亚合成生物学的机遇、2040 年合成生物学路线图及总结。引言部分介绍了合成生物学的概念、发展意义及澳大利亚发展合成生物学的区位优势与必要性。

二、国内相关政策与规划

我国对前沿交叉领域的科技创新也非常重视，并有持续的规划部署。2010 年以来，973 计划设置了 10 个合成生物学专项，863 计划也启动了“合成生物学”重大项目。特别是《“十三五”国家科技创新规划》与《“十三五”国家战略性新兴产业发展规划》，均部署了包括合成生物学在内的战略性前瞻性重大科学问题和前沿关键技术的研究项目。国务院及财政部、农业农村部等部门也先后出台了多项支持政策。与此同时，各省市也纷纷出台相关政策及规划，以推动合成生物学的发展（表 3–6）。

表 3–6 国内关于合成生物学的相关政策与规划

时间	发布机构	政策名称	合成生物学相关规划
国家层面			
2013 年 2 月 23 日	国务院	《国家重大科技基础设施建设中长期规划（2012—2030 年）》	生命科学前沿方面。建成蛋白质科学研究设施，支撑高通量、高精度、规模化的蛋白质制取与纯化、结构分析、功能研究；探索预研系统生物学研究设施及合成生物学研究设施建设，满足从复杂系统角度认识生物体的结构、行为和控制机制的需要，综合解析生物系统运动规律，破解改造和设计生命的科学问题。 生命科学研究基础支撑方面。适时启动大型成像和精密高效分析研究设施建设，满足生物学实时、原位研究和多维检测、分析、合成技术开发的需求；探索预研生物信息中心建设，为生命科学研究提供科学数据、种质资源、实验样本和材料等基础支撑
2016 年 7 月 28 日	国务院	《“十三五”国家科技创新规划》	以生物农药、生物肥料、生物饲料为重点，开展作用机制、靶标设计、合成生物学、病原作用机制、养分控制释放机制等研究，创制新型基因工程疫苗和分子诊断技术、生物农药、生物饲料、生物肥料、植物生长调节剂、生物能源、生物基材料等农业生物制品并实现产业化。 加快合成生物技术、生物大数据、再生医学、3D 生物打印等引领性技术的创新突破和应用发展，提高生物技术原创水平，力争在若干领域取得集成性突破，推动技术转化应用并服务于国家经济社会发展，大幅提高生物经济国际竞争力。 重点开发移动互联、量子信息、人工智能等技术，推动增材制造、智能机器人、无人驾驶汽车等技术的发展，重视基因编辑、干细胞、合成生物、再生医学等技术对生命科学、生物育种、工业生物领域的深刻影响，开发氢能、燃料电池等新一代能源技术，发挥纳米技术、智能技术、石墨烯等对新材料产业发展的引领作用
2016 年 11 月 29 日	国务院	《“十三五”国家战略性新兴产业发展规划》	推动食品合成生物工程技术、食品生物高效转化技术、肠道微生物宏基因组学等关键技术创新与精准营养食品创制。加强合成生物技术研发与应用。突破基因组化学合成、生物体系设计再造、人工生物调控等关键技术，研究推进人工生物及人工生物器件临床应用和产业化。推动生物育种、生态保护、能源生产等领域颠覆性技术创新，构建基础原料供给、物质转化合成、民生服务新模式，培育合成生物产业链
2018 年 1 月 19 日	国务院	《国务院关于全面加强基础科学研究的若干意见》	加强基础前沿科学研究，围绕宇宙演化、物质结构、生命起源、脑与认知等开展探索，加强对量子科学、脑科学、合成生物学、空间科学、深海科学等重大科学问题的超前部署
2018 年 6 月 22 日	科技部、财政部	《关于加强国家重点实验室建设发展的若干意见》	在干细胞、合成生物学、园艺生物学、脑科学与类脑、深海深空深地探测、物联网、纳米科技、人工智能、极端制造、森林生态系统、生物安全、全球变化等前沿方向布局建设

续表

时间	发布机构	政策名称	合成生物学相关规划
2018 年 12 月 29 日	教育部	《高等学校乡村振兴科技创新行动计划（2018—2022 年）》	支持高校围绕国际农业科技前沿和国家重大发展需求，提升农业科技原始创新能力，强化农业科技创新源头供给。在农业生物组学、生物育种等战略必争领域不断形成新的优势，在新一代系统设计育种、合成生物学等农业重大科学与前沿技术方面加强布局，抢占农业科技发展制高点
2019 年 11 月 8 日	科技部	《科技部关于支持建设国家合成生物技术创新中心的函》	布局建设国家合成生物技术创新中心
2020 年 7 月 4 日	科技部、深圳市人民政府	《中国特色社会主义先行示范区科技创新行动方案》	支持深圳强化产学研深度融合的创新优势，以深圳为主阵地建设综合性国家科学中心，加大国家重点实验室和国家重大科技基础设施等在深圳的统筹布局和建设力度，在人工智能、先进计算、合成生物学、脑科学、生命健康与生物医药、新材料、量子计算等领域打造一批国际化科研平台。优化国家技术创新中心、临床医学研究中心等在深圳的布局和建设，打造一批产业转移转化平台。支持深圳建设国际科技信息中心，牵头或参与国际大科学计划和大科学工程
2020 年 9 月 8 日	国家发展改革委、科技部、工业和信息化部、财政部	《关于扩大战略性新兴产业投资　培育壮大新增长点增长极的指导意见》	提出要系统规划国家生物安全风险防控和治理体系建设，加大生物安全与应急领域投资，加强国家生物制品检验检定创新平台建设，支持遗传细胞与遗传育种技术研发中心、合成生物技术创新中心、生物药技术创新中心建设，促进生物技术健康发展
2020 年 12 月 23 日	农业农村部	《农业农村部关于促进农产品加工环节减损增效的指导意见》	推进加工装备创制。引导农产品加工装备研发机构和生产创制企业，开展智能化、清洁化加工技术装备研发，提升农产品加工装备水平。运用智能制造、生物合成、3D 打印等新技术，集成组装一批科技含量高、应用范围广、节粮节水节能的农产品加工工艺及配套装备，降低农产品加工物耗能耗
2021 年 10 月 29 日	国家发展改革委、工业和信息化部	《关于推动原料药产业高质量发展实施方案的通知》	顺应原料药技术革新趋势，加快合成生物技术、连续流微反应、连续结晶和晶型控制等先进技术开发与应用，利用现代技术改造传统生产过程。推动骨干企业开展数字化、智能化改造升级，提升生产效率和质量控制水平。围绕原料药生产关键共性技术，支持发展一批外部性较强的公共服务平台
省市层面			
2018 年 9 月 27 日	北京市发展改革委	《北京市加快医药健康协同创新行动计划（2018—2020 年）》	制定北京医药健康协同创新发展重点方向目录，重点支持干细胞与再生医学、脑科学与类脑、结构生物学、合成生物学、蛋白质组学等基础研究，推动免疫治疗、基因检测及新型测序、多模态跨尺度生物医学成像等技术发展，促进创新药、高端医疗器械，以及医药健康与人工智能、大数据技术融合新兴业态等领域发展

续表

时间	发布机构	政策名称	合成生物学相关规划
2020 年 8 月 17 日	江苏省发展改革委、江苏省生态环境厅	《关于进一步加强塑料污染治理的实施意见》	提出要聚焦产业应用推广需求，围绕低成本聚乳酸、生物基合成材料、新一代生物医用塑料等可降解塑料相关技术方向，加快突破技术瓶颈，为后续大规模产业化推广提供技术储备和支撑
2021 年 1 月 18 日	北京市海淀区人民政府	《中国（北京）自由贸易试验区科技创新片区海淀组团实施方案》	提出将制定中关村科学城医药健康产业规划和医药健康产业政策，结合人工智能技术及临床研究优势，重点围绕细胞基因治疗、合成生物学、结构生物学、高端医疗器械、智能医疗服务布局重大产业平台和重点项目；围绕“互联网＋医疗”，为互联网医院、智能医院建设提供科技支撑
2021 年 3 月 9 日	深圳市人民政府	《深圳光明科学城总体发展规划（2020—2035 年）》	生命科学方向强调重点发展合成生物学、脑与认知科学、精准医学等领域，并将从布局合成生物研究设施、开展合成生物研究、建设合成生物相关中试验证平台和成果转化基地、发展合成生物相关新兴产业这 4 个层面来具体着手工作
2021 年 4 月 30 日	山西省人民政府	《山西省“十四五”14 个战略性新兴产业规划》	提出将开展合成生物学基础研究和生物基高分子新型材料、仿生材料等应用技术开发，加速合成生物产业生态园区、生物降解聚酯等重点项目建设，重点发展生物基聚酰胺、生物降解聚酯、生物碳纤维复合材料等产品，推动人源化胶原蛋白产业化，加快产品在环保、医疗、纺织、工程塑料等领域的推广应用
2021 年 6 月 9 日	深圳市发展和改革委员会	《深圳市国民经济和社会发展第十四个五年规划和二〇三五年远景目标纲要》	提出在生物育种方面，重点围绕组学技术、合成生物学、植物基因学、动物基因学、生态基因学、食品科学等领域开展关键技术攻关
2021 年 6 月 23 日	上海市人民政府办公厅	《上海市战略性新兴产业和先导产业发展“十四五”规划》	将基因编辑、拼装、重组技术及人工组织器官构建等合成生物学技术列为重点发展先导产业，以推动合成生物学技术工业应用及相关技术临床应用
2021 年 6 月 26 日	天津市人民政府办公厅	《天津市制造业高质量发展“十四五”规划》	提出为发展生物医药产业，将布局建设合成生物学国家重大科技基础设施和国家合成生物技术创新中心等创新平台，加快“生物制造谷”“细胞谷”建设
2021 年 7 月 5 日	上海市人民政府	《上海市卫生健康发展“十四五”规划》	提出将支持医学与新兴学科交叉融合发展，推进工程生物学、半导体合成生物学等在医学领域的应用，发展智能细胞、脑机融合等前沿技术
2021 年 9 月 1 日	上海市科学技术委员会等六部门	《上海市重点领域（科技创新类）“十四五”紧缺人才开发目录》	在发布的紧缺人才目录中，反映出生命科学领域人才十分紧缺，包括代谢组学研究人才、微生物菌群和健康评估研究人才、合成科学和生命创制研究人才、细菌学研究人才等

续表

时间	发布机构	政策名称	合成生物学相关规划
2021 年 9 月 2 日	江苏省人民政府办公厅	《江苏省"十四五"科技创新规划》	提出以加快推进农业现代化、保障粮食安全和促进农民增收为目标，深入实施"藏粮于地、藏粮于技"战略，超前部署生物表型、农业合成生物、智慧农业等农业前沿技术和关键共性技术，加强种源"卡脖子"技术攻关，加快发展农业绿色发展关键技术，推进农业高新技术产业示范区建设，完善农业科技社会化服务体系，提高农业发展质量效益和核心竞争力，为江苏省乡村全面振兴和农业农村现代化提供坚实的科技支撑
2021 年 10 月 12 日	深圳市光明区人民政府	《光明区关于支持合成生物创新链产业链融合发展的若干措施》	分为支持合成生物战略科技力量建设、创新链建设、产业链建设、生态链建设及合成生物界定等 5 章 25 条，其中对承接国家省市重点科技专项、新建改造 GMP 厂房、用房租金、建设产业公共服务平台等 4 个方面的合成生物企业最高给予 1000 万元支持，扶持力度之大前所未有

第二节　全球主要国家科研项目布局分析

合成生物学领域科研项目数据来源于全球科研项目数据库，共收集到全球主要国家合成生物学领域科研项目 6297 项。

一、项目资助年度统计

合成生物学领域科研项目近 10 年资助数量如图 3-1 所示，可以看出，全球资助项目数量自 2012 年开始出现显著增长，2017 年到达顶峰，即资助量从 224 项增长至 550 项；之后，2018—2021 年项目数量有所回落。近两年的数据由于存在滞后性，仅供参考，下同。

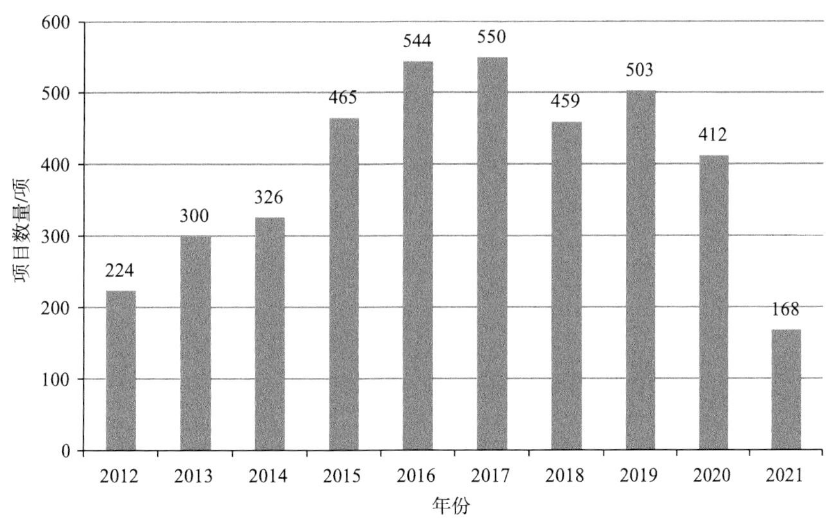

图 3-1　全球合成生物学领域近 10 年项目数量年度变化情况

二、项目所属国家 / 地区统计

合成生物学领域科研项目所属国家 / 地区统计如图 3–2 所示，可以看出，美国（US）资助的项目数量最多，达到 4179 项，占全球项目数量的 66.36%；中国（CN）和英国（UK）[①] 资助的项目数量并列全球第二，达到 504 项；其余国家 / 地区资助的项目数量均低于 500 项，依次是欧盟（EU）（325 项）、日本（JP）（324 项）、巴西（BR）（76 项）、法国（FR）（69 项）、瑞士（CH）（57 项）、德国（DE）（54 项）和加拿大（CA）（34 项）。

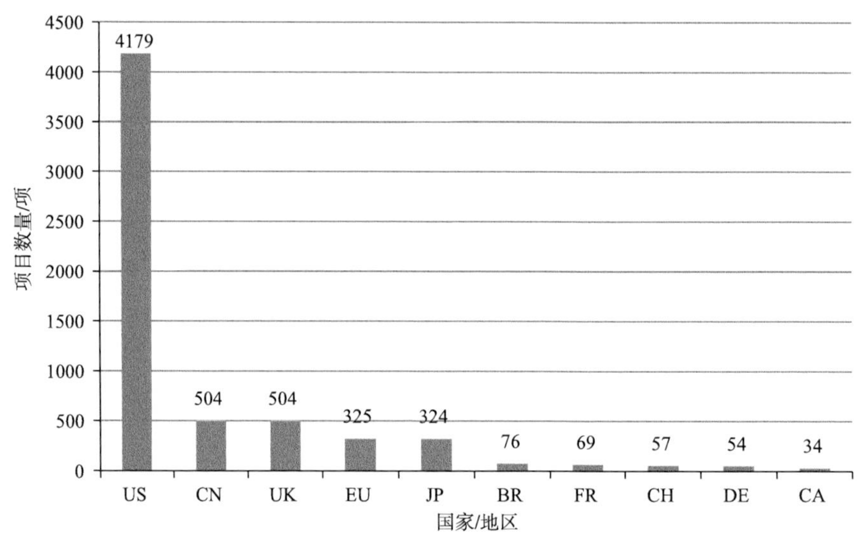

图 3–2　世界主要国家 / 地区合成生物学领域科研项目部署情况

三、项目资助机构统计

合成生物学领域科研项目资助机构统计如图 3–3 所示，可以看出，美国国立卫生研究院（US-NIH）资助的项目数量最多，达到 2851 项，占全球项目数量的 45.28%。美国国家科学基金会（US-NSF）位列第二，达到 1019 项。中国国家自然科学基金委员会（CN-NSFC）资助的项目达到 475 项，居第 3 位。其余机构资助的项目数量均低于 400 项，依次是日本学术振兴会（JP-JSPS）（307 项）、英国生物技术与生物科学研究委员会（UK-BBSRC）（242 项）、欧盟“地平线 2020”（EU-H2020）（173 项）、英国工程和自然科学研究委员会（UK-EPSRC）（150 项）、美国食品与农业研究所（US-NIFA）（136 项）、欧盟第七框架计划（EU-FP7）（101 项）、巴西圣保罗研究基金会（BR-FAPESP）（76 项）、法国国家科研署（FR-ANR）（69 项）、瑞士国家科学基金会（CH-SNSF）（57 项）、德国科学基金会（DE-DFG）（54 项）、欧洲研究委员会（EU-ERC）（51 项）、美国能源部（US-DOE）（44 项）、美国国家人文科学捐赠基金会（US-NEH）（40 项）、英

① 因参考资料来源不同，本报告中英国的英文缩写有 UK 和 GB 两种。

国维康信托基金会（UK-Wellcome Trust）（36 项）、瑞典研究理事会（SE-SRC）（32 项）、荷兰国家自然科学基金委员会（NL-NWO）（27 项）、英国技术战略委员会“创新英国”项目（UK-InnovateUK）（27 项）。

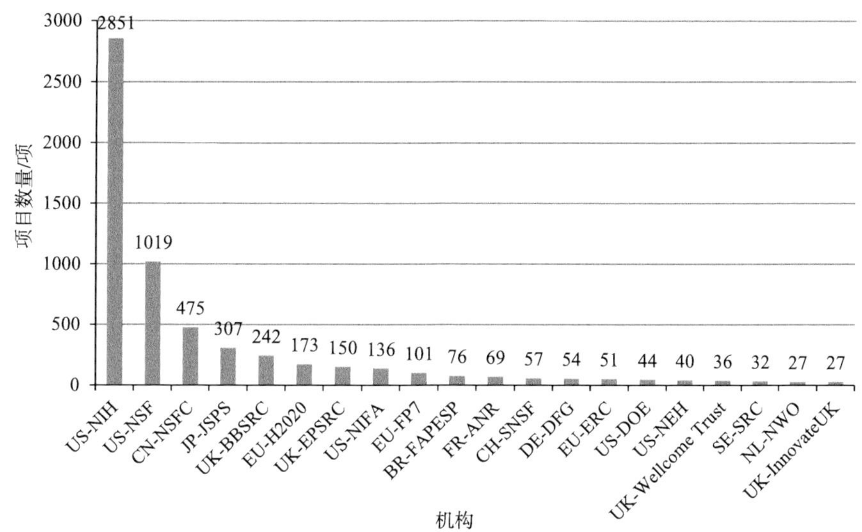

图 3–3 全球合成生物学领域科研项目主要资助机构及资助项目情况

四、项目所属学科主题统计

合成生物学领域科研项目所属学科主题统计如图 3–4 所示，可以看出，数量最多的是医学科学，达到 2984 项，占全球科研项目总数的 47.39%。生物科学以 1607 项位列第二；化学科学以 638 项位列第三；第 4 ～ 10 位依次是工程与技术（508 项）、环境科学（282 项）、农业科学（224 项）、信息科学（163 项）、物理学（126 项）、材料科学（111 项）和社会与人文科学（99 项）。

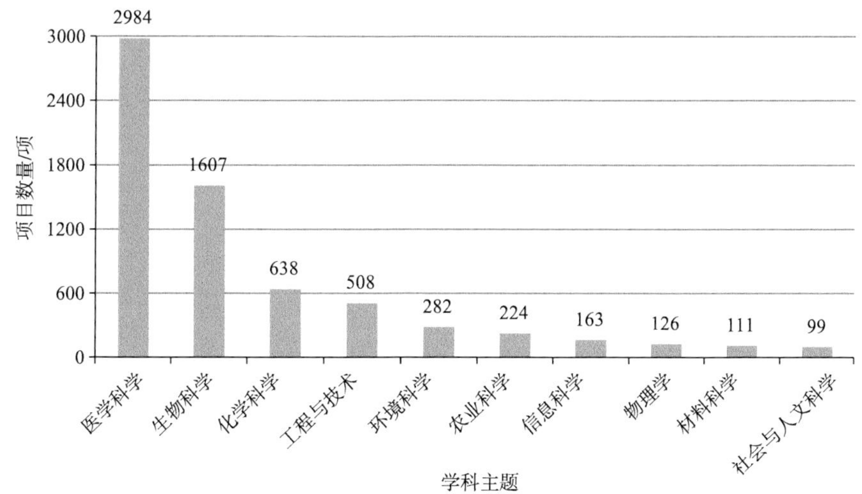

图 3–4 全球合成生物学领域科研项目的学科主题情况

五、项目主持机构统计

合成生物学领域科研项目主持机构统计如图 3–5 所示，可以看出，承担项目数量最多的是斯坦福大学（Stanford University），以 108 项位列第一；加利福尼亚大学旧金山分校（University of California San Francisco）以 94 项位列第二；帝国理工学院（Imperial College Landon）以 67 项位列第三；其余机构项目数量均低于 60 项，依次是麻省理工学院（Massachusetts Institute of Technology）（57 项）、耶鲁大学（Yale University）（49 项）、约翰斯·霍普金斯大学（Johns Hopkins University）（49 项）、爱丁堡大学（University of Edinburgh）（47 项）、曼彻斯特大学（University of Manchester）（45 项）、华盛顿大学（University of Washington）（44 项）、杜克大学（Duke University）（43 项）、贝勒医学院（Baylor College of Medicine）（43 项）、宾夕法尼亚大学（University of Pennsylvania）（41 项）、加利福尼亚大学伯克利分校（University of California Berkeley）（38 项）、加州理工学院（California Institute of Technology）（35 项）、罗切斯特大学（University of Rochester）（35 项）、哈佛医学院（Harvard Medical School）（34 项）、加利福尼亚大学洛杉矶分校（University of California Los Angeles）（32 项）、密歇根大学安娜堡分校（University of Michigan at Ann Arbor）（32 项）、威斯康星大学麦迪逊分校（University of Wisconsin-Madison）（32 项）等。

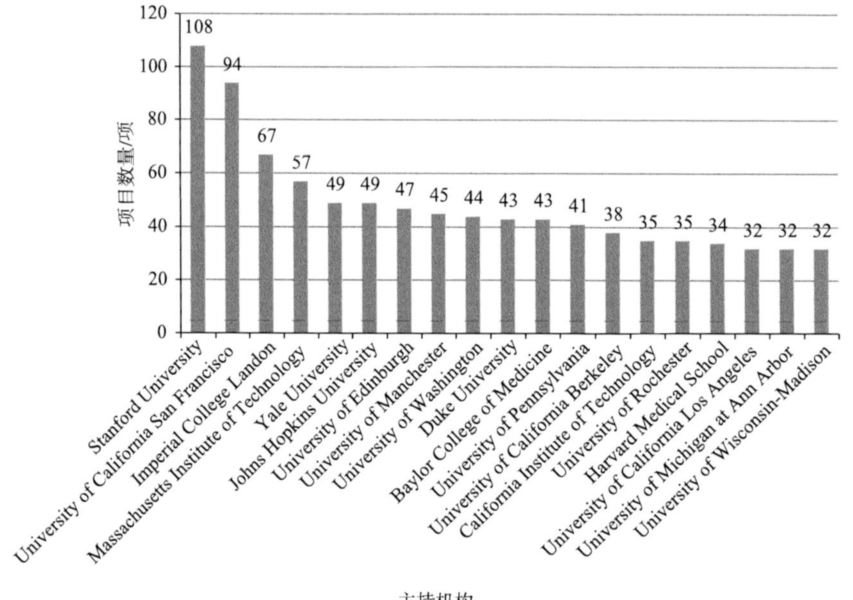

图 3–5　全球合成生物学领域科研项目主要的主持机构

六、项目经费统计

合成生物学领域科研项目经费统计如图 3–6 所示，可以看出，5 万美元及以下的项目有 558 项，5 万～ 10 万（不含 5 万）美元的项目有 4185 项，10 万～ 20 万美元的项目最多，达到 4235 项，20 万～ 50 万美元的项目有 4005 项，50 万～ 100 万美元的项目为 1604 项，100 万美元及以上的项目有 932 项。

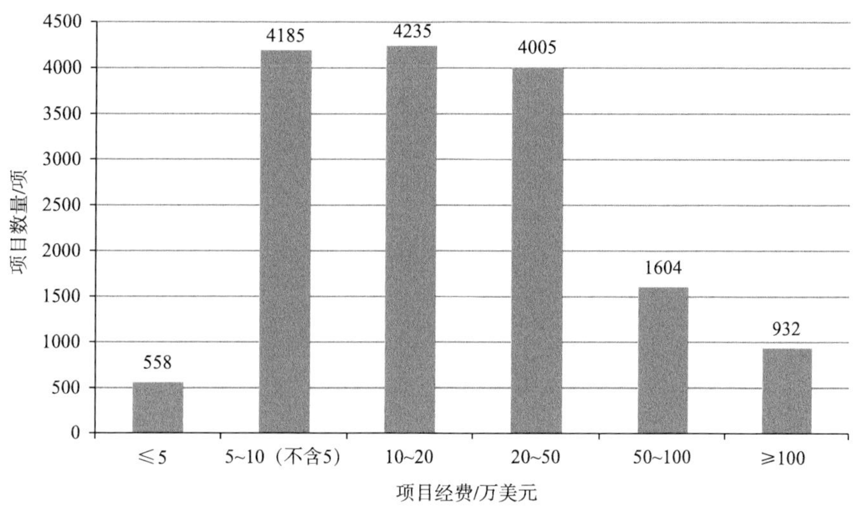

图 3-6　全球合成生物学领域科研项目经费情况统计

第三节　全球基础研究进展

一、基础研究基本态势

通过检索 1900—2021 年 WOS 数据库的 Science Citation Index Expanded（SCI-Expanded）、Social Sciences Citation Index（SSCI）、Conference Proceedings Citation Index–Science（CPCI-S）、Conference Proceedings Citation Index – Social Sciences & Humanities（CPCI-SSH）数据集，文章类型为 Article、Review、Poceeding Papers 3 种，共检索到合成生物学发文数量 18 492 篇。

总体来看，合成生物学领域发文数量呈现不断上升的态势，在 1968 年之前，发文数量呈现缓慢增长的态势；在此之后，发文数量增长速度变快，2018 年达到 923 篇（图 3–7）。

论文数据涉及的期刊主要包括 *Proceedings of The National Academy of Sciences of The United States of America*、*Abstracts of Papers of the American Chemical Society*、*Journal of Biological Chemistry*、*Plos One*、*Acs Synthetic Biology*、*Cancer Research*、*Journal of Bacteriology*、*Journal of Hypertension*、*Faseb Journal* 等（表 3–7）。

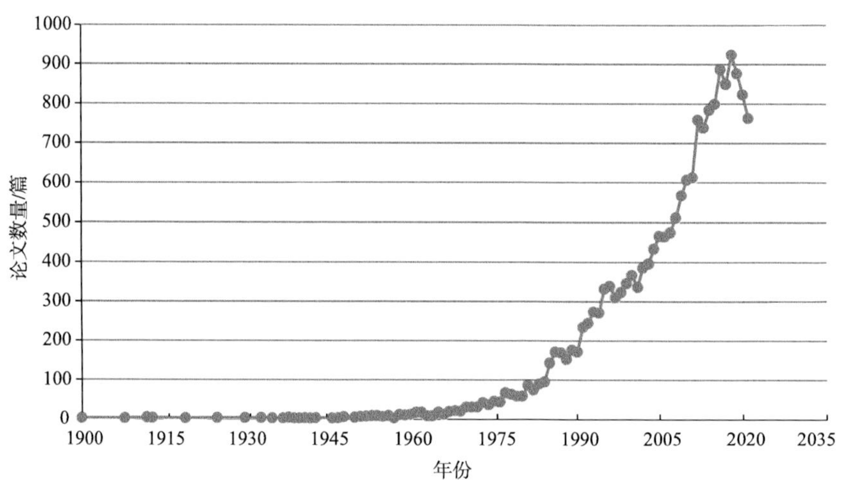

图 3–7 合成生物学基础研究年度发表论文数量

表 3–7 合成生物学基础研究发表论文的主要期刊

序号	期刊名称	论文数量 / 篇	全球占比
1	*Proceedings of the National Acdemy of Sciences of the United States of America*	305	1.65%
2	*Abstracts of Papers of the American Chemical Society*	298	1.61%
3	*Journal of Biological Chemistry*	260	1.41%
4	*Plos One*	235	1.27%
5	*Acs Synthetic Biology*	229	1.24%
6	*Cancer Research*	210	1.14%
7	*Journal of Bacteriology*	210	1.14%
8	*Journal of Hypertension*	201	1.09%
9	*Faseb Journal*	176	0.95%
10	*Blood*	174	0.94%
11	*Nucleic Acids Research*	161	0.87%
12	*Molecular and Cellular Biology*	142	0.77%
13	*Scientific Reports*	138	0.75%
14	*Journal of Immunology*	136	0.74%
15	*Journal of Virology*	125	0.68%
16	*Nature*	111	0.60%
17	*Biochemical and Biophysical Research Communications*	109	0.59%
18	*Molecular Biology of the Cell*	105	0.57%
19	*Molecular Microbiology*	96	0.52%
20	*Developmental Biology*	92	0.50%

二、主要研发国家 / 地区

以所有作者统计各个国家 / 地区的论文数量，美国在合成生物学领域的论文数量为6629 篇，占全球总量的 35.85%，总被引频次为 274 637 次，篇均被引频次为 41.43 次；中国大陆在合成生物学领域的论文数量为 1678 篇，占全球总量的 9.07%，总被引频次为 29 420 次，篇均被引频次为 17.53 次；日本在合成生物学领域的论文数量为 1611 篇，占全球总量的 8.71%，总被引频次为 54 159 次，篇均被引频次为 33.62 次；英国在合成生物学领域的论文数量为 1557 篇，占全球总量的 8.42%，总被引频次为 54 195 次，篇均被引频次为 34.81 次；德国在合成生物学领域的论文数量为 1269 篇，占全球总量的6.86%，总被引频次为 43 321 次，篇均被引频次为 34.14 次（表 3–8）。

表 3–8　合成生物学基础研究领域主要研发国家 / 地区（以所有作者计）

序号	国家 / 地区	论文数量 / 篇	全球占比	总被引频次 / 次	篇均被引频次 / 次
1	美国	6629	35.85%	274 637	41.43
2	中国大陆	1678	9.07%	29 420	17.53
3	日本	1611	8.71%	54 159	33.62
4	英国	1557	8.42%	54 195	34.81
5	德国	1269	6.86%	43 321	34.14
6	法国	849	4.59%	31 573	37.19
7	加拿大	648	3.50%	22 988	35.48
8	意大利	592	3.20%	15 807	26.70
9	西班牙	505	2.73%	13 917	27.56
10	瑞士	499	2.70%	20 197	40.47
11	韩国	475	2.57%	11 643	24.51
12	澳大利亚	409	2.21%	11 833	28.93
13	印度	391	2.11%	5040	12.89
14	荷兰	345	1.87%	13 318	38.60
15	俄罗斯	264	1.43%	2959	11.21
16	巴西	226	1.22%	3363	14.88
17	丹麦	199	1.08%	7004	35.20
18	中国台湾	199	1.08%	3519	17.68
19	以色列	198	1.07%	8409	42.47
20	瑞典	190	1.03%	6816	35.87

以第一作者统计各个国家 / 地区的论文数量，美国在合成生物学领域的论文数量为 5670 篇，占全球总量的 30.66%，总被引频次为 239 054 次，篇均被引频次为 42.16 次；中国大陆在合成生物学领域的论文数量为 1459 篇，占全球总量的 7.89%，总被引频次为 23 098 次，篇均被引频次为 15.83 次；日本在合成生物学领域的论文数量为 1432 篇，占全球总量的 7.74%，总被引频次为 46 308 次，篇均被引频次为 32.34 次；英国在合成生物学领域的论文数量为 1131 篇，占全球总量的 6.12%，总被引频次为 37 125 次，篇均被引频次为 32.82 次；德国在合成生物学领域的论文数量为 921 篇，占全球总量的 4.98%，总被引频次为 29 336 次，篇均被引频次为 31.85 次（表 3–9）。

表 3–9　合成生物学基础研究领域主要研发国家 / 地区（以第一作者计）

序号	国家 / 地区	论文数量 / 篇	全球占比	总被引频次 / 次	篇均被引频次 / 次
1	美国	5670	30.66%	239 054	42.16
2	中国大陆	1459	7.89%	23 098	15.83
3	日本	1432	7.74%	46 308	32.34
4	英国	1131	6.12%	37 125	32.82
5	德国	921	4.98%	29 336	31.85
6	法国	569	3.08%	18 963	33.33
7	加拿大	474	2.56%	15 678	33.08
8	意大利	456	2.47%	10 177	22.32
9	韩国	408	2.21%	9055	22.19
10	西班牙	383	2.07%	9505	24.82
11	印度	358	1.94%	4356	12.17
12	瑞士	337	1.82%	13 930	41.34
13	澳大利亚	282	1.52%	7866	27.89
14	荷兰	226	1.22%	8727	38.62
15	俄罗斯	214	1.16%	1229	5.74
16	巴西	182	0.98%	2049	11.26
17	中国台湾	169	0.91%	2928	17.33
18	以色列	147	0.79%	4876	33.17
19	波兰	131	0.71%	1480	11.30
20	比利时	129	0.70%	4530	35.12

三、主要研发机构

合成生物学基础研究论文产出量排名前列的研发机构依次为哈佛大学、麻省理工学院、东京大学、斯坦福大学、中国科学院、加利福尼亚大学伯克利分校、得克萨斯大学等（表 3–10）。

表 3-10　合成生物学基础研究领域主要研发机构

序号	机构名称	论文数量 / 篇	全球占比	总被引频次 / 次	篇均被引频次 / 次
1	哈佛大学（Harvard Univ）	321	1.74%	23 940	74.58
2	麻省理工学院（MIT）	253	1.37%	17 396	68.76
3	东京大学（Univ Tokyo）	206	1.11%	9315	45.22
4	斯坦福大学（Stanford Univ）	188	1.02%	9955	52.95
5	中国科学院（Chinese Acad Sci）	181	0.98%	3612	19.96
6	加利福尼亚大学伯克利分校（Univ Calif Berkeley）	164	0.89%	8305	50.64
7	得克萨斯大学（Univ Texas）	149	0.81%	7713	51.77
8	京都大学（Kyoto Univ）	147	0.79%	6992	47.56
9	大阪大学（Osaka Univ）	147	0.79%	5756	39.16
10	密歇根大学（Univ Michigan）	144	0.78%	7897	54.84
11	多伦多大学（Univ Toronto）	135	0.73%	4638	34.36
12	爱丁堡大学（Univ Edinburgh）	133	0.72%	3238	24.35
13	加利福尼亚大学圣迭戈分校（Univ Calif San Diego）	132	0.71%	7027	53.23
14	伊利诺伊大学（Univ Illinois）	131	0.71%	4079	31.14
15	约翰斯·霍普金斯大学（Johns Hopkins Univ）	127	0.69%	5207	41.00
16	瑞士联邦理工学院（Swiss Fed Inst Technol）	122	0.66%	3857	31.61
17	明尼苏达大学（Univ Minnesota）	120	0.65%	3871	32.26
18	法国国家科学研究中心（Centre National De La Recherche Scientifique，CNRS）	119	0.64%	4974	41.80
19	华盛顿大学（Univ Washington）	119	0.64%	5076	42.66
20	加利福尼亚大学旧金山分校（Univ Calif San Francisco）	117	0.63%	7958	68.02

其中，哈佛大学在合成生物学领域的论文数量为 321 篇，占全球总量的 1.74%，总被引频次为 23 940 次，篇均被引频次为 74.58 次；麻省理工学院在合成生物学领域的论文数量为 253 篇，占全球总量的 1.37%，总被引频次为 17 396 次，篇均被引频次为 68.76 次；东京大学在合成生物学领域的论文数量为 206 篇，占全球总量的 1.11%，总被引频次为 9315 次，篇均被引频次为 45.22 次；斯坦福大学在合成生物学领域的论文数量为 188 篇，占全球总量的 1.02%，总被引频次为 9955 次，篇均被引频次为 52.95 次；中国科学院在合成生物学领域的论文数量为 181 篇，占全球总量的 0.98%，总被引频次为 3612 次，篇均被引频次为 19.96 次。

图 3-8 为主要研发机构之间的合作情况，可以看出，哈佛大学和麻省理工学院之间合作紧密，其他研发机构之间的合作较弱。

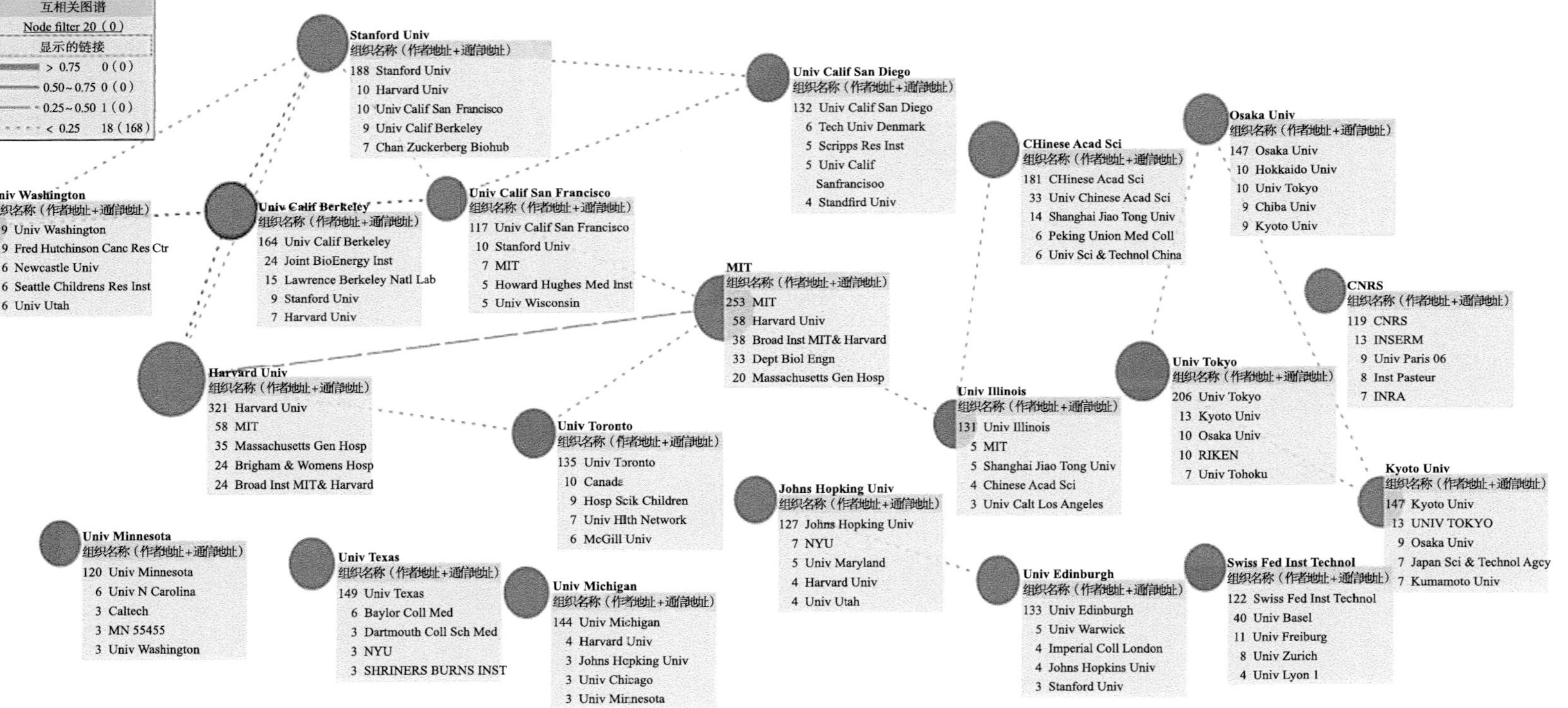

图 3-8　合成生物学基础研究领域主要研发机构合作情况

四、主要研究方向

表 3–11 列出了频次为 40 次及以上的关键词。主要关键词有 Apoptosis（细胞凋亡）、Essential Genes（必要基因）、Gene Expression（基因表达）、Metabolic Engineering（代谢工程）、Polymorphism（多态性）等。

表 3–11 合成生物学基础研究领域频次 40 次及以上的主要关键词

序号	主要关键词	频次 / 次	序号	主要关键词	频次 / 次
1	Apoptosis（细胞凋亡）	288	20	Breast Cancer（乳腺癌）	63
2	Essential Genes（必要基因）	152	21	Gene Regulation（基因调控）	61
3	Gene Expression（基因表达）	150	22	Haplotype（单倍型）	56
4	Metabolic Engineering（代谢工程）	145	23	Synthetic Gene（合成基因）	55
5	Polymorphism（多态性）	142	24	Drosophila（果蝇）	54
6	*Saccharomyces cerevisiae*（啤酒酵母）	120	25	Optimization（优化）	54
7	Genetics（遗传学）	92	26	CRISPR（规律间隔成簇短回文重复序列）	52
8	Synthetic Peptides（合成肽）	89	27	Hydrogel（水凝胶）	52
9	Tissue Engineering（组织工程）	89	28	Gene（基因）	50
10	*Escherichia coli*（大肠杆菌）	82	29	Promoter（启动子）	50
11	Genetic Circuits（遗传回路）	82	30	Stem Cells（干细胞）	49
12	Gene Therapy（基因治疗）	81	31	Differentiation（分化）	47
13	Peptide（肽）	79	32	Transcription（转录）	45
14	Synthetic Lethality（致死性）	74	33	Gene Circuits（基因回路）	43
15	Yeast（酵母）	73	34	Transcriptional Regulation（转录调控）	43
16	Cell Cycle（细胞周期）	72	35	Biomaterials（生物材料）	42
17	Systems Biology（系统生物学）	70	36	Biotechnology（生物技术）	42
18	Cancer（癌症）	69	37	Mitochondria（线粒体）	41
19	Cytotoxicity（细胞毒性）	64	38	Transcription Factor（转录因子）	40

利用 VOSviewer 软件对文献题目和摘要进行主题聚类，图 3–9 中节点圆圈越大，表示关键词出现频次越高，节点圆圈越靠近中心，表示重要性越高，节点间连线越粗，表示两者同时出现的频次越高，相同颜色节点表示同一研究主题。研究发现，合成生物学基础研究的方向主要集中在：①基因表达调控网络构建，包括代谢工程和线路工程；②基因与基因组的合成；③系统生物学；④合成生物学的应用，包括基因治疗和药物等方面。

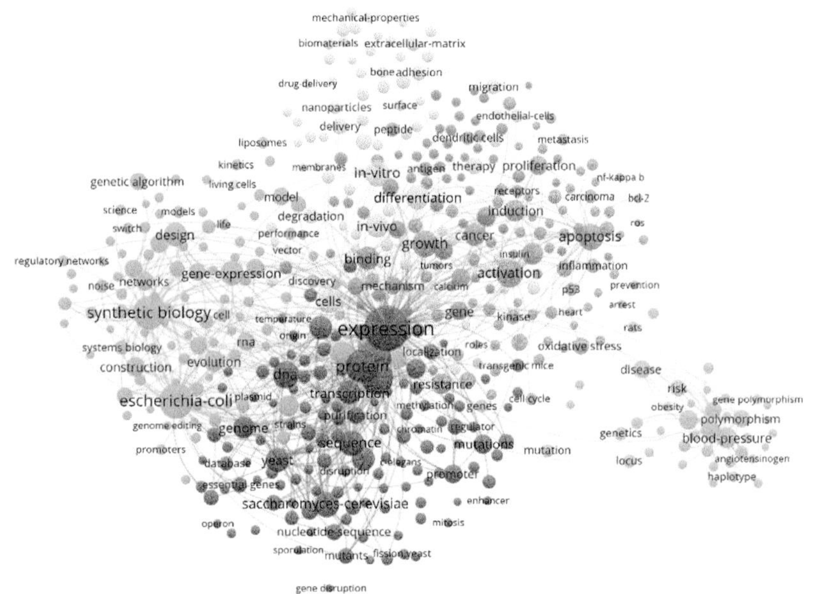

图 3–9　基于 VOSviewer 构建的合成生物学高频词共现图谱

图 3–10 所示的研究热点主题密度中，颜色越深，表明词频出现概率越高，越趋向于研究热点。对深色区域的关键词进行综合分析，得出的主要研究热点主题有 Expression、Protein、Synthetic Biology、*Escherichia coli* 等。

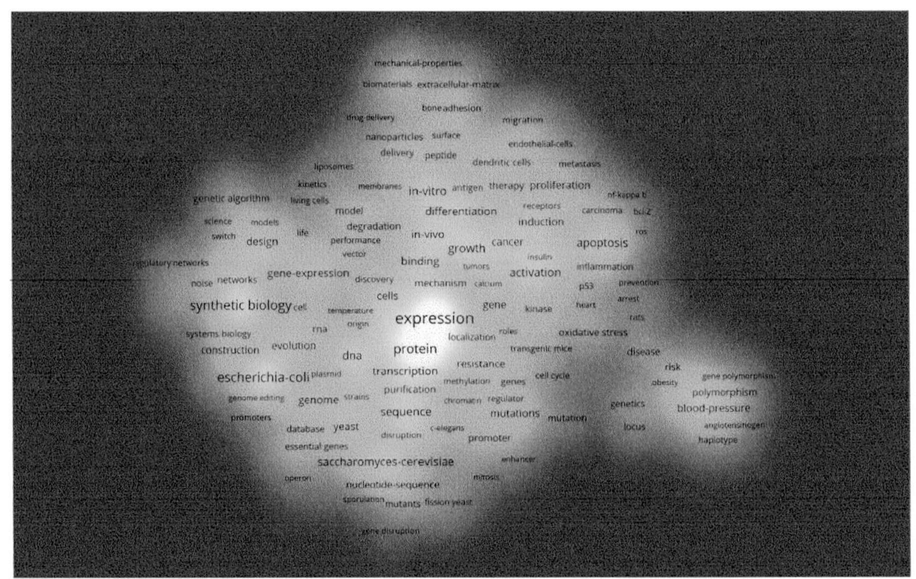

图 3–10　基于 VOSviewer 构建的合成生物学基础研究热点主题密度

图 3–11 的时间热度地图展现了合成生物学在不同主题中的演变情况。由图 3–11 可见，文章内容从基因表达、蛋白质、大肠杆菌相关的研究，逐渐向基因调控等相关的研究转变。

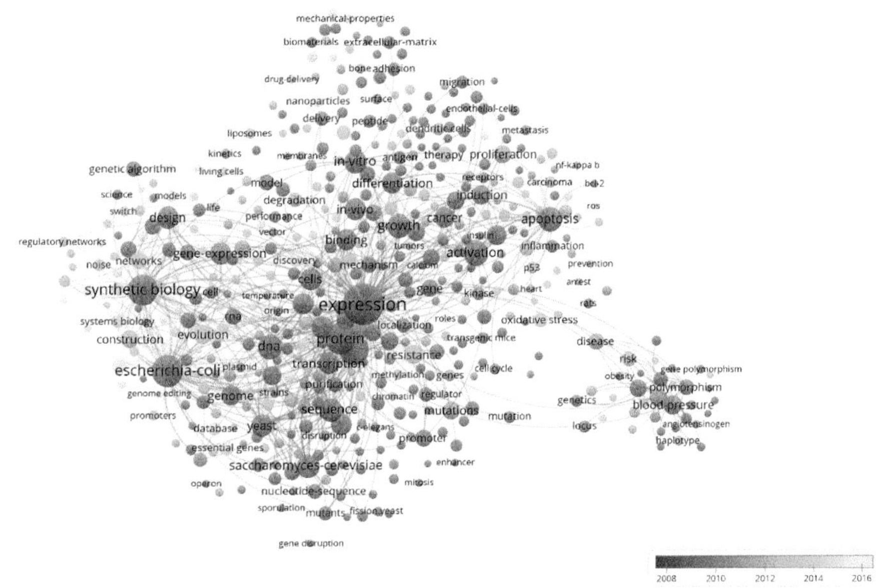

图 3-11　基于 VOSviewer 构建的合成生物学基础研究趋势变化

第四节　全球应用研究进展

一、应用研究基本态势

合成生物学相关专利共检索出 13 147 件。从图 3-12 可以看出，合成生物学领域专利数量的变化经历了以下几个阶段：1963—1980 年，专利数量增长较为缓慢，1980 年该领域专利数量只有 62 件；1980—1988 年，专利数量增长速度较快；1989—1993 年，专利数量平稳；1993—2001 年，开始快速增长，2001 年达到 796 件；2001—2007 年，专利数量开始下降；2007 年之后开始快速增长；2018 年以后又开始下降。

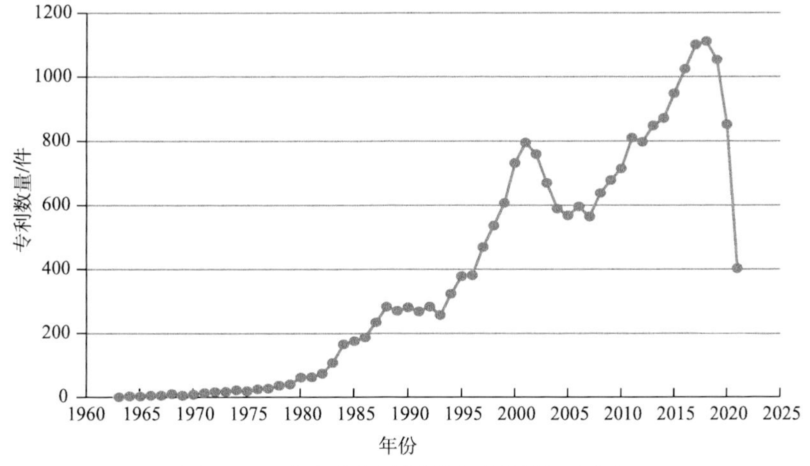

图 3-12　合成生物学领域专利数量年度变化

二、主要专利国家 / 地区分析

合成生物学领域主要专利国家 / 地区为美国、中国大陆、日本、加拿大、欧盟、韩国、德国、澳大利亚、英国、俄罗斯等。其中，美国在合成生物学领域专利数量排名第一，共 6157 件，全球占比为 46.83%；中国大陆在合成生物学领域专利数量为 2738 件，全球占比为 20.83%（表 3–12）。

表 3–12　合成生物学领域主要专利国家 / 地区

序号	国家 / 地区	专利数量 / 件	全球占比
1	美国	6157	46.83%
2	中国大陆	2738	20.83%
3	日本	1615	12.28%
4	加拿大	1236	9.40%
5	欧盟	1072	8.15%
6	韩国	847	6.44%
7	德国	632	4.81%
8	澳大利亚	548	4.17%
9	英国	537	4.08%
10	俄罗斯	371	2.82%
11	法国	281	2.14%
12	巴西	261	1.99%
13	印度	100	0.76%
14	丹麦	57	0.43%
15	西班牙	55	0.42%
16	菲律宾	49	0.37%
17	以色列	48	0.37%
18	瑞典	43	0.33%
19	世界知识产权组织	42	0.32%
20	中国台湾	30	0.23%

三、主要专利权人分析

合成生物学领域的专利权人主要有美国加利福尼亚大学系统（Univ California）、杜邦公司（DuPont Company）、麻省理工学院（MIT）、美国卫生与人类服务部（US Dept Health & Human Services）、巴斯夫公司（BASF AG）、葛兰素史克公司（GlaxoSmith-Kline）、法国国家科学研究中心（Cent Nat Rech Sci）、Genaissance Pharmaceuticals 公司

（Genaissance Pharm Inc）、哈佛大学（Harvard College）、Opko Curna 公司（Opko Curna LLC）（表 3–13）。

表 3–13　合成生物学领域主要专利权人

序号	专利权人	专利数量 / 件	全球占比
1	加利福尼亚大学系统（Univ California）	204	1.55%
2	杜邦公司（DuPont Company）	160	1.22%
3	麻省理工学院（MIT）	117	0.89%
4	美国卫生与人类服务部（US Dept Health & Human Services）	106	0.81%
5	巴斯夫公司（BASF AG）	104	0.79%
6	葛兰素史克公司（GlaxoSmithKline）	83	0.63%
7	法国国家科学研究中心（Cent Nat Rech Sci）	82	0.62%
8	Genaissance Pharmaceuticals 公司（Genaissance Pharm Inc）	73	0.56%
9	哈佛大学（Harvard College）	61	0.46%
10	Opko Curna 公司（Opko Curna LLC）	57	0.43%
11	孟山都公司（Monsanto Technology LLC）	55	0.42%
12	斯坦福大学（Univ Leland Stanford Junior）	55	0.42%
13	罗氏制药（F Hoffmann La Roche & Co AG）	52	0.40%
14	默克公司（Merck & Co Inc）	52	0.40%
15	德国拜耳股份公司（Bayer Ag）	50	0.38%
16	江南大学（Univ Jiangan）	47	0.36%
17	先正达公司（Syngenta Crop Protection LLC）	46	0.35%
18	复旦大学（Univ Fudan）	46	0.35%
19	法国国家医学与健康研究院（Inserm Inst Nat Sante & Rech Medicale）	45	0.34%
20	诺华公司（Novartis AG）	45	0.34%

四、主要研发方向分析

从国际专利分类号（International Patent Classification，IPC）的角度来看，合成生物学专利主要集中在 C12N-015/00（突变或遗传工程，遗传工程涉及的 DNA 或 RNA，载体或其分离、制备或纯化）、C12Q-001/00（包含酶或微生物的测定或检验方法）、C12N-005/00（未分化的人类、动物或植物细胞，如细胞系、组织及其培养或维持；其培养基）、G01N-033/00（利用不包括在 G01N1/00 至 G01N31/00 组中的特殊方法来研究或分析材料）、C07K-014/00（具有多于 20 个氨基酸的肽；促胃液素；生长激素释放抑制因子；促黑激素；其衍生物）（表 3–14）。

表 3-14　合成生物学领域专利主要研发方向

序号	IPC 号	中文释义	专利数量 / 件	全球占比
1	C12N-015/00	突变或遗传工程，遗传工程涉及的 DNA 或 RNA，载体或其分离、制备或纯化	7044	53.58%
2	C12Q-001/00	包含酶或微生物的测定或检验方法	4353	33.11%
3	C12N-005/00	未分化的人类、动物或植物细胞，如细胞系、组织及其培养或维持；其培养基	3162	24.05%
4	G01N-033/00	利用不包括在 G01N1/00 至 G01N31/00 组中的特殊方法来研究或分析材料	2451	18.64%
5	C07K-014/00	具有多于 20 个氨基酸的肽；促胃液素；生长激素释放抑制因子；促黑激素；其衍生物	2415	18.37%
6	C12N-001/00	微生物本身及其组合物	2373	18.05%
7	C07H-021/00	含有两个或多个单核苷酸单元的化合物，具有以核苷基的糖化物基团连接的单独的磷酸酯基或多磷酸酯基，如核酸	1995	15.17%
8	C12N-009/00	酶，如连接酶	1746	13.28%
9	C12P-021/00	肽或蛋白质的制备（不包括单细胞蛋白质）	1744	13.27%
10	A61K-038/00	含肽的医药配制品	1573	11.96%
11	A61K-039/00	含有抗原或抗体的医药配制品	1482	11.27%
12	A61K-031/00	含有机有效成分的医药配制品	1260	9.58%
13	A61K-048/00	含有插入活体细胞中的遗传物质以治疗遗传病的医药配制品；基因治疗	1246	9.48%
14	C07K-016/00	免疫球蛋白，如单克隆或多克隆抗体	1018	7.74%
15	C12R-001/00	微生物	990	7.53%
16	C12M-001/00	酶学或微生物学装置	976	7.42%
17	A61K-035/00	含有其有不明结构的原材料或其反应产物的医用配制品	922	7.01%
18	C12P-019/00	含有糖残基的化合物的制备	854	6.50%
19	A61P-035/00	抗肿瘤药	809	6.15%
20	A61P-031/00	抗感染药，即抗生素、抗菌剂、化疗剂	710	5.40%

相较而言，美国在合成生物学领域的专利主要集中在 C12N-015/00（突变或遗传工程，遗传工程涉及的 DNA 或 RNA，载体或其分离、制备或纯化）、C12Q-001/00（包含酶或微生物的测定或检验方法）、C12N-005/00（未分化的人类、动物或植物细胞，如

细胞系、组织及其培养或维持；其培养基）；中国在合成生物学领域的专利主要集中在C12N-015/00（突变或遗传工程，遗传工程涉及的DNA或RNA，载体或其分离、制备或纯化）、C12Q-001/00（包含酶或微生物的测定或检验方法）、C12N-001/00（微生物本身及其组合物）；日本在合成生物学领域的专利主要集中在C12N-015/00（突变或遗传工程，遗传工程涉及的DNA或RNA，载体或其分离、制备或纯化）、C12N-005/00（未分化的人类、动物或植物细胞，如细胞系、组织及其培养或维持；其培养基）、C12Q-001/00（包含酶或微生物的测定或检验方法）（图3–13）。

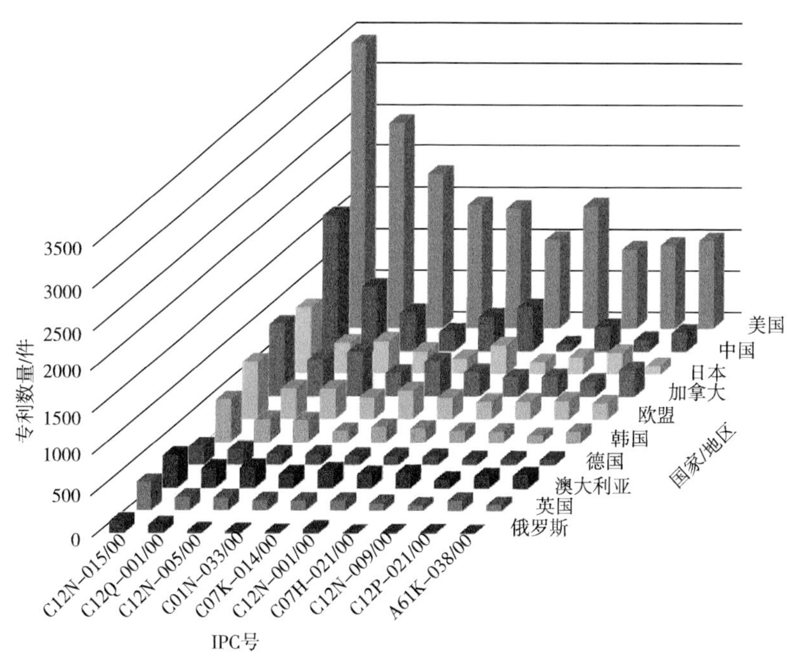

图3–13 主要国家/地区合成生物学领域专利的主要研发方向

从专利权人层面看，加利福尼亚大学系统在合成生物学领域的专利主要集中在C12N-015/00（突变或遗传工程，遗传工程涉及的DNA或RNA，载体或其分离、制备或纯化）、C12Q-001/00（包含酶或微生物的测定或检验方法）、C12N-005/00（未分化的人类、动物或植物细胞，如细胞系、组织及其培养或维持；其培养基）；杜邦公司在合成生物学领域的专利主要集中在C12N-015/00（突变或遗传工程，遗传工程涉及的DNA或RNA，载体或其分离、制备或纯化）、C12N-005/00（未分化的人类、动物或植物细胞，如细胞系、组织及其培养或维持；其培养基）、C12N-009/00（酶，如连接酶）；麻省理工学院在合成生物学领域的专利主要集中在C12N-015/00（突变或遗传工程，遗传工程涉及的DNA或RNA，载体或其分离、制备或纯化）、C12Q-001/00（包含酶或微生物的测定或检验方法）、C12N-005/00（未分化的人类、动物或植物细胞，如细胞系、组织及其培养或维持；其培养基）（图3–14）。

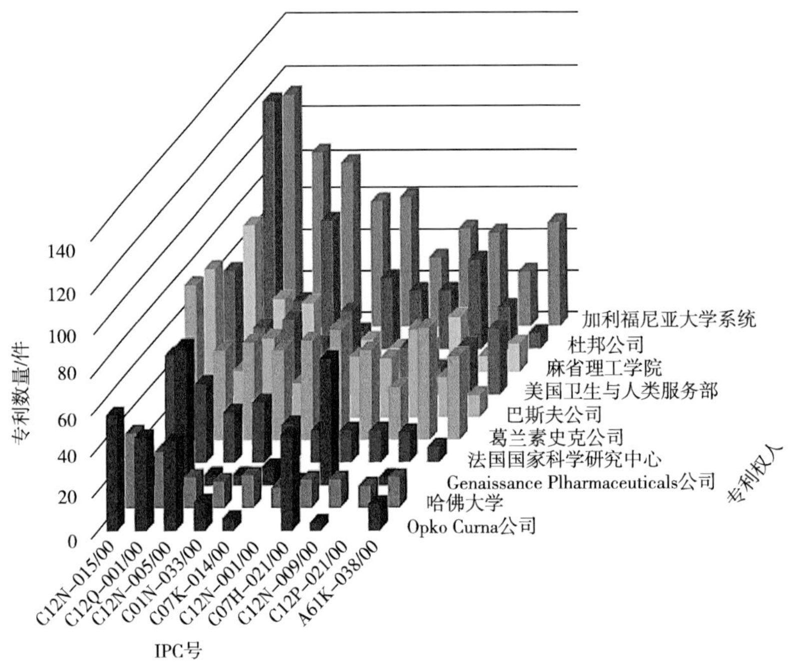

图 3-14 合成生物学领域主要专利权人的主要研发方向

从全球合成生物学专利技术研发主题知识图谱可知，主要研发方向大体包括：①腺病毒基因组（基因簇、细菌）；②流感病毒（疫苗）；③前多肽（核酸）；④植物部分（包括植物细胞、种子）；⑤基因编辑技术（CRISPR、向导 RNA、基因组点位）；⑥小鼠细胞（抑制效应、基因点位、抗原抗体）等（图 3-15）。

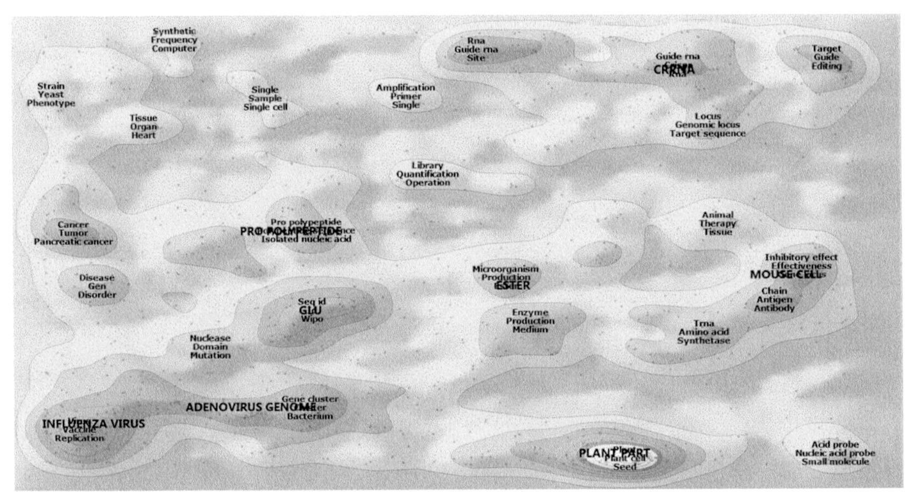

图 3-15 全球合成生物学专利技术研发主题知识图谱

第五节 发展趋势预测及未来展望

合成生物学作为一门新兴学科，已经得到了世界范围内的广泛关注，并开展了相关研究，论文产出逐年增多，学科发展较为迅速。美国是当今全球合成生物学领域研究的领军力量，其研发活动开展的规模最大，论文质量高，且国际合作广泛。合成生物学领域大部分尖端研究力量分布于美国、日本等国家的高等教育机构内，尤其是美国的大学。我国在合成生物领域的研究尚处于起步阶段，虽然论文发表数量较多，也出现了中国科学院这样表现突出的研究机构，但论文质量不高、篇均被引频次低，学术合作不够广泛，学术实力和影响力仍有待加强。当前，合成生物学的研究热点主要集中在基因调控网络构建、基因与基因组的合成研究、底盘与最小生命体研究、酵母合成生物学、功能回路的设计及合成生物学工具方法类研究等方面。可以看出，合成生物学是涉及生物化学、物理化学、分子生物学、系统生物学、基因工程、工程学及计算科学等多个领域的交叉学科。

任何新技术的出现都有两重性。合成生物学的飞速发展在为农业生产、人类生活和社会进步带来巨大利益的同时，也面临生物安全、伦理道德、知识产权和国际公正等问题[①]。我们要在发展关键技术的过程中，正确评估和管理生物安全和潜在的风险，保证并促进合成生物学技术健康、快速发展[②]。合成生物学未来在医学、制药、环境、能源、材料等领域都有广阔的应用前景[③]。我国在基因工程、蛋白质工程、生物传感等方面已有较好的研究基础，应抓住机遇，寻找在我国开展合成生物学研究的对象与最佳切入点，建立合成生物学的新理论、新方法及相应的技术支撑体系，抢占合成生物学研究制高点[④]。

① 关正君，裴蕾，马库斯·施密特，等．合成生物学生物安全风险评价与管理 [J]. 生物多样性，2012，20（2）：138–150.

② 艾瑞婷，于振行．合成生物学研究进展 [J]. 中国医药生物技术，2012，7（1）：59-61.

③ 邢玉华，谭俊杰，李玉霞，等．合成生物学的关键技术及应用进展 [J]. 中国医药生物技术，2012，7（5）：357–363.

④ 安嘉璐，田玲，周艳玲，等．基于 Web of Science 的合成生物学文献计量分析 [J]. 现代生物医学进展，2015，15（1）：139–144，170.

第四章

微生物组学

内容提要

本章基于微生物组学领域政策环境、科研项目、基础研究论文及专利，分析微生物组学技术发展态势，进而研判其竞争格局和未来发展趋势。

从政策方面来看，2021 年，全球主要国家 / 地区政府已不仅关注人类微生物组的研究，而且关注其他宿主、环境和微生物组之间的多方相互作用，微生物组学研究已扩大到农业、能源、食品、环保等领域。

从科研项目来看，全球微生物组学领域科研项目从 2012 年开始出现显著增长，到 2018 年到达顶峰，之后有所回落；其中，美国资助的项目达到 9040 项，占全球项目数量的 84.88%。全球科研项目数据表明，美国通过 HMP、iHMP、NMI 等计划在微生物组学领域进行大量投资，远超其他国家，推动了美国微生物产业的迅速发展。

从基础研究论文情况看，2011 年以来，全球微生物组学基础研究论文从 190 篇迅速增长到 2021 年的 5954 篇，处于高速增长的阶段。微生物组学领域发文量排名前 25 位的机构中，包含 20 家美国机构。微生物组学领域论文的研究主题主要集中在肠道微生物组、宏基因组学、微生物群等方面。主题共现结果表明，微生物组学研究方向主要包括：①宏基因组学、代谢组学、16S rRNA 测序等技术研究及应用；②肠道微生物组及脑肠轴作用机制研究；③微生物群及自身免疫性相关疾病的治疗；④人工智能辅助微生物组测序及识别；⑤口腔微生物组学；⑥抗生素对微生物组的影响机制；⑦炎症性疾病研究；⑧妇科疾病微生物组学研究。全球微生物组学领域论文重点关注微生物组在人类脑肠轴系统及自然环境之间的因果作用。

从专利分析看，全球微生物组学专利数量从 2011 年开始迅速增长，其主要技术方向包括 C12Q-001/68（核酸的测定或检验方法）、A61K-035/74（含有细菌的医用配制品）、A61K-009/00（具有特殊物理形状的医药配制品）等。专利数量排名前五的国家 / 机构分别为美国、中国、加拿大、世界知识产权组织和韩国。美国的微生物组学领域专利数量自 2012 年开始快速增长，其他国家的专利数量增长较为迟滞，而中国的专利数量自 2016 年开始迅速增加。各个国家 / 机构的研究热点都包括 A61K-035/74（含有细菌的医用配制品）及 C12Q-001/68（核酸的测定或检验方法）。主要专利权人的研发热点表明，uBiome 公司、Psomagen 公司、U-BioMed 公司、YEDA 研发有限公司的专利布局主要集中于微生物组测序方面，其他专利权人主要集中于含微生物组的医用配制品研究。

第一节 全球主要国家相关政策与规划

一、国外相关政策与规划

1. 美国

21 世纪以来，美国政府高度重视微生物组学技术的发展，先后推出了一系列相关计划，如人类微生物组计划（HMP）、综合人体微生物组计划（iHMP）、国家微生物组计划（NMI）等，极大地提高了美国在该领域的研究水平。

根据美国微生物组图谱快速行动委员会（FTAC-MM）2015 年发布的研究结果[①]，美国政府仅在 2012—2014 财年就支持了 2784 个微生物组学领域的研究项目，投资金额达到 9.2 亿美元。美国政府各个机构对微生物组学领域的投资方向涵盖农业、水产品、大气、建筑环境、人类、能源、实验室、陆地生物等领域（图 4–1），其中超过 1/3 的项目集中于人体健康相关微生物组研究，而对食品相关微生物组学、病毒组学、微生物组学应用和工具研究等方面投入相对较少，需要继续提高对微生物组学的数据分析和解读能力。

	USAID	NIST/DOC	NOAA/DOC	DOD	SC/DOE	EPA	CDC/HHS	FDA/HHS	NIH/HHS	DHS	NPS/DOI	USGS/DOI	FBI/DOJ	NIJ/DOJ	NASA	NSF	SI	ARS/USDA	FS/USDA	NIFA/USDA	NRCS/USDA	VA
农业	X	X	X	X	X			X		X		X			X	X	X	X	X	X	X	
水产品		X	X	X		X						X			X	X	X		X	X		
大气			X							X		X			X	X		X		X		
建筑环境		X		X		X	X			X	X		X	X	X	X				X		X
人类	X	X		X		X	X	X	X		X		X	X	X	X	X	X		X		X
能源				X	X							X								X		
实验室			X	X		X	X	X	X	X		X			X	X	X	X	X	X		
陆地生物				X	X	X			X		X	X	X	X	X	X	X	X	X	X	X	

图 4–1 美国政府各个机构对微生物组学领域的投资方向[②]

鉴于微生物群系与很多广泛的重要问题之间存在联系，美国联邦机构集中在 3 个重点领域开展微生物组学研究：①支持跨学科和合作研究，以了解和预测不同生态系统中微生物群落的功能，从而加强公共卫生、食品和环境安全，并培育新的生物经济产品领域；②开发相关平台，以产生关键的见解，并改善对跨生态系统的微生物组数据的获取和共享能力；③增加教育机会，提高公众参与，扩大微生物组生产力。

2021 年 12 月 15 日，美国能源部（DOE）宣布了一项计划，为自然系统中微生物过程和群落相互作用的基础研究提供 3600 万美元的资金。该研究将阐明其作用的基本

① STULBERG E，FRAVEL D，PROCTOR L M，et al. An assessment of US microbiome research[J]. Nature microbiology，2016，1（1）：15015.

② Microbiome[EB/OL].（2020-05-20）[2022-04-12].https://www.nist.gov/mml/bbd/primary-focus-areas/microbiome.

原理，以促进人类更好地理解微生物之间的调节、代谢和信号网络、微生物与植物的相互作用、土壤中碳的捕获和储存，以及营养物质和其他元素在不断变化的世界中的转化机制。

2021 年 9 月 2 日，作为农业和食品研究计划——基础和应用科学优先领域的一部分，美国食品与农业研究所（NIFA）投资 670 万美元进行了 10 项植物系统与自然资源中的农业微生物组研究。该计划侧重于了解宿主、环境和微生物组之间的多方相互作用，从而提高和维持农业生产力。该研究将有助于填补在农业生产系统和自然资源中表征农业微生物组和微生物组功能方面的主要知识空白[①]。

2. 欧盟

2010 年，欧洲委员会首先资助了“MetaHIT 计划”，该计划是欧盟第七框架计划（FP7）资助的子项目之一，项目周期为 2 年，目的是研究人类肠道中的所有微生物群落，进而了解人类肠道中细菌的物种分布，最终为后续研究肠道微生物与人的肥胖、肠炎等疾病的关系提供非常重要的理论依据。

2021 年 6 月 16 日，欧盟委员会发布“地平线欧洲”2021—2022 年主要工作计划。该计划在“食品、生物经济、自然资源、农业及环境”领域分为七大方向，总预算约 19 亿欧元[②]。其中，在实现健康、可持续和包容性的粮食系统方面，强调对食品生产系统中的微生物组进行研究；在可持续生物系统与生物经济创新方面的研究中，包括对生物创新与环境应用的微生物组学进行研发；而在蓝色生物经济与生物技术价值链创新方面，强调对健康海洋与可持续的蓝色生物经济的海洋微生物组的研究。

3. 日本

早在 20 世纪 60 年代，日本就已经开始积极推动微生物组学研究，其中光冈智者博士在难培养微生物的培养技术和微生物的系统发育、系统分类方面取得了重大成果，引起了世界各国的广泛关注。然而，由于当时的技术局限，很难阐明微生物组的全貌，随后的研究进展是渐进的。

2016 年 4 月 7 日，日本科学技术振兴机构（JST）研发战略中心提出《人类微生物组研究的整合推广：生命科学与医疗保健的新发展》的战略建议，旨在推进新型医疗保健与医药技术的开发，加深对生命与疾病的理解。

① Current Research Information System[EB/OL].（2021-09-02）[2022-04-12]. https://cris.nifa.usda.gov/cgi-bin/starfinder/0?path=fastlink1.txt&id=anon&pass=&search=(AN=1026053;1026194;1026000；1026337；1027433；1026155；1026192；1026106；1025891；1025990)&format=WEBTITLESGIY.

② Horizon Europe Work Programme 2021-2022：9. Food, Bioeconomy, Natural Resources, Agriculture and Environment[EB/OL].（2021-07-28）[2022-04-12]. https://ec.europa.eu/info/funding-tenders/opportunities/docs/2021-2027/horizon/wp-call/2021-2022/wp-9-food-bioeconomy-natural-resources-agriculture-and-environment_horizon-2021-2022_en.pdf.

2017 年，日本成立了日本微生物组联盟（JMBC），以推动对微生物菌群的研究及数据库产业化。2021 年，JMBC 和日本国家先进工业科学技术研究所（AIST）合作开发了一种用于质量控制的细胞、核酸标准和推荐的分析方法，用于下一代测序仪分析微生物组。这将促进下一代测序仪进行高度可靠的微生物群分析，并有助于提高包括微生物组药物发现等领域的微生物群分析标准化。构建基于标准化分析方法的日本微生物组数据库，实现微生物组产业的扩张。

4. 澳大利亚

2021 年 12 月 26 日，澳大利亚国防科学技术下一代技术基金（The Defense Science and Technology Next Generation Technologies Fund）授予了昆士兰科技大学和英国纽卡斯尔大学一项高达 700 万美元的研究资金，用以帮助其研究脑肠轴和开发用于可穿戴设备的生物标志物，项目为期 3 年半。来自这两所大学和 Micorba 公司的研究人员将合作开展一项名为“肠道认知”（Cognitive Gut）的项目，计划研究肠道菌群构成与认知表现的关系，并提出调节情绪的干预措施。

5. 韩国

2021 年 8 月，韩国农业、食品和农村事务部公布了一项微生物组资源中心建设项目，该项目位于首尔以南约 244 千米处的顺昌，拟通过收集资源和遗传信息来创建微生物数据库，并与包括医疗和食品在内的各个部门共享，同时帮助企业增强创新能力。该中心计划到 2023 年，从土壤、植物、动物粪便和食物中收集约 3500 个微生物组样本并添加到数据库中，每年新增约 1000 个。这些样品将用于微生物的鉴定和分析，并将收集的数据与相关行业共享，以帮助开发新技术和产品。该中心将配备微生物基因组分析设备、超低温保存设施和动物实验室①。

据韩国 Money Today 2022 年 1 月 6 日报道②，韩国希杰集团于 2022 年 1 月 5 日正式成立了生物科学公司，进军微生物组领域。韩国政府也将投资 1 万亿韩元，为微生物组时代做好准备。该领域市场规模到 2023 年有望增长到约 1090 亿美元。韩国政府计划发布“国家微生物组倡议”，2023—2032 年连续 10 年投资 1.15 万亿韩元（约合 9.64 亿美元）培育国内微生物组产业。韩国科学技术信息通信部林惠淑部长在 2021 年 12 月 29 日表示：“我们将全力支持工业生态系统的发展和振兴，同时促进微生物组的综合政策，这被视为解决人类重大挑战的关键。”

① S. Korea launches 10-year project to nurture microbiome industry by injecting $968.5 mln state fund [EB/OL].（2021-12-29）[2022-04-12].https://www.ajudaily.com/view/20211229161035256.

② 韩国 CJ 集团进军微生物组领域 [EB/OL].（2022-01-13）[2022-04-12]. http://kr.mofcom.gov.cn/article/jmxw/202201/20220103236770.shtml.

二、国内相关政策与规划

微生物组产业是国家战略性新兴产业，2016 年国务院发布的《“十三五”国家科技创新规划》提出，“十三五”期间要开展人体微生物组解析及调控等关键技术研究。2017 年科技部发布的《国家技术创新中心建设工作指引》将微生物组领域列入未来产业制高点，支持微生物组产业发展。

2021 年 5 月 11 日，科技部发布了国家重点研发计划“生物大分子与微生物组”等“十四五”重点专项 2021 年度项目申报指南。“生物大分子与微生物组”指南围绕生物大分子与生命活动维持及调控关系等方面的基本科学原理、标准微生物组及其与宿主 / 环境作用对生命活动影响的原理与机制、结构生物学、蛋白质组学等方向的新技术和新方法等 3 个重点任务进行了部署，拟支持 18 个项目，安排国拨经费概算 4.43 亿元。同时，拟支持 11 个青年科学家项目，安排国拨经费概算 5500 万元，每个项目 500 万元。

2021 年，山东省发展改革委在《山东省“十四五”战略性新兴产业发展规划》中提出，要布局建设微生物组探测大科学装置等，为建设综合性国家科学中心创造条件。

2021 年，上海市人民政府发布的《上海市卫生健康发展“十四五”规划》中认为，现代医学与生物、信息、材料、工程等前沿技术交叉融合态势愈发明显，合成生物学、微生物组、脑科学、干细胞等前沿医学技术研发提速，新疗法、新药物、新材料和新器械创新迸发，5G、人工智能、大数据、物联网等信息技术深刻改变卫生健康服务和管理模式，要求卫生健康顺应城市数字化转型发展战略，加快行业治理变革（表 4–1）。

表 4–1 中国微生物组学相关政策 / 规划

时间	发布机构	政策 / 规划名称	政策 / 规划主要思想
2016 年	国务院	《“十三五”国家科技创新规划》	开展重大疫苗、抗体研制、免疫治疗、基因治疗、细胞治疗、干细胞与再生医学、人体微生物组解析及调控等关键技术研究
2017 年	科技部等四部门	《关于印发“十三五”国家基础研究专项规划的通知》	开展微生物组形成、遗传稳定性及与环境互作机制研究，农业微生物组与作物生长和发育的相互关系、抵抗环境压力和病虫害的机制研究，基于生态环境污染监测与预警的微生物组技术研发，我国人群体内微生物组及健康相关功能研究。推动科学前沿发展，为我国健康、农业、环境可持续发展提供支撑
2017 年	科技部	《国家技术创新中心建设工作指引》	抢占未来产业制高点的领域，包括大数据、量子通信、人工智能、现代农业、合成生物学、微生物组、精准医学等
2017 年	科技部等部门	《“十三五”卫生与健康科技创新专项规划》	结合现代生命组学和大数据技术，建立中华民族典型人群的健康与疾病微生物组标准数据库和菌种库，开展微生态菌群对免疫、代谢等系统的作用及分子调控机制等方面的研究

续表

时间	发布机构	政策 / 规划名称	政策 / 规划主要思想
2021 年	科技部	国家重点研发计划“数学和应用研究”等“十四五”重点专项 2021 年度项目申报指南	“生物大分子与微生物组”重点专项拟支持 18 个项目，安排国拨经费概算 4.43 亿元
2016 年	辽宁省人民政府办公厅	《辽宁省工业八大门类产业科技攻关重点方向》	开展无血清无蛋白培养基培养、大规模细胞培养及纯化、蛋白质改构和修饰、人源化抗体构建及优化、人体微生物组解析及调控、抗体偶联、疫苗制备等关键技术研究，研制新型基因工程药物、抗体类药物、疫苗和微生态制剂
2017 年	大连市人民政府办公厅	《大连市战略性新兴产业发展实施方案（2018—2020 年）》	确立肿瘤基因筛查、无创产前诊断、遗传疾病筛查、微生物组基因检测四大技术应用方向，形成检测服务、数据服务、科技服务三大支撑体系
2019 年	山东省科技厅	《山东省技术创新中心建设方案》	面向产业技术前沿。有望形成颠覆性创新，引领产业技术变革方向，影响产业未来发展态势，抢占未来产业制高点的领域，包括大数据、人工智能、前沿新材料、量子通信、新药创新技术、合成生物学、微生物组、精准医学等
2019 年	上海市卫生健康委等部门	《关于加强本市医疗卫生机构临床研究支持生物医药产业发展的实施方案》	聚焦支撑前沿医疗技术升级。聚焦基因技术、脑科学、微生物组计划、人工智能、可穿戴设备和医疗大数据等健康前沿领域
2021 年	山东省发展改革委	《山东省“十四五”战略性新兴产业发展规划》	布局建设吸气式发动机热物理试验装置、海洋生态系统设施、微生物组探测大科学装置等，为建设综合性国家科学中心创造条件
2021 年	上海市人民政府	《上海市卫生健康发展“十四五”规划》	现代医学与生物、信息、材料、工程等前沿技术交叉融合态势愈发明显，合成生物学、微生物组、脑科学、干细胞等前沿医学技术研发提速，新疗法、新药物、新材料和新器械创新迸发，5G、人工智能、大数据、物联网等信息技术深刻改变卫生健康服务和管理模式，要求卫生健康顺应城市数字化转型发展战略，加快行业治理变革

第二节　全球主要国家科研项目布局分析

微生物组学领域科研项目数据来源于全球科研项目数据库，共收集到全球主要国家微生物组学领域科研项目 10 650 项。

一、项目资助数量年度统计

全球主要国家微生物组学领域科研项目近 10 年资助数量统计如图 4-2 所示，可以看出，项目数量自 2012 年开始出现显著增长，于 2018 年到达顶峰，之后有所回落。近两年的数据由于存在滞后性，仅供参考。

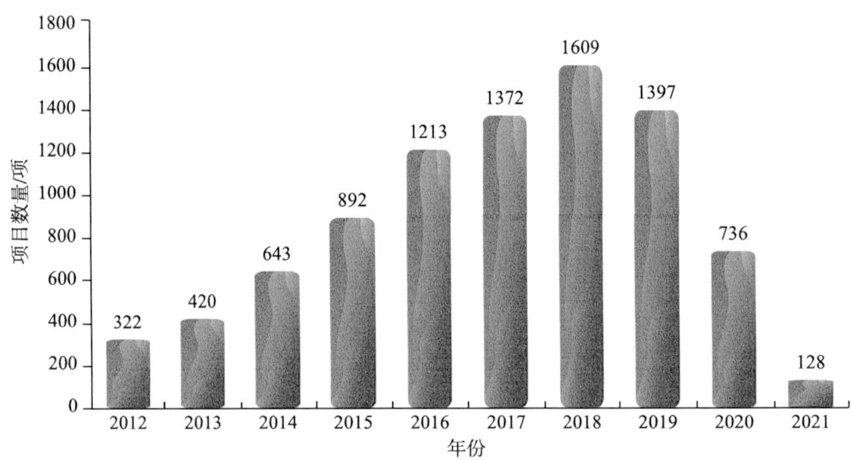

图 4–2　全球微生物组学领域近 10 年项目资助情况

二、项目国家 / 地区分布统计

微生物组学领域科研项目近 10 年各个国家 / 地区资助数量统计如图 4–3 所示，可以看出，美国资助的项目数量最多，达到 9040 项，占全球项目数量的 84.88%；中国资助的项目有 244 项，位居全球第二；其他国家 / 地区资助的项目数量相比美国来说都较少。

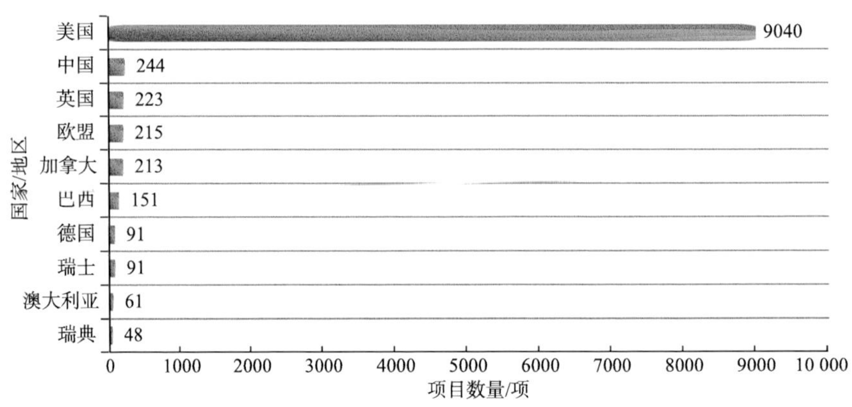

图 4–3　全球微生物组学领域主要国家 / 地区科研项目分布情况

三、项目资助机构统计

微生物组学领域主要国家科研项目资助机构统计如图 4–4 所示，可以看出，美国国立卫生研究院（US-NIH）资助的项目数量最多，达到 7330 项，占据全球项目数量的 68.83%；其次为美国食品与农业研究所（US-NIFA）及美国国家科学基金会（US-NSF）。中国国家自然科学基金委员会（CN-NSFC）资助的项目达到 222 项，居第 4 位。

其他项目资助机构还包括加拿大卫生研究院（CA-CIHR）、巴西圣保罗研究基金会（BR-FAPESP）、欧盟“地平线 2020”（EU-H2020）、瑞士国家科学基金会（CH-SNSF）、德国科学基金会（DE-DFG）、英国生物技术与生物科学研究委员会（UK-BBSRC）、美国农业部（US-USDA）、加拿大创新基金会（CA-CFI）、英国维康信托基金会（UK-Wellcome Trust）、瑞典研究理事会（SE-SRC）、俄罗斯科学基金会（RU-RSF）、澳大利亚国家健康与医学研究委员会（AU-NHMRC）、芬兰科学院（FI-AKA）、法国国家科研署（FR-ANR）、欧洲研究委员会（EU-ERC）、欧盟第七框架计划（EU-FP7）等。

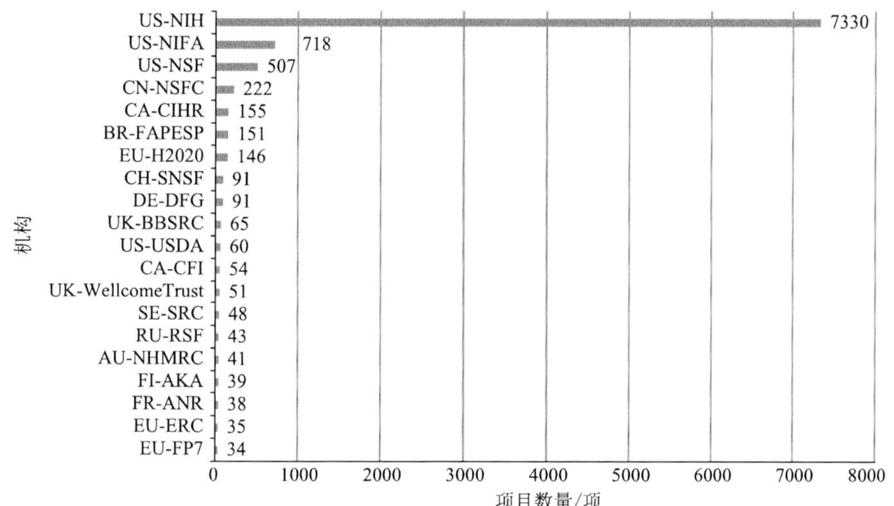

图 4–4 全球微生物组学领域主要国家 / 地区科研项目主要资助机构统计

四、项目学科主题分布统计

微生物组学领域主要国家科研项目的学科主题分布情况统计如图 4–5 所示，可以看出，数量最多的是医学科学，达到 7602 项，占全球主要国家科研项目总数的 71.38%；之后为生物科学、农业科学、环境科学、工程与技术、地球科学、化学、社会与人文科学、管理科学、信息科学等。

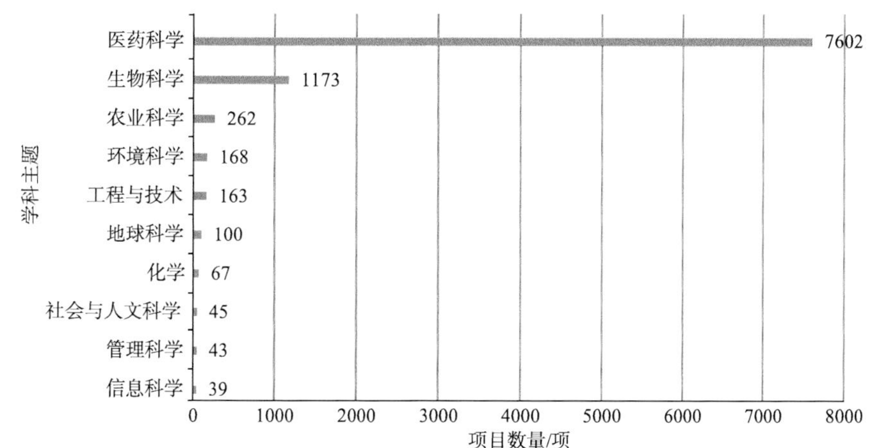

图 4–5 全球微生物组学领域主要国家科研项目的学科主题分布统计

五、项目主持机构统计

微生物组学领域主要国家科研项目主持机构统计如图 4–6 所示，可以看出，主持科研项目数量最多的是华盛顿大学，达到 347 项；其他主持科研项目数量较多的机构包括哥伦比亚大学、贝勒医学院、北卡罗来纳大学、美国国家过敏和传染病研究所等。

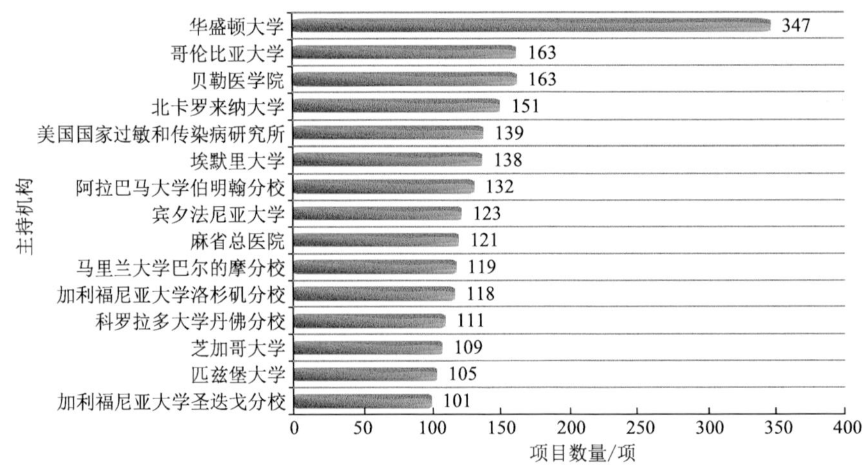

图 4–6 全球微生物组学领域主要国家科研项目主持机构统计

六、项目经费统计

微生物组学领域主要国家科研项目经费统计如图 4–7 所示，可以看出，项目经费在 100 万美元及以上的项目有 1113 项，50 万 ~100 万美元的项目有 2871 项，20 万 ~50 万美元的项目有 5713 项，10 万 ~20 万美元的项目最多，达到 6687 项，5 万 ~10 万（不含 5 万）美元的项目也很多，有 6635 项，5 万美元及以下的项目有 656 项。

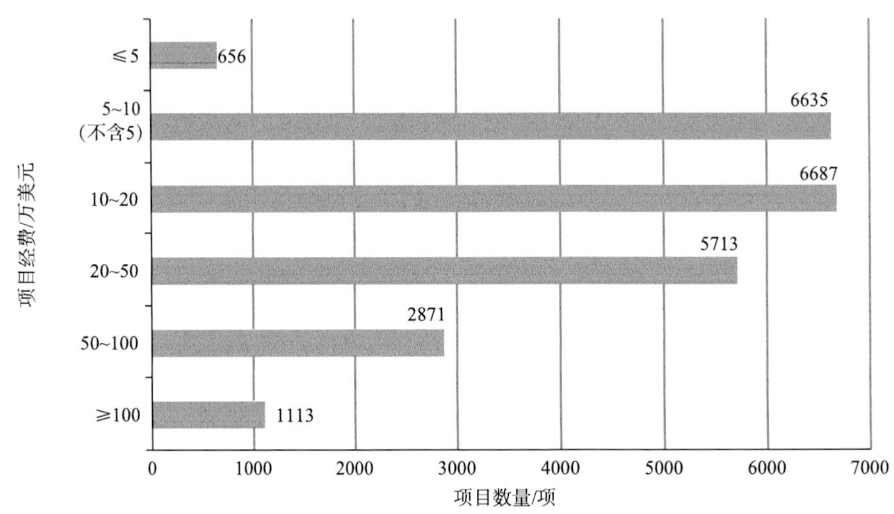

图 4–7 全球微生物组学领域主要国家科研项目经费统计

第三节 全球基础研究进展

微生物组学领域基础研究数据来源于科学引文索引（SCI-E）、社会科学引文索引（SSCI）和科技会议录索引（CPCI-S），共收集到 1900—2021 年全球微生物组学领域基础研究文献 24 772 篇（只统计 Article、Review、Poceeding Papers 3 种类型的文献，检索时间为 2022 年 1 月 10 日）。

一、发文量及年度变化情况

全球关于微生物组学领域基础研究共发表科学论文 24 772 篇。从年度发文量来看，2010 年之前增长较为缓慢，之后从 2011 年的 190 篇迅速增长到 2021 年的 5954 篇，2000 年以来的复合年均增长率高达 54.43%，2010 年以来的复合年均增长率仍然达到了 50.79%，微生物组学领域科学论文产出处于高速增长的阶段（图 4–8）。

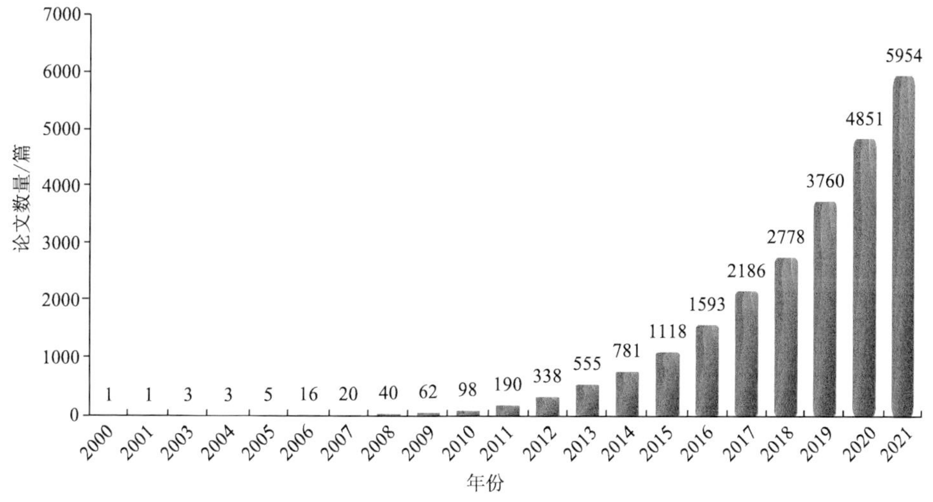

图 4–8 全球微生物组学领域基础研究论文年度产出情况

二、主要国家论文产出比较

微生物组学领域发文量最多的是美国，共发表论文 11 244 篇，占全球发文总量的 45.39%，总被引频次达到 517 740 次，远超过其他国家；其次是中国，以发文量 3683 篇居第 2 位，占全球发文总量的 14.87%；英国和德国紧随其后，发文量也相当，分别占全球发文总量的 7.82% 和 7.42%；发文量较多的国家还包括加拿大、澳大利亚、意大利、荷兰、法国、西班牙等国家（表 4–2）。

表 4-2　微生物组学领域论文数量 TOP 25 的国家发文情况

序号	国家	论文数量 / 篇	全球占比	总被引频次 / 次	篇均被引频次 / 次
1	美国	11 244	45.39%	517 740	46.05
2	中国*	3683	14.87%	74 536	20.24
3	英国	1938	7.82%	74 866	38.63
4	德国	1838	7.42%	68 704	37.38
5	加拿大	1602	6.47%	61 895	38.64
6	澳大利亚	1361	5.49%	40 499	29.76
7	意大利	1126	4.55%	29 981	26.63
8	荷兰	999	4.03%	53 811	53.86
9	法国	969	3.91%	56 815	58.63
10	西班牙	924	3.73%	32 499	35.17
11	日本	683	2.76%	19 297	28.25
12	印度	652	2.63%	9814	15.05
13	韩国	612	2.47%	8906	14.55
14	巴西	588	2.37%	18 251	31.04
15	瑞典	539	2.18%	30 564	56.71
16	丹麦	530	2.14%	30 260	57.09
17	比利时	489	1.97%	34 130	69.80
18	瑞士	487	1.97%	21 121	43.37
19	爱尔兰	470	1.90%	20 594	43.82
20	奥地利	420	1.70%	11 554	27.51
21	以色列	406	1.64%	15 439	38.03
22	波兰	371	1.50%	4798	12.93
23	芬兰	288	1.16%	23 780	82.57
24	俄罗斯	266	1.07%	5899	22.18
25	南非	253	1.02%	4330	17.11

* 不包含香港和澳门地区。

三、主要研究机构分析

微生物组学领域发文量排名前 25 位的机构中，包含 20 家美国机构、2 家中国机构，以及丹麦、澳大利亚和爱尔兰机构各 1 家。加利福尼亚大学圣迭戈分校以发文量 541 篇排在第 1 位，占总发文量的 2.18%，但是篇均被引频次较低，居 TOP 25 机构的第 17 位。

TOP 25 研究机构中仅出现中国科学院和中国科学院大学 2 家中国科研机构，其中，中国科学院以发文量 535 篇居全球第 2 位，但篇均被引频次很低。篇均被引频次较高的机构分别是科罗拉多大学（187.54 次）、哈佛大学（171.73 次）、华盛顿大学（124.45 次）（表 4–3）。

表 4–3　微生物组学领域论文数量 TOP 25 的机构发文情况

序号	机构名称	国别	论文数量 / 篇	全球占比	总被引频次 / 次	篇均被引频次 / 次
1	加利福尼亚大学圣迭戈分校	美国	541	2.18%	25 935	47.94
2	中国科学院	中国	535	2.16%	10 363	19.37
3	华盛顿大学	美国	502	2.03%	62 476	124.45
4	佛罗里达大学	美国	372	1.50%	9820	26.40
5	密歇根大学	美国	369	1.49%	30 045	81.42
6	伊利诺伊大学	美国	338	1.36%	13 568	40.14
7	科罗拉多大学	美国	335	1.35%	62 827	187.54
8	哈佛医学院	美国	324	1.31%	9852	30.41
9	哥本哈根大学	丹麦	306	1.24%	23 081	75.43
10	宾夕法尼亚大学	美国	288	1.16%	22 979	79.79
11	明尼苏达大学	美国	287	1.16%	13 764	47.96
12	加利福尼亚大学戴维斯分校	美国	280	1.13%	9545	34.09
13	康奈尔大学	美国	279	1.13%	28 096	100.70
14	贝勒医学院	美国	276	1.11%	25 494	92.37
15	哈佛大学	美国	267	1.08%	45 853	171.73
16	北卡罗来纳大学	美国	264	1.07%	31 057	117.64
17	加利福尼亚大学旧金山分校	美国	261	1.05%	29 984	114.88
18	芝加哥大学	美国	247	1.00%	12 765	51.68
19	加利福尼亚大学洛杉矶分校	美国	245	0.99%	18 331	74.82
20	马里兰大学	美国	242	0.98%	24 870	102.77
21	纽约大学	美国	236	0.95%	23 246	98.50
22	中国科学院大学	中国	232	0.94%	5531	23.84
23	昆士兰大学	澳大利亚	232	0.94%	10 943	47.17
24	斯坦福大学	美国	231	0.93%	25 041	108.40
25	科克大学	爱尔兰	226	0.91%	8016	35.47

四、主要基金资助机构分析

微生物组学领域 TOP 25 的基金资助机构资助的研究者共发文 24 373 篇，占总发文量的 98.39%。其中，所资助研究产出最多的是美国国立卫生研究院，资助发文量占全球发文量的 45.32%；其次是美国卫生部公共服务部，资助发文量占全球发文量的 20.12%；中国国家重点研发计划资助的研究共产出论文 283 篇，占全球发文量的 1.14%。在 TOP 25 基金资助机构中，美国 7 家，中国 1 家，英国 4 家，巴西 2 家，澳大利亚 2 家，日本 2 家，加拿大 2 家，欧盟、爱尔兰、西班牙、德国、国际组织各 1 家（表 4–4）。

表 4–4　微生物组学领域论文数量 TOP 25 的基金资助机构

序号	机构名称	论文数量 / 篇	全球占比
1	美国国立卫生研究院	11 226	45.32%
2	美国卫生部公共服务部	4984	20.12%
3	美国国家科学基金会	1607	6.49%
4	英国研究与创新部门	680	2.75%
5	德国科学基金会	471	1.90%
6	加拿大自然科学与工程研究委员会	413	1.67%
7	美国农业部	406	1.64%
8	美国能源部	397	1.60%
9	加拿大卫生研究院	356	1.44%
10	英国生物技术与生物科学研究委员会	334	1.35%
11	欧洲研究委员会	306	1.24%
12	日本文部科学省	302	1.22%
13	巴西国家科学技术发展委员会	292	1.18%
14	中国国家重点研发计划	283	1.14%
15	英国医学研究理事会	264	1.07%
16	日本学术振兴会	242	0.98%
17	巴西高等教育基金会	236	0.95%
18	爱尔兰科学基金会	224	0.90%
19	西班牙政府	221	0.89%
20	澳大利亚国家健康与医学研究委员会	218	0.88%
21	澳大利亚研究理事会	216	0.87%
22	美国国防部	189	0.76%
23	国际农业研究磋商组织	175	0.71%
24	英国维康信托基金会	168	0.68%
25	美国退伍军人事务部	163	0.66%

五、研究热点分析

1. 主题共现分析

统计微生物组学领域论文的研究主题，可以看出，研究主题主要集中在肠道微生物组、宏基因组学、微生物群、代谢组学、益生菌、细菌、生态失调、炎症、16S rRNA、肥胖症等方面（表 4–5）。

表 4–5 微生物组学领域论文的主要研究主题

序号	英文关键词	中文关键词	论文数量 / 篇
1	Gut Microbiome	肠道微生物组	2989
2	Metagenomics	宏基因组学	1922
3	Microbiota	微生物群	1567
4	Metabolomics	代谢组学	980
5	Probiotics	益生菌	890
6	Bacteria	细菌	836
7	Dysbiosis	生态失调	756
8	Inflammation	炎症	690
9	16S rRNA		531
10	Obesity	肥胖症	476
11	Antibiotics	抗生素	451
12	Diet	饮食	425
13	Next-Generation Sequencing	第二代基因测序	399
14	Oral Microbiome	口腔微生物	362
15	Prebiotics	益生元	351
16	Inflammatory Bowel Disease	炎症性肠病	335
17	Short-Chain Fatty Acids	短链脂肪酸	307
18	Human Microbiome	人类微生物组	301
19	Microbial Ecology	微生物生态学	299
20	Rhizosphere	根际圈	292

从微生物组学领域基础研究论文主题演变情况可以看出，肠道微生物组研究论文增长的速度最快，属于近几年研究的热点主题，相比之下，其他主题增长速度较为缓慢（图 4–9，圆圈中的数字为论文数量，单位为篇，下同）。

采用 VOSviewer 软件对文献题目和摘要进行共被引分析及主题共现，图 4–10 中，节点圆圈越大，表示关键词出现频次越高，节点圆圈越靠近中心，表示重要性越高，节点间连线越粗，表示两者同时出现的频次越高，相同颜色节点表示同一研究主题。研究发现，微生物组学研究方向主要包括：①宏基因组学、代谢组学、16S rRNA 测序等技术研究及应用；②肠道微生物组及脑肠轴作用机制研究；③微生物群及自身免疫性相关疾病的治疗（癌症、过敏性疾病）；④人工智能辅助微生物组测序及识别；⑤口腔微生物组学；⑥抗生素对微生物组的影响机制；⑦炎症性疾病研究（粪便、肠道疾病）；⑧妇科疾病微生物组学研究（宫颈癌、不孕不育等）。

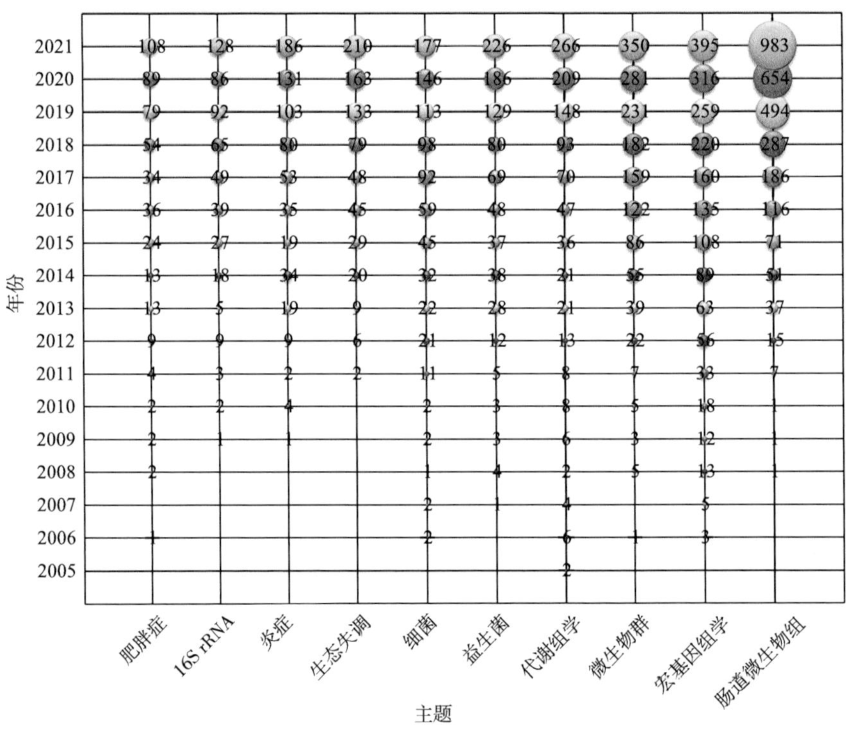

图 4-9 微生物组学领域基础研究论文主题演变情况

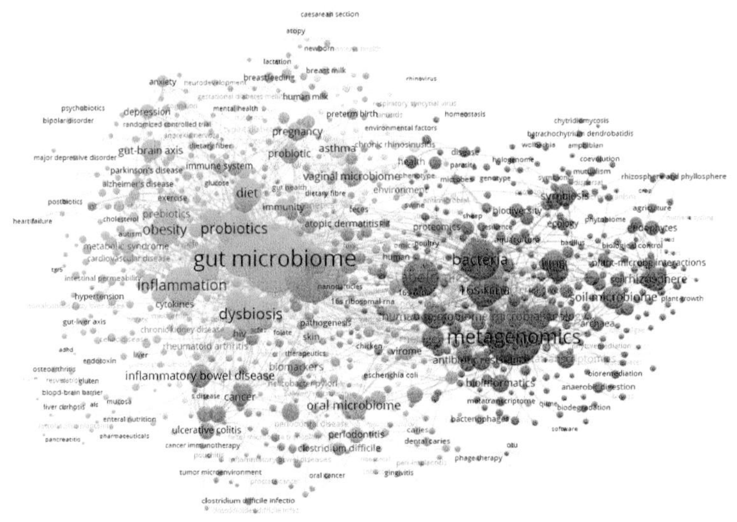

图 4-10 基于 VOSviewer 构建的微生物组学研究高频词共现图谱

图 4-11 所示的研究热点主题密度中，颜色越深，表明词频出现概率越高，越趋向于研究热点。对深色区域的关键词进行综合分析，得出的主要研究热点方向包括宏基因组学、代谢组学、16S rRNA 测序等技术研究及应用，肠道微生物组及脑肠轴作用机制研究。

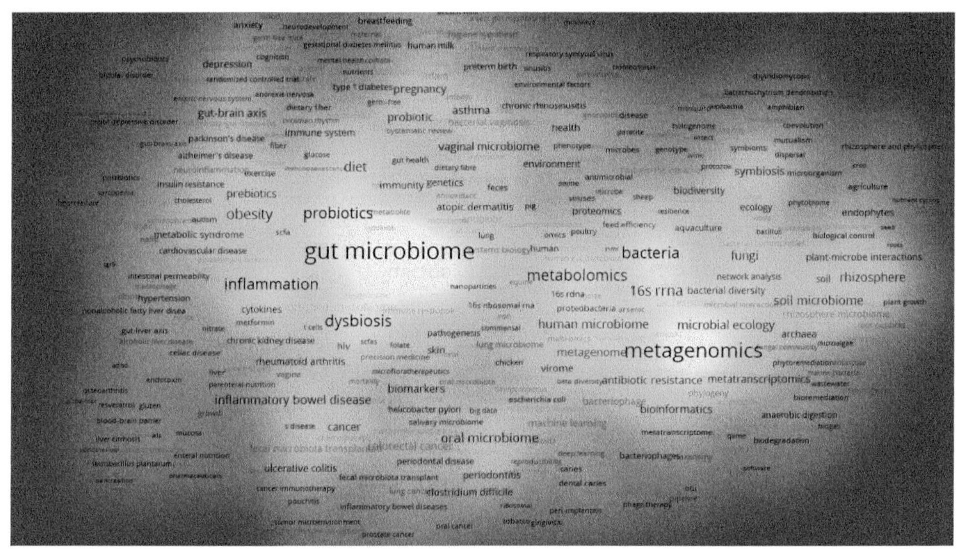

图 4-11　基于 VOSviewer 构建的微生物组学基础研究热点主题密度

图 4-12 的时间热度地图展现了微生物组学研究不同主题的演变情况。由图 4-12 可见，宏基因组学、代谢组学、16S rRNA 测序等技术逐渐成熟，该领域学者更加关注肠道微生物组、口腔微生物组学等应用领域研究。

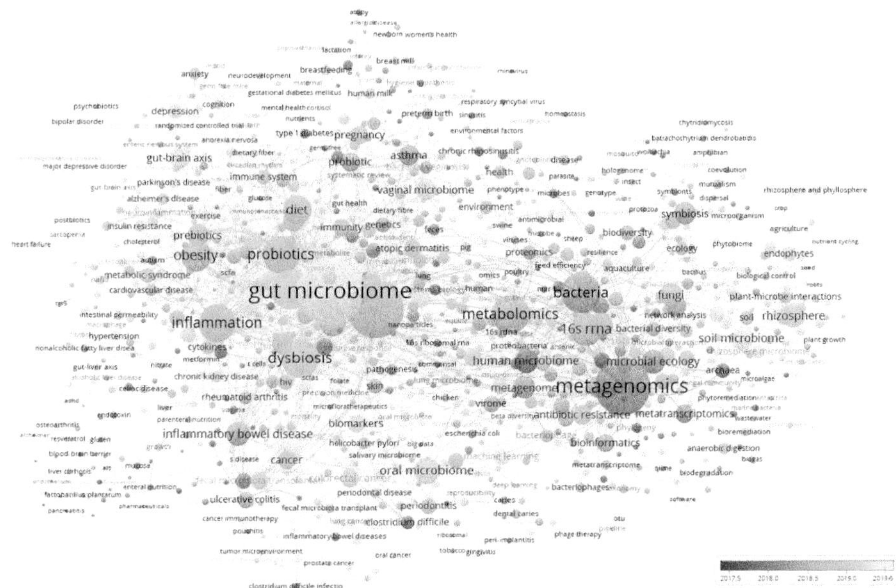

图 4-12　基于 VOSviewer 构建的微生物组学基础研究趋势变化

2. 主要国家研究热点

从微生物组学领域主要国家基础研究主题分布可以看出，美国的主要研究主题是肠道微生物组、宏基因组学、微生物群；中国的主要研究主题是肠道微生物组、宏基因组学、代谢组学等，只是论文产出量上与美国差距比较大；其他国家在肠道微生物组、宏基因组学、微生物群方面的研究也相对较多（图 4–13）。

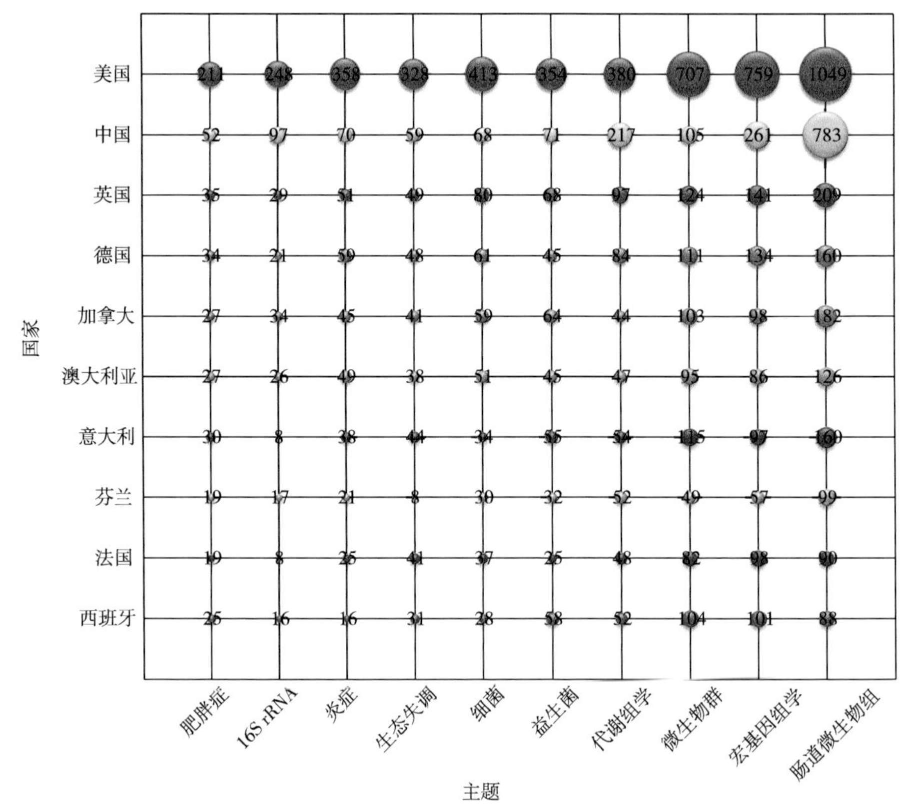

图 4–13　微生物组学领域主要国家基础研究主题分布

3. 主要机构研究热点

从微生物组学领域主要机构基础研究主题分布可以看出，中国科学院在肠道微生物组、宏基因组学方面论文产出比较多；加利福尼亚大学圣迭戈分校、华盛顿大学在宏基因组学、肠道微生物组、代谢组学等方面论文产出比较多；哈佛医学院论文产出比较多的研究主题是肠道微生物组和微生物群；密歇根大学在微生物群、肠道微生物组、宏基因组学等主题的论文产出较多；伊利诺伊大学在肠道微生物组、微生物群、宏基因组学等主题的论文产出比较多。其他主要研究机构关注的领域各有侧重，但均对肠道微生物组重点关注（图 4–14）。

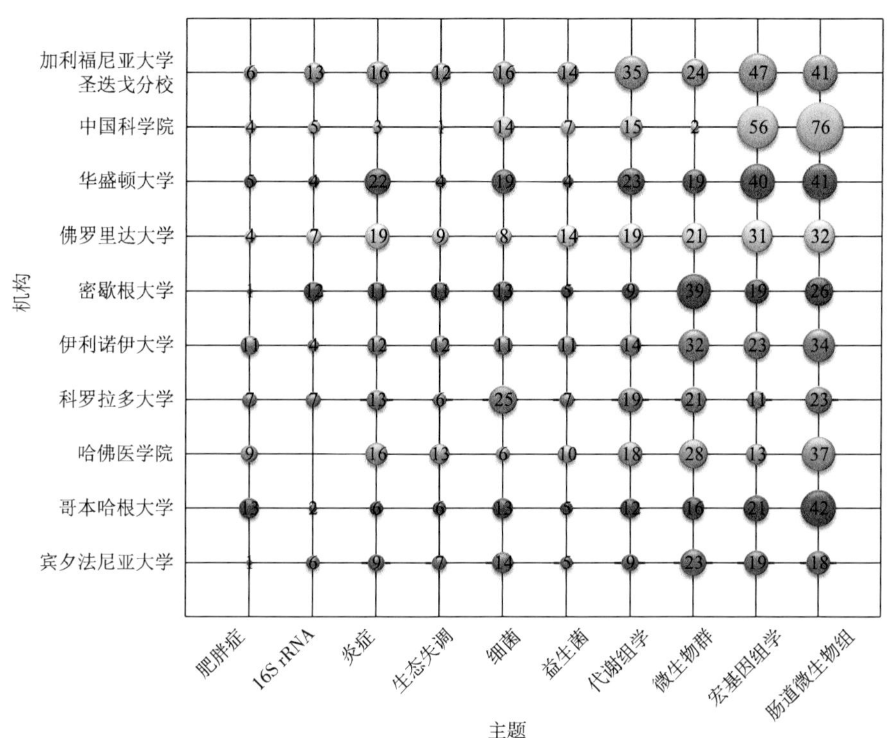

图 4-14 微生物组学领域主要机构基础研究主题分布

第四节 全球应用研究进展

相关专利数据主要来自德温特创新索引数据库（DII），通过主题词组合检索，共收集到 1900—2021 年全球微生物组学领域有效专利 979 件（检索时间为 2022 年 1 月 10 日）。

一、专利数量年度变化

全球微生物组学领域共检索到 979 件专利，其中 2010 年以前的专利数量很少，2011 年开始迅速增长（图 4-15）。由于专利存在滞后性，近两年的数据仅供参考。

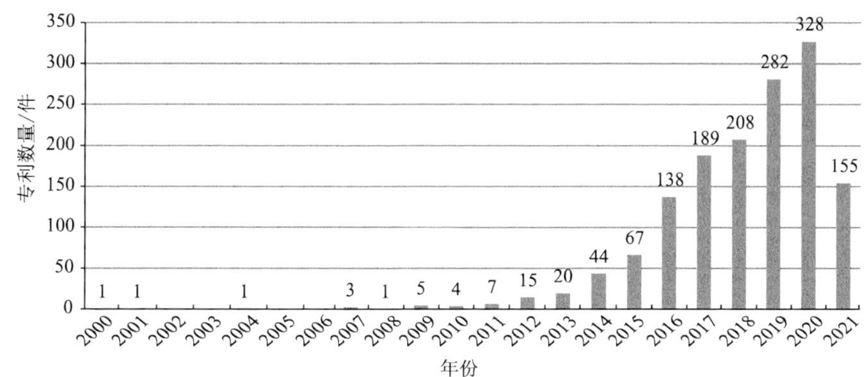

图 4-15 全球微生物组学领域专利数量年度变化情况

二、主要研发技术方向分析

1. 技术方向布局分析

以 IPC 分类号为基础，通过统计各类专利技术分支的出现频次，可以发现全球微生物组学领域专利的技术方向布局。其中，排名前十的技术方向分别为：C12Q-001/68（核酸的测定或检验方法）、A61K-035/74（含有细菌的医用配制品）、A61K-009/00（具有特殊物理形状的医药配制品）、G01N-033/48（生物物质的分析）、C12N-001/20（细菌及其培养基）、G16H-050/20（计算机辅助诊断）、C12Q-001/04（微生物的存在或种类的测定）、G06F-019/00（生物信息学）、A61P-001/00（治疗消化道或消化系统疾病的药物）、A61K-045/06（无化学特性之有效成分的混合物，如消炎药和强心剂）（表 4–6）。

表 4–6 全球微生物组学领域专利的主要技术方向布局

序号	IPC 号	中文释义	专利数量 / 件
1	C12Q-001/68	核酸的测定或检验方法	589
2	A61K-035/74	含有细菌的医用配制品	547
3	A61K-009/00	具有特殊物理形状的医药配制品	113
4	G01N-033/48	生物物质的分析	115
5	C12N-001/20	细菌及其培养基	111
6	A61K-031/70	碳水化合物	106
7	G16H-050/20	计算机辅助诊断	103
8	C12Q-001/04	微生物的存在或种类的测定	99
9	G06F-019/00	生物信息学	96
10	A61P-001/00	治疗消化道或消化系统疾病的药物	92
11	A61K-045/06	无化学特性之有效成分的混合物，如消炎药和强心剂	89
12	G06F-019/28	用于程序设计工具或数据库系统的方法	83
13	G06G-007/58	用于化学处理过程的器件	80
14	G16B-050/00	特别适用于生物信息学的信息通信程序设计工具或数据库系统	79
15	A61P-031/04	抗细菌药	75
16	G16B-040/00	特别适用于生物统计学的信息通信技术	73
17	A61Q-019/00	护理皮肤的制剂	63
18	A23L-033/13	改变食品的营养性质的核算或其衍生物	60
19	G16B-020/00	特别适用于功能性基因组学或蛋白质组学的，如基因型–表型关联的信息通信技术	60
20	G06F-019/24	用于机器学习、数据挖掘或生物统计学的方法	59

2. 主要研发技术方向年度变化分析

图 4–16 为全球微生物组学领域专利的主要研发技术方向年度变化情况，其中 C12Q-001/68（核酸的测定或检验方法）和 A61K-035/74（含有细菌的医用配制品）为前 20 位技术方向中增速较快的技术方向。

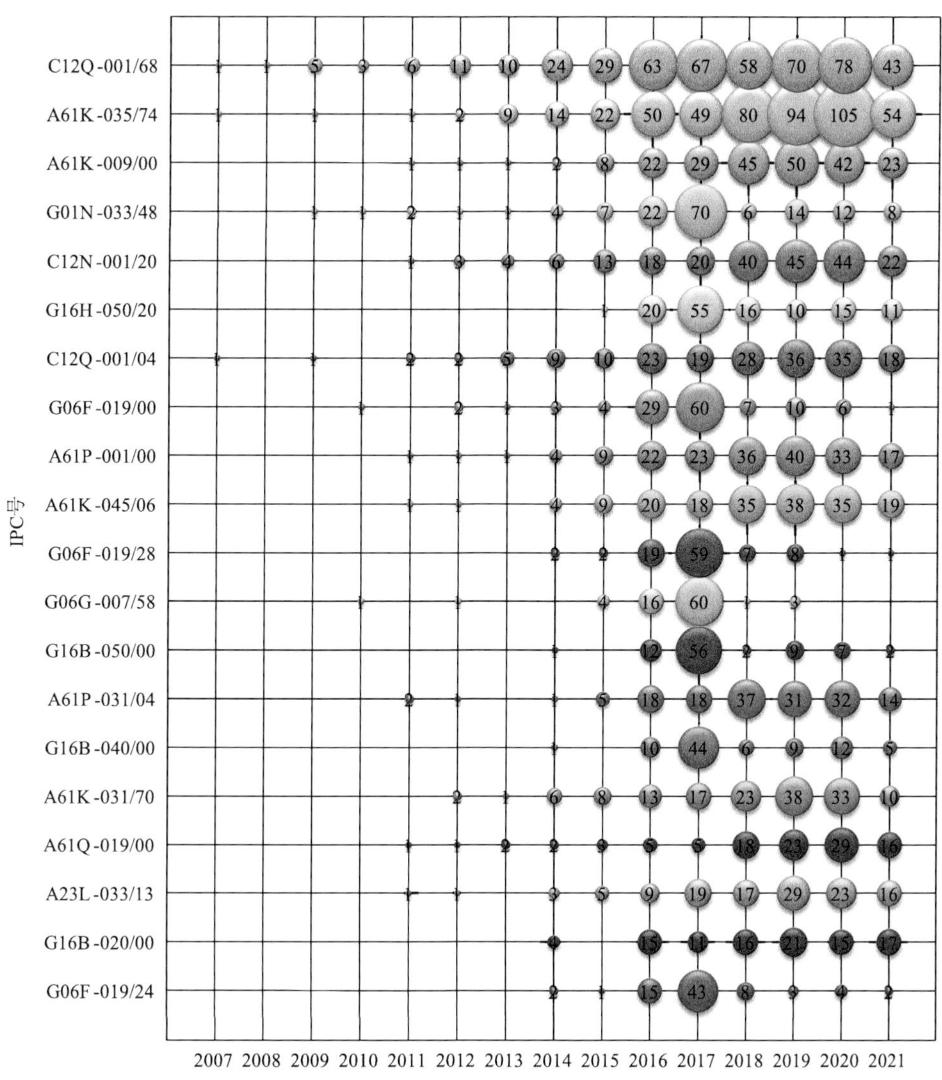

图 4-16　全球微生物组学领域专利主要研发技术方向年度变化情况

其中，2017 年产出专利较多的技术方向为 G01N-033/48（生物物质的分析）、G16H-050/20（计算机辅助诊断）、G06F-019/00（生物信息学）、G06G-007/58（用于化学处理过程的器件）、G06F-019/28（用于程序设计工具或数据库系统的方法）、G16B-050/00（特别适用于生物信息学的信息通信程序设计工具或数据库系统）、G16B-040/00（特别适用于生物统计学的信息通信技术）、G06F-019/24（用于机器学习、数据挖掘或生物统计学的方法）等。

通过对这些技术方向的聚合并创建子数据集，结果表明，该批专利主要为美国 uBiome 公司于 2017 年申请的同组专利，主要包括微生物组分析方法和系统、微生物药物基因组学的方法和系统、用于自身免疫系统病症的微生物组衍生诊断和治疗的方法和系统、用于表征与微生物相关的过敏相关病症的方法和系统等技术。

三、主要优先权国家 / 机构分析

1. 主要优先权国家 / 机构分布情况

全球微生物组学领域专利主要优先权国家 / 机构的分布情况如图 4–17 所示。专利数量排名前五的国家 / 机构分别为美国、中国、加拿大、世界知识产权组织和韩国，专利数量占全球专利数量的比例分别为 65.78%、23.39%、18.28%、12.97% 和 11.13%。

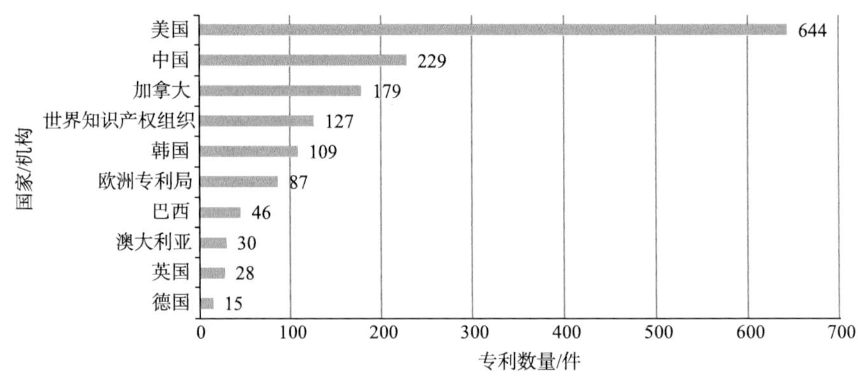

图 4–17　全球微生物组学领域专利主要优先权国家 / 机构专利数量对比

2. 主要优先权国家 / 机构年度变化情况

由图 4–18 可以看出，美国的微生物组学领域专利数量自 2012 年开始快速增长，其他国家的专利数量增长较为迟滞，而中国的专利数量自 2016 年开始迅速增加，可以看出，美国在该领域的布局具有引领作用。

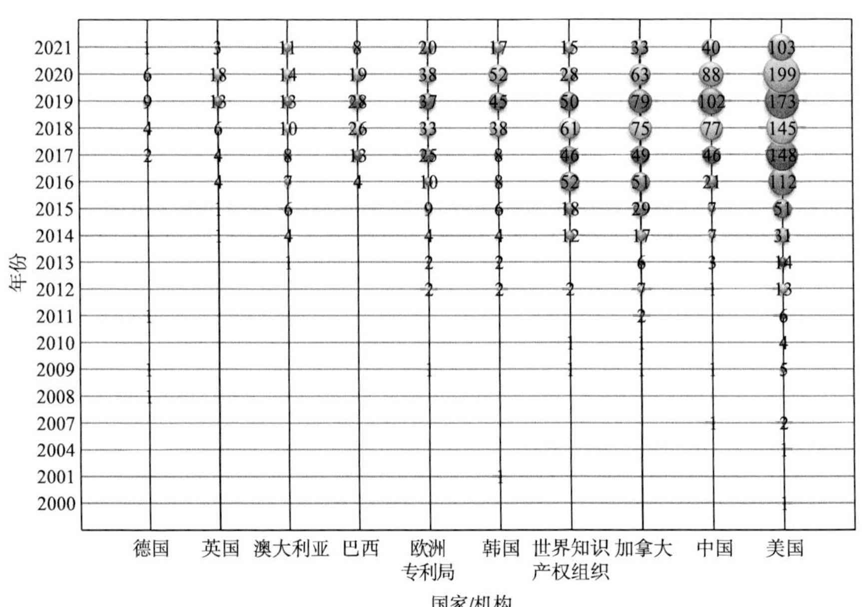

图 4–18　全球微生物组学领域专利主要优先权国家 / 机构年度变化情况

3. 主要优先权国家 / 机构研发热点对比

全球微生物组学领域专利主要优先权国家 / 机构的研发热点如图 4–19 所示，可以看出，这些国家 / 机构的研究热点都包括 A61K-035/74（含有细菌的医用配制品）及 C12Q-001/68（核酸的测定或检验方法），而美国不仅在这两个技术方面布局最多，在其他技术方面布局也最多。

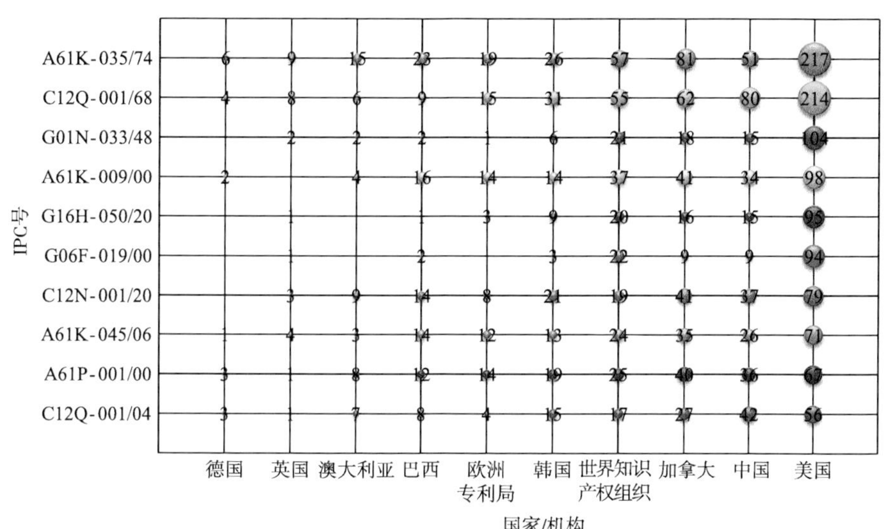

图 4–19　全球微生物组学领域专利主要优先权国家 / 机构的研发热点

四、主要专利权人分析

1. 主要专利权人

全球微生物组学领域的主要专利权人包括 uBiome 公司、Psomagen 公司、加利福尼亚大学、帝斯曼知识产权资产公司、AOBiome 公司、U-BioMed 公司、YEDA 研发有限公司、合成生物制剂公司、华盛顿大学、芽美化妆品公司等。在专利数量前 20 位的专利权人中，共有 11 家美国机构，无中国机构。排名前 20 位的专利权人中，有 15 位专利权人为企业，其他专利权人均为美国的高校（表 4–7）。

表 4–7　全球微生物组学领域主要专利权人

序号	专利权人	所属国家	专利数量 / 件
1	uBiome Inc（uBiome 公司）	美国	101
2	Psomagen Inc（Psomagen 公司）	美国	33
3	Univ California（加利福尼亚大学）	美国	26
4	DSM IP Assets B.V.（帝斯曼知识产权资产公司）	荷兰	16
5	AOBiome Llc（AOBiome 公司）	美国	14
6	U-BioMed Inc（U-BioMed 公司）	韩国	12

续表

序号	专利权人	所属国家	专利数量 / 件
7	YEDA Res & Dev Co Ltd（YEDA 研发有限公司）	以色列	11
8	Synthetic Biologics Inc（合成生物制剂公司）	美国	10
9	Univ Washington（华盛顿大学）	美国	10
10	Ami Cosmetic Co Ltd（芽美化妆品公司）	韩国	9
11	Mars Inc（玛氏公司）	美国	9
12	Assembly Biosciences Inc（组装生物科学公司）	美国	7
13	Harvard College（哈佛学院）	美国	7
14	Univ Texas System（得克萨斯大学）	美国	7
15	Conopco Inc Dba Unilever（荷兰联合利华有限公司）	荷兰	6
16	Eligo Bioscience（Eligo Bioscience 公司）	法国	6
17	Evolve BioSystems Inc（Evolve BioSystems 公司）	加拿大	6
18	Nestec S.A（雀巢产品技术援助有限公司）	瑞士	6
19	Tata Consultancy Services Ltd（塔塔咨询服务有限公司）	印度	6
20	Univ New York State（纽约州立大学）	美国	6

2. 主要专利权人市场保护重点

从表4-8中明显看出，各专利权人在本国申请的专利占比较高，且主要集中在美国。此外，通过 PCT 途径也申请了较多专利，表明在其他国家也开始进行专利布局。

表 4-8　全球微生物组学领域主要专利权人市场保护重点

专利权人	主要保护市场及专利数量 / 件				
	WO	US	EP	KR	IN
uBiome 公司	9	92			
Psomagen 公司	4	29			
加利福尼亚大学	23	3			
帝斯曼知识产权资产公司	14	1	1		
AOBiome 公司	11	3			
U-BioMed 公司	5	7			
YEDA 研发有限公司	11				
合成生物制剂公司	6	4			
华盛顿大学	6	3	1		
芽美化妆品公司				9	
玛氏公司	9				
组装生物科学公司	6	1			
哈佛学院	6	1			
得克萨斯大学	6	1			
荷兰联合利华有限公司	6				

续表

专利权人	主要保护市场及专利数量 / 件				
	WO	US	EP	KR	IN
Eligo Bioscience 公司	3	2	1		
Evolve BioSystems 公司	6				
雀巢产品技术援助有限公司	4	2			
塔塔咨询服务有限公司	5				1
纽约州立大学	3	3			

注：WO- 世界知识产权组织，US- 美国，EP- 欧洲专利组织，KR- 韩国，IN- 印度。

3. 主要专利权人合作情况

分析全球微生物组学领域的主要专利权人合作情况可以看出，uBiome 公司和 Psomagen 公司、U-BioMed 公司之间存在合作关系，此外，玛氏公司和加利福尼亚大学也存在合作关系，其他专利权人之间合作较少（图 4–20）。

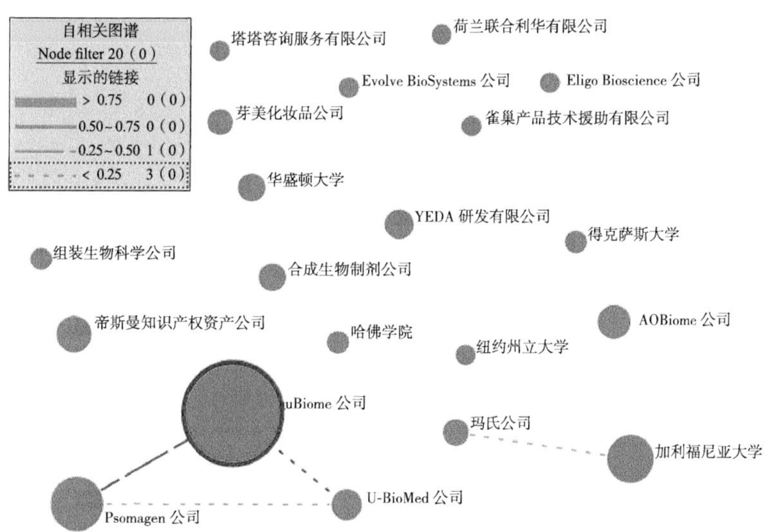

图 4–20 全球微生物组学领域主要专利权人合作情况

uBiome 是一家对人类微生物组进行测序的公民科学创业公司，该公司开发了世界上首个基于序列的临床微生物组测试，致力于让患者和医疗保健者能够更好地了解并控制个人的健康。该公司以其在微生物组 16S rRNA 测序领域独特的和有竞争力的市场地位而闻名。在该领域，uBiome 的专利组合被评为世界第三大专利，并且其积累的微生物组数据量是世界上最大的。然而，由于涉嫌欺骗行为，该公司受到重创。

2019 年年底，美国基因检测公司 Psomagen、韩国生物技术公司 Macrogen 宣布联合收购美国微生物组公司 uBiome 的所有关键资产，其中包括微生物组专利组合 246 件专利（美国注册专利 60 件，申请 186 件）[①]。

① Psomagen、Macrogen 跨国联合收购美国微生物组公司 uBiome[EB/OL].（2020-01-07）[2022-04-12]. https://m.ofweek. com/medical/2020-01/ART-12000-11106-30424315.html.

4. 主要专利权人年度变化情况

分析主要专利权人专利数量年度变化情况可以看出，uBiome 公司在 2017 年申请了大量专利，但是之后迅速减少。其他公司每年在该领域的专利数量都较为均衡，其中，华盛顿大学在该领域专利申请时间最早，但是每年的申请数量都较少（图 4–21）。

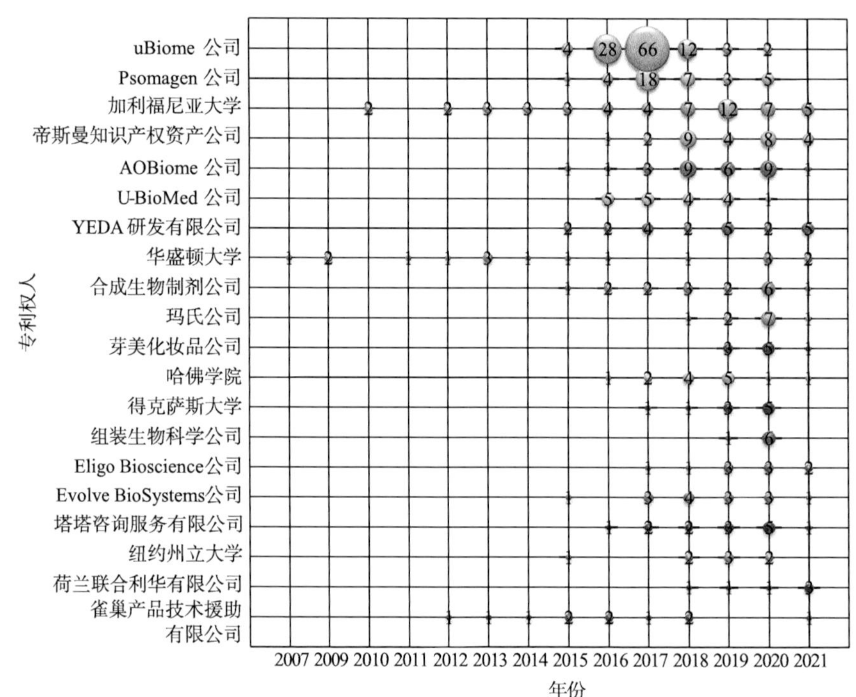

图 4–21　全球微生物组学领域主要专利权人历年专利申请情况

五、主要专利权人的研发重点对比

比较主要专利权人的研发重点方向可以看出，uBiome 公司和 Psomagen 公司的专利布局主要集中于 C12Q-001/68（核酸的测定或检验方法）、G01N-033/48（生物物质的分析）、G16H-050/20（计算机辅助诊断）、G06F-019/00（生物信息学）、G06F-019/28（用于程序设计工具或数据库系统的方法）、G06G-007/58（用于化学处理过程的器件）、G16B-050/00（特别适用于生物信息学的信息通信程序设计工具或数据库系统）、G16B-040/00（特别适用于生物统计学的信息通信技术）、G06F-019/24（用于机器学习，数据挖掘或生物统计学的方法）方向。加利福尼亚大学聚焦于 A61K-035/74（含有细菌的医用配制品）方向，帝斯曼知识产权资产公司在 A61Q-019/00（具有特殊物理形状医药配制品）方向申请专利数量最多。AOBiome 公司在 A61K-035/74（含有细菌的医用配制品）和 A61K-009/00（具有特殊物理形状医药配制品）方向申请专利数量较多。U-BioMed 公司在 C12Q-001/68（核酸的测定或检验方法）、G16H-050/20（计算机辅助诊断）、G01N-033/48

（生物物质的分析）、G06F-019/00（生物信息学）方向申请专利数量较多。YEDA 研发有限公司在 C12Q-001/68（核酸的测定或检验方法）方向申请专利数量最多。华盛顿大学和合成生物制剂公司申请的专利数量较少，在各技术方向上布局较为均衡（图 4–22）。

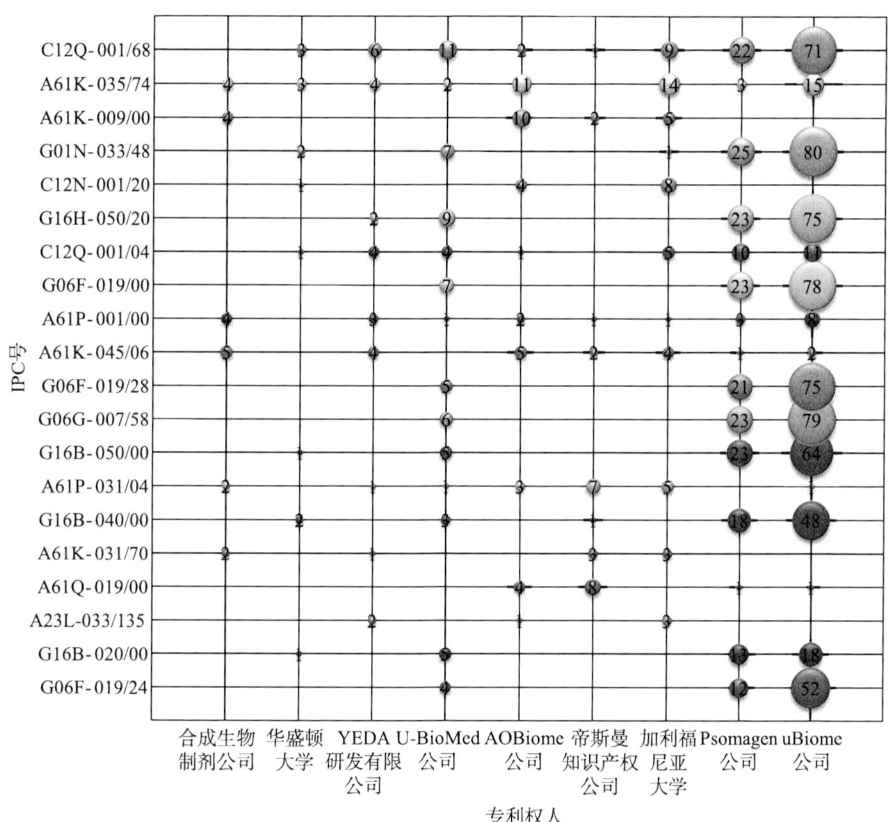

图 4–22　全球微生物组学领域主要专利权人研发重点比较

从全球微生物组学专利研发主题知识图谱可知，主要研发方向大体包括 3 个：一是代谢综合征治疗；二是癌症的微生物组疗法；三是生物核酸材料（图 4–23）。

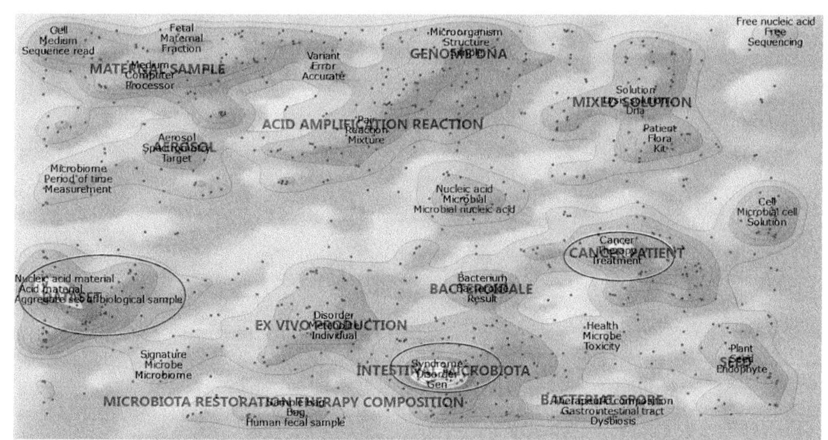

图 4–23　全球微生物组学专利研发主题知识图谱

对比美国、中国、欧盟、日本的微生物组学研发主题知识图谱可知，美国在各个主要的技术方向上都有涉及；中国的研发重点是微生物结构分析、微生物裂解液研究等方向；欧盟和日本的专利都较少，且主题较为分散，如图 4–24 所示。

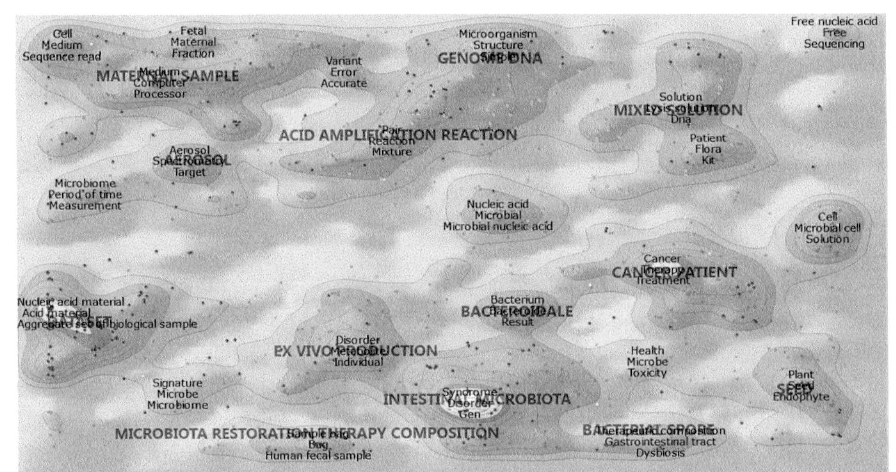

注：每个圆点代表一项专利技术，其中红色代表美国，绿色代表中国，黄色代表欧盟，蓝色代表日本。

图 4–24 中美欧日全球微生物组学专利技术研发方向对比知识图谱

第五节 发展趋势预测及未来展望

在过去 10 年中，超过 17 亿美元用于人类微生物组研究，主要项目正在美国、欧盟、中国、加拿大、爱尔兰、韩国和日本进行。微生物组研究领域最大的投资（约 10 亿美元）来自美国，其中约 20% 投入人类微生物组计划（HMP）的两个阶段，该项目创造了研究人类微生物组所需的各种资源。但是，到目前为止，大多数研究都过分强调微生物种类的编目。2019 年，共计 10 篇 *Nature* 文章专题报道了 HMP 第二个阶段的成果及展望，其中，L. M. Proctor 等认为，人们一直在描述人类微生物组，好像它是相对固定的，具有可以被破译和操控的特性—— 一个与身体其他部分独立的特性①。事实上，只有当人们不再局限于编目种类，并开始了解微生物彼此之间及与宿主之间复杂且可变的生态和进化关系时，才会发现有助于治疗糖尿病、癌症和自身免疫性疾病等疾病的干预措施②。

2021 年，全球主要国家 / 地区政府已不仅关注人类微生物组的研究，而且将微生物组学研究扩大到农业、能源、食品等领域。其中，美国能源部、食品与农业研究所等机构注重自然系统和农业等领域微生物研究的投资，重点关注宿主、环境和微生物组之间

① PROCTOR L M，CREASY H H，FETTWEIS J M，et al. The integrative human microbiome project[J]. Nature，2019，569（7758）：641–648.

② LITA P. Priorities for the next 10 years of human microbiome research[J]. Nature，2019，569（7758）：621–625.

的多方相互作用。我国科技部发布的“生物大分子与微生物组”重点专项指南中将“标准微生物组及其与宿主 / 环境作用对生命活动影响的原理与机制”研究作为重点任务之一，主要包括健康人微生物组库和特征解析、人体肠道微生物组稳态平衡及其失衡调控重大疾病的分子机制、微生物组与药物交互作用影响疗效及安全性的分子机制、微生物组学新技术、实验动物体系及病原微生物感染过程中的宿主免疫机制研究，有力地促进了微生物组学基础研究的发展。

在可预见的未来，使用高通量分析去表征遗传物质、蛋白质或代谢物的研究将仍然是常态。然而，为了产生有用的结果，研究人员必须采用更好的数据共享。2005 年成立的基因组标准联盟（Genome Standards Consortium）已经开发了用于报告宏基因组学数据，以及环境测量和各种临床元数据的标准和模板。这些标准和模板已被 HMP 的数据协调中心采用，该中心是项目产生的所有内容的公共存储库。但这并不足够，资助机构和期刊还必须鼓励研究人员使用这些标准报告数据库和出版物中的微生物组数据——类似 21 世纪早期对 RNA 微阵列研究所做的那样。2021 年，日本微生物组联盟合作开发了一种用于质量控制的细胞、核酸标准和推荐的分析方法，用于使用下一代测序仪分析微生物组，并大力推动日本微生物群数据库建设。韩国政府计划提出“国家微生物组倡议”，并重点推动微生物数据库的建设。

探索未知领域的最大挑战仍然是人类对已知事物的深入了解。开发未来友好型工具的策略之一，就是摆脱当前生物学原理的限制，依靠数学、物理和化学等基础科学，以及不断更新的机器学习算法。能够在系统水平上整合多组学数据，并且可以处理生物学问题的内在非线性、随机性和复杂性的数学框架，将会是新进展的基石。此外，用于界定与评估相关性的统计方法，对于以合理的灵敏度捕获噪声数据中的信号也是非常重要的[①]。

在未来 10 年，期望无创方法能帮助研究者获取宿主—微生物及其他系统水平在体内的相互作用。可靠的荧光标记技术和生物正交化学策略也很重要，因为这些技术可以识别和标记核酸、细胞表面蛋白和糖等不同生物分子[②]。对细胞内部的观察、质谱的改进、物理化学原理的突破，这些也可以使研究者们获得前所未有的代谢知识。

在分析化学中，高通量策略会继续发展，从而能够从头开始识别复杂混合物中的小分子。这些代谢组学成果将得益于新颖的生物信息算法，它们可以识别和预测微生物的功能途径。类似的计算机成果还包括绘制无法用传统方法培养的微生物的代谢潜能和生长需求图谱，这会让研究者有能力在体外培育这些微生物，了解它们的生物学信息。最

① NATARAJAN A，BHATT A S. Microbes and microbiomes in 2020 and beyond[J]. Nature communications，2020，11（1）：4988.

② CALLAWAY E. Revolutionary cryo-EM is taking over structural biology[J]. Nature，2020，578（7794）：201.

终，计算机算法会让生物学研究范围发生指数级转变，因为这一技术可以实现从识别新型微生物到表征分子途经、定义生物化学和分子互作的基本原理等功能。此外，机器学习算法的成熟，会让我们有不受人类想象限制的、新的数据分析方法。

微生物组领域的前沿研究影响深远，人类已经认识到微生物是全球碳循环中最大的参与者，对全球变暖和地球健康有切实影响。可以肯定的是，未来 10 年的微生物组研究将揭示新的生存策略，超越人类目前认知的代谢途径和遗传调控的复杂机制，它还可能挑战更为神圣的准则，极大地促进人类对自然的认识，并帮助人类更好地生活。

第五章

基因编辑技术

内容提要

基因编辑（Gene Editing）又称基因组编辑（Genome Edting）或基因组工程（Genome Engineering），是一种新兴的能够比较精确地对生物体基因组特定目标基因进行修饰的生物工程技术。本章从全球主要国家相关政策与规划、全球主要国家科研项目布局分析、全球基础研究进展、全球应用研究进展，以及发展趋势预测与未来展望等方面对基因编辑发展态势及未来发展趋势进行了分析。

从政策分析可以看出，各个国家对基因编辑的法律规制各有不同，国家的政策倾向、法律规制体系存在差异。从政策倾向上来看，以生殖为目的的基因编辑在各国均是禁止的，但是在基因编辑用于科学试验、临床治疗等方面各国存在不同的规范标准，体现出对于基因编辑总体政策的不同倾向，除少数国家（如奥地利、意大利、瑞士）完全禁止对移植前基因诊断技术的应用外，大部分国家和地区采取了法律规范模式，主流立场是在一定限制条件下的允许（如德国、法国、瑞典、比利时、荷兰、挪威、西班牙）或特许（如英国、加拿大、新西兰及澳大利亚维多利亚州）。而有的国家和地区（如美国、日本、印度、澳大利亚新南威尔士州和昆士兰州）主要采取伦理守则模式，实行相对宽松的管制政策。总体来说，基因编辑技术加速了从遗传物质层面操纵生物和生命现象的序幕，未来对于国家竞争力、学界和产业界均会有深刻的影响。

从项目布局来看，基因编辑相关项目数量从 2013 年开始快速增加，美国、中国、日本、英国和巴西等国家 / 地区在这方面资助项目比较多；排名前 5 位的项目主持机构依次为杜克大学、中山大学、加利福尼亚大学旧金山分校、加利福尼亚大学伯克利分校和哈佛医学院。

从基础研究进展来看，基因编辑相关论文发展可以分为 3 个阶段：1990 年以前为第一个阶段，相关论文数量较少；1991—2012 年为第二个阶段，随着第一代基因编辑技术锌指核酸酶（Zinc-Finger Nucleases, ZFN）、第二代基因编辑技术转录激活因子样效应物核酸酶（Transcription Activator-Like Effector Nucleases, TALEN）的发展和成熟，以及第三代基因编辑技术 CRISPR 的出现，基因编辑相关论文数量开始逐年增多；2013 年至今为第三个阶段，2013 年是 CRISPR 基因编辑技术突破性发展的关键年，随着 CRISPR 基因编辑技术的突破，基因编辑论文数量开始快速增长。从论文发表情况看，美国发文量遥遥领先，占全球论文总量的 42.81%；中国排名第 2 位，占全球论文总量的 18.37%；发文数量排名前 5 位的研发机构依次为哈佛大学、中国科学院、斯坦福大学、中国科学院大学、加利福尼亚大学伯克利分校。

从应用研究进展来看，与 ZFN 基因编辑技术相关的专利有 2219 件，与 TALEN 基因编辑技术相关的专利有 438 件，与 CRISPR 基因编辑技术相关的专利有 5060 件，与 ADAR 基因编辑技术相关的专利有 87 件，其他基因编辑技术公开的专利有 1210 件。专利数量排名前五的国家 / 机构分别为中国、美国、加拿大、韩国和欧洲专利局。排名前五的专利权人分别为上海博德基因开发有限公司（专利申请时间集中在 2000 年左右，现均已失效，且法律状态均为撤回或驳回状态）、麻省理工学院、哈佛医学院、Broad 研究所、加利福尼亚大学。

基因编辑（Gene Editing）又称基因组编辑（Genome Edting）或基因组工程（Genome Engineering），是一种新兴的能够比较精确地对生物体基因组特定目标基因进行修饰的生物工程技术[①]。

基因编辑技术能够让人类对目标基因进行定点“编辑”，实现对特定 DNA 片段的修饰。基因编辑依赖于经过基因工程改造的核酸酶，也称“上帝的手术刀”，在基因组中特定位置产生位点特异性双链断裂（DSB），诱导生物体通过非同源末端连接（NHEJ）或同源重组（HR）来修复 DSB，对于不修复过程进行控制，即可实现基因编辑。

第一节　全球主要国家相关政策与规划

基因编辑技术的出现是生命科学发展的又一里程碑，其发展推动了生命科学领域的跨越式发展。正如前文所述，基因编辑是指对基因组进行定点修饰的一项新技术。利用该技术，可以精确地定位到基因组的某一位点上，在该位点上剪断靶标 DNA 片段，利用生物体的修复功能引入新的基因片段。此过程既模拟了基因的自然突变，又修改并编辑了原有的基因组，真正达成了“编辑基因”，与传统的以同源重组和胚胎干细胞（Embryonic Stem Cell，简称 ES）技术为目的的基因打靶技术相比，基因编辑新技术保留了可定点修饰的特点，可应用到更多的物种上，效率更高，构建时间更短，成本更低。目前主要有 3 种基因编辑技术，分别为人工核酸酶介导的锌指核酸酶（Zinc-Finger Nucleases，ZFN）技术、转录激活因子样效应物核酸酶（Transcription Activator-Like Effector Nucleases，TALEN）技术和 RNA 引导的 CRISPR-Cas 核酸酶（CRISPR-Cas RGNs）技术。

迄今开发的三代位点特异性基因编辑 ZFN、TALEN、CRISPR 技术已被广泛应用于生命科学研究的各个方面，多次入选 *Science* 杂志评选的全球年度十大科技突破、*Nature Methods* 杂志评选的年度科学技术、*MIT Technology Review* 杂志评选的全球年度十大突破性技术等榜单。其中，CRISPR 技术及其相关成果更是前所未有的 3 次（2013 年、2015 年、2017 年）入选了 *Science* 杂志评选的全球年度十大科技突破，并于 2020 年获得诺贝尔化学奖。

基因定位和精准修改意味着该技术可以人为控制基因表达，可被广泛应用于基因治疗、药物制备、农业生产、环境保护、濒危动物救助等。然而，基因编辑技术应用风险的不确定性问题也随之而来，就目前的情况来看，以转基因生物安全为核心的法律规制已不适应基因编辑技术应用的实际情况：其一，科学界共同体认为基因编辑技术产品与自然突变无差别；其二，现有的法律法规几乎不涉及与调整“可遗传种系编辑”有关的伦理问题。由于“转基因外源基因”的引入，生物伦理问题也曾一度得到关注与重视，

① 资料来源：医学中文网微信公众号（MEDCN100）。

但基因编辑技术应用则将伦理问题提到了一个新高度。

在国际范围内，人类胚胎基因编辑被严格禁止或限制，但是，对于基因编辑的其他应用及相关产品，不同国家有不同的态度。

一、国外基因编辑技术发展环境

1983 年和 1984 年，美国能源部（DOE）和国立卫生研究院（NIH）分别组织相关领域科学家研讨启动大规模人类基因组测序计划的可能性，开始酝酿人类基因组计划（HGP）。1987 年，HGP 智库发表了《测定和绘制人类基因组图谱》的报告，宣布 HGP 正式启动实施，标志着 HGP 进入具体实施阶段。1988 年，美国国会通过了 DOE 和 NIH 关于启动 HGP 的申请，两家主要资助者协议共同支持 HGP，开展人类基因组测序研究并推动相关技术的发展。1993 年，人类基因组遗传图谱制作完成，第一代荧光自动测序仪顺利问世，HGP 进入真正的规模化数据获取阶段。2003 年，HGP 最终由美国、英国、法国、德国、日本、中国 6 个国家的逾千名科学家参与，我国科学家承担了 1% 的测序任务。

HGP 的主要任务是测定人体染色体所包含的由 20 亿个碱基对组成的核苷酸序列，绘制人类基因组图谱，并且识别其载有的基因及序列，达到破译人类遗传信息的最终目的，HGP 最终确定组成人类基因组的基因约为 25 000 个。HGP 计划总体耗资高达 30 亿美元，但其创造了巨大和深远的经济社会价值。

HGP 总体上是由各国政府主导和支持的，但同时以一定的机制和形式充分调动了社会和企业的力量。随着 HGP 计划的推进，其科研成果和技术研发活动又为相关企业注入了新的知识产权，也为相关企业的发展提供了明确的方向。据报道，十几年来，HGP 为美国社会创造了超过 200 倍的经济回报、超过 30 万个工作机会，同时实现了美国在相关高科技领域的持续性主导，如 DNA 测序、高端分子检测、生物信息、生物制药等。

自 21 世纪以来，政府、学术科研机构和企业持续发起了大量的基因相关衍生的科研计划，并且逐渐深入，研究内容已经从最初的测序、功能基因组研究，逐渐深入基因编写领域（表 5-1）。2018 年 1 月，NIH 跨出了重要一步，发布报告称在未来 6 年内通过共同基金提供 1.9 亿美元资助基因组编辑研究，以解决基因编辑在疾病治疗中的一些技术问题，重点布局改善在患者体内运送基因组编辑工具的机制、开发新型或改进基因组编辑器、开发在动物和人类细胞中测试基因组编辑工具安全性和有效性的方法，以及组装可供科学界共享的基因组编辑工具包。随着 CRISPR-Cas9 技术的出现，人们对基因组编辑的研究热情不断高涨，成果也层出不穷。据 MarketsandMarkets 的分析，推动这一市场增长的关键因素是政府资助的增长，基因组学项目也在增加。尤其是全球传染病和癌症的高发，进一步推动了研究活动。同时，人们也将这一技术应用于农作物的改良，以应对人口危机及确保粮食安全。

表 5–1 主要国家 / 地区基因编辑技术促进政策及行动计划

序号	国家 / 地区	促进政策及行动计划	相关机构
1	美国	2018 年 1 月 23 日，NIH 宣布今后 6 年内提供大约 1.9 亿美元的资金，用于启动基因组编辑研究项目，以消弭这项“革命性”技术所遇到的种种障碍，包括“在人类细胞中测试基因编辑的效果”等试验，也将得到这笔资金的支持	美国国立卫生研究院
		2014 年 6 月，NIH 资助 2500 万美元用于传染性疾病（疟疾和流感）的基因治疗研究	
		美国食品与农业研究所（NIFA）2015 年 8 月宣布，将投入 2760 万美元通过改善动物生产和健康来支持食品安全的研究，其中包括投入 250 万美元用于专门开发动物遗传和基因组学的工具和资源。NIFA 主任 Sonny Ramaswamy 在一份声明中说道：“我们在农业生产上面临的主要挑战包括极端天气、干旱、水资源的短缺、气候的变化、害虫和全球竞争等，生产商正在寻找可行的解决方案。这些资金可使美国农业部通过提供不仅有营养而且安全、丰富的食物来保持一定的竞争力。”	美国食品与农业研究所
		2018 年 12 月，美国国防部高级研究计划局决定拨款 4500 万美元用于支持陆、海、空三军研究所研发新型“合成生物”	美国国防部高级研究计划局
		2015 年年底，美国白宫发布新的《美国创新战略》，明确把包括基因治疗在内的精准医疗作为未来要大力发展的战略方向之一，10 年内将投入 48 亿美元重点资助	美国白宫
		2018 年 10 月，Vertex 制药公司与合作伙伴 CRISPR Therapeutics 联合宣布，美国食品和药物管理局（FDA）已经解除了实验性基因编辑疗法 CTX001 的临床搁置，并已接受了该疗法用于治疗镰状细胞病的实验性新药申请（IND），成为美国首例 CRISPR 基因编辑疗法的人体临床试验	美国食品和药物管理局
		2019 年 10 月，美国加利福尼亚州出台了第一部直接监管 CRISPR 的法律，对消费者自行购买使用相关工具包的行为喊停，该项法案在 2020 年 1 月正式实施	美国加利福尼亚州
2	欧盟	2018 年 10 月，欧盟发布新版生物经济战略《欧洲可持续生物经济：加强生物与经济、社会和环境之间的联系》，并向生物基研发项目投资 1.15 亿欧元	欧盟研究框架
		欧盟研究框架建立了专门的基因治疗资助计划——“Clinigene（2006—2011）计划”，出资 6580 万欧元推动欧洲临床基因治疗的发展。“地平线 2020”是欧盟最大的科研创新框架计划，其中基因治疗获得 4910 万欧元资助	

续表

序号	国家 / 地区	促进政策及行动计划	相关机构
3	英国	2018 年 3 月，英国计划在未来 5 年内投入 1000 万美元用于支持生物制造、生物修复和生物能源领域研究	英国生物技术和生物科学研究理事会
		英国生物技术和生物科学研究理事会（BBSRC）在其 2006—2020 年战略规划中明确将农业与食品安全、工业生物技术与生物能源、服务健康的生物科学作为优先研究领域，并在 2017 年宣布投入 3.19 亿英镑支持未来 5 年的生物科技发展，以确保英国的国际竞争力，应对人口增长、化石能源替代和老龄化等全球挑战	
		2016 年 2 月 1 日，英国人类生育与胚胎学管理局（Human Fertilisation and Mbryology Authority）召开新闻发布会，宣布正式批准伦敦弗朗西斯·克里克研究所（Francis Crick）研究员 Kathy Niakan 对人类胚胎进行编辑的请求，这是世界首例获国家监管机构批准的人类胚胎编辑研究	英国人类生育与胚胎学管理局
4	法国	2016 年 6 月，法国政府宣布投资 6.7 亿欧元启动基因组和个体化医疗项目，项目为期 10 年，将重点开展基因组学、个体化医学、基因治疗等研究。法国政府将建立一个由总理 Manuel Valls 领导的部长级内阁战略委员会领导该项目。项目初期将聚焦癌症、糖尿病和罕见病；2020 年以后，项目将逐步延伸至一般性疾病	法国总理 Manuel Valls 领导的部长级内阁战略委员会
5	德国	2001 年，投资 1.5 亿欧元的“生物技术——利用和创造机遇”计划开始实施，支持基因工程开发、基因组研究、生物技术创新和利用生物技术促进产业可持续发展。同年，德国联邦教育科学研究技术部启动了为期 3 年、投资 1.79 亿欧元的“国家基因组计划”，支持人类健康研究、五大疾病的研究，解决基因组研究中的伦理、社会和法律问题。2004 年，德国联邦教育科学研究技术部增加投入 1.35 亿欧元，支持为期 3 年的Ⅱ期计划	德国联邦教育科学研究技术部
6	俄罗斯	俄罗斯政府发布《2018—2020 年生物技术和基因工程发展措施计划》，促进生物医药、工农业生物技术、生物能源和基因工程等 9 个领域的生物技术基础研究和产业发展	俄罗斯政府
		俄罗斯政府于 2019 年 4 月 22 日发布了《2019—2027 年联邦基因技术发展规划》，该规划的主要目标是加速发展基因编辑技术，为医学、农业和工业创造科技储备，并监测和预防生物性紧急情况的发生	
		2019 年 5 月，俄罗斯政府公布一项 1110 亿卢布（约合 17 亿美元）的联邦计划，旨在到 2020 年培育出 10 个基因编辑作物和动物新品种，到 2027 年再培育出另外 20 个新品种	
7	日本	日本环境省于 2019 年 2 月 8 日发布了基因组编辑技术监管的最终政策。该政策确定了未引入外源基因的基因组编辑生物不属于转基因生物。日本环境省认为，任何引入外源基因的基因组编辑生物都被视为转基因生物且受到《卡塔赫纳生物技术安全议定书》的监管，而当一个生物体基因组发生改变但未引入任何外源基因，则该生物体被视为非转基因生物	日本环境省

续表

序号	国家 / 地区	促进政策及行动计划	相关机构
7	日本	2014 年，日本颁布《健康与医疗战略推进法》，内阁设立健康医疗战略本部，负责进行顶层设计统筹指挥，推进“健康与医疗战略”；颁布《日本医疗研究开发机构法》，成立由内阁府直接掌管的日本医疗研究开发机构（AMED），负责一元化统筹原来由厚生劳动省、文部科学省和经济产业省分别开展的与健康与医疗相关的研究开发计划与项目	日本医疗研究开发机构
8	中国	“十一五”和“十二五”期间，863 计划对重大疾病的基因治疗专门立项，参加单位包括 20 多家国内从事生物治疗研究的优势单位、10 余家国家重点实验室和多家专业的公司，储备了一批具有自主知识产权的生物治疗相关技术和项目，《“十三五”国家科技创新规划》《“十三五”生物技术创新专项规划》《“十三五”生物产业发展规划》《“十三五”国家战略性新兴产业发展规划》等一系列规划中明确重点布局了基因编辑技术的研发与应用。《“十三五”国家科技创新规划》提出重点发展基因编辑技术等前沿共性技术和基因治疗等新型生物医药技术，并将基因编辑列为基础研究和前沿技术的战略性前瞻性重大科学问题和引领产业变革的颠覆性技术予以重点布局	国家发展改革委、科技部

由于基因编辑技术的快速发展及其在生物医学研究领域广泛应用的需求，亟须技术和伦理监管的有效跟进，以在最大限度地控制所存在的技术和伦理风险的同时，推动技术的快速发展。科学的进步也日益引发了对于人类基因组编辑的担忧。例如，如何平衡潜在利益与意外伤害风险？如何规范基因组编辑的使用？如何尊重个人、国家和文化的不同视角？这些问题是否影响技术使用？在此方面，国际学界和各国政府都在高度关注和积极调整相关的监管措施。

1. 国际层面

1946 年诞生于纳粹对犹太人进行惨无人道的医学实验的大背景之下的《纽伦堡法典》——为维护受试者的合法权益，规范人体实验秩序而制定的人体实验国际性准则，为后续各国开展临床前期研究奠定了基本准则。《纽伦堡法典》第一条中的规定“受试者的自愿同意绝对必要”贯穿始终，突出强调了人身自由不可侵犯的普世法则。其他条款则强调了人体实验的有效性和安全性，反映了“对生命关怀”的崇高宗旨。第十条还指出：“即使操作是诚意的，技术是高超的，判断是审慎的，实验者继续进行，受试者还要出现创伤、残废、死亡等情况，要随时中断实验。”这也深刻体现了人的利益高于一切的至高原则。不过，值得思考的是，《纽伦堡法典》设立的初衷是审判纳粹分子的滔天罪行，保护的对象是手无寸铁的犹太人，由于基因双螺旋结构模型的论文发表于 1951 年，当时还没有进入分子生物学时代，《纽伦堡法典》虽然具有里程碑式的意义，但也会受到当时历史的局限。而如今，人体胚胎基因编辑技术在医学中的应用已经进入了微观分子领域，伤害的发生可能不会有及时性的显现，因而安全性的标准有待商榷；另外，人体胚胎作为“非自然人”对该法典的挑战也很大，受试者的“知情同意”如何实现？这样一来，《纽伦堡法典》对人体胚胎基因编辑技术医学应用约束性的落实就有一定的阻碍，这是《纽伦堡法典》的局限性所在。

美国为了保护生物医学与行为研究，于 1978 年 4 月 18 日发表了《贝尔蒙报告》，制定了一系列生物医学和行为研究的伦理准则，也由此成为国际上进行生物医学研究的一般准则。该报告以“尊重人、有利和公正”作为生物医学研究的基本伦理准则，其中特别强调需要保护那些“自主性降低的人”和“弱势人群”，着重体现了尊重包括“弱势群体”的一切人类，具有前瞻性的意义。人体胚胎基因编辑技术的医学应用属于生物医学范畴，也应遵循《贝尔蒙报告》所规定的准则，合法合理地开展研究。然而，该报告对生物医学研究和应用的界限较为模糊，虽然极大限度地保护了生物医学的发展，但也忽略了研究对象的权利①。

《赫尔辛基宣言》自 1964 年通过以来，一直作为医生及其他研究人员的指导原则，并声明“一生的职责是保护受试者的生命、健康、隐私和尊严”，与《纽伦堡法典》和《贝尔蒙报告》相比，除了“尊重人”以外，还拓展了受试者生命和隐私的权利，对受试者的保护更加立体和多元化。并且《赫尔辛基宣言》认为，“医学的进步是以研究为基础，而这些研究最终必须部分地依赖于人类受试者的实验”，这也从侧面反映了国际上支持生物医学发展的决心和信心。我国人体胚胎基因编辑技术的医学应用同样是以医学研究为基础，而进行研究的同时就不可避免地对受试者进行实验。因此，人体胚胎作为特殊的“受试者”，在医学伦理的标准设立上也需要考虑人体胚胎的“人类属性”，需要扩展保护的深度，以《赫尔辛基宣言》为基础，结合我国的法律规范和人文环境更进一步深化标准，在促进人体胚胎基因编辑技术发展的同时，更好地保障“人”的权利，使科技与人文能够完美融合。

1997 年 11 月 11 日，联合国教科文组织在第 29 次会议上一致通过了《世界人类基因组与人权宣言》，这是生物学领域的第一部世界性文件。它的无可争议的优越性在于，既保证了对人权的保护和尊重，又给予了科学研究基本的自由及其自由的保障。它认识到基因信息是整个医学数据的一部分，而且任何医学数据，包括基因数据和蛋白质组数据所包含的信息，都有很强的针对性并由有关的具体情况所决定，同时承认人类基因数据因其敏感性而具有的特殊地位，这是因为：这种数据能够预示个人的基因信息，而且

① 徐雅红．我国人体胚胎基因编辑技术医学应用的法律问题研究 [D]. 北京：北京中医药大学，2018.

这种预示能力可能大于在获取数据时的估计；它们可能对家庭及其后几代人，有时甚至对整个有关群体产生重大影响；它们可能包含在采集有关生物标本时不一定了解其意义的信息，而且它们可能对个人和群体具有文化方面的意义。强调所有的医学数据，包括基因数据和蛋白质组数据，不管是否具有明显的信息内容，都应高度保密，应该看到人类基因数据在经济和商业方面的作用日益重要，考虑到发展中国家的特殊需要和弱势，以及在人类基因研究领域加强国际合作之需要，认为采集、处理、使用和保存人类基因数据对生命科学和医学的进步，以及对非医学的用途都具有至关重要的意义，还认为所采集的个人数据日益增多，致使真正做到来源不可追查越发困难，意识到采集、处理、使用和保存人类基因数据可能对行使和尊重人权与基本自由及尊重人的尊严构成威胁，认为个人的利益和安康应优先于社会和科学研究的权利和利益。

2. 美国

美国的基因编辑技术研究处于世界领先地位，而且其以往在生物技术相关立法方面也具有典型性，基本形成了产品导向的生物产业促进法。就政府而言，对基因编辑技术应用安全性的重视充分体现在其相关政策、法律和管理制度之中，其中，政府对该技术的理解和态度将直接影响相应的管理原则和立法模式。

美国生物技术的监管体系一贯以联邦各个机关的职权范围及所主管的法律为轴心，采用垂直分散的立法体系。1986 年《生物技术管理协调大纲》（“Coordinated Framework”）确立了美国生物技术食品实质等同原则。1992 年发布政策声明“源自新植物品种的食品”，规定了生物技术食品适用“一般被认为是安全的”原则（GRAS 原则），不因外源基因转入（转基因技术）而使生物技术食品必然受 FDA 监管，即确立了以产品为基础的立法模式。在基因编辑生物监管方面，美国农业部（USDA）继续适用以产品为基础的法律规定，采取实质等同原则评估其安全性，但因 CRISPR-Cas9 基因编辑作物不含有任何“新引入的遗传物质”或外源 DNA，与转基因生物显著不同，因此，可以不接受动植物检疫局的监管。

近年来，美国生物技术监管部门［USDA、EPA（环境保护署）、FDA］收到的基因编辑产品的法规申请和咨询文件越来越多。2011 年 7 月至 2018 年 5 月，USDA 共答复了 64 份法规咨询文件，其中 27 份明确表示，其所咨询的遗传工程植物不含有具有安全隐患的成分，因此可免予监管。这 27 个遗传工程植物有 24 个是通过基因编辑手段得到的。24 个基因编辑植物全部都是碱基缺失导致的基因功能失活，可免予监管的主要原因就是未引入有安全隐患的核酸序列或有害成分①。

2018 年，USDA 声明了其对基因编辑等新技术所采取的监管态度，明确以下 4 种类

① 资料来源：莱肯生物微信公众号（Lichen-Bio）。

型的遗传修饰植物不属于 USDA 的监管范畴：①碱基缺失（至今为止，所有免予监管的基因编辑产品对基因组的编辑类型均属此类）；②单碱基替换；③引入的序列来自能与受体发生有性生殖的物种（如 USDA 确认澳大利亚 Nexgen Plants 公司利用 RNA 干涉技术开发的抗病毒番茄可以免予监管，这款产品的特点就是所有转进去的载体元件全部来自番茄本身）；④仅在育种过程中引入了外源片段（如为加快育种进程引入了缩短生育期的基因，育种流程完成后将该基因分离掉；SPT 技术；先转入后删除的编辑载体）。

2019 年 8 月 13 日，美国加利福尼亚州出台了针对 CRISPR 基因编辑技术的法案，该法案禁止在加利福尼亚州销售基因治疗工具包，除非卖家在显著位置警告消费者不要将工具包用在自己身上。这是美国第一部直接监管 CRISPR 的法律。这项法案于 2019 年 7 月 30 日签署，2020 年 1 月成为法律。

美国的相关法规将生物医学研究与接受的常规医学治疗作为严格界线，关系到伦理问题的法律显得尤为慎重，生物医学的伦理和监管问题由美国卫生与人类服务部的人类研究保护办公室主管。依据《人体生物医学研究国际伦理指南》规定，人类受试者的研究申请书必须呈送给一个或多个科学与伦理审查委员会，以便对其科学价值和伦理可接受性进行审查。美国在基因编辑与人类胚胎研究方面的财政投入一向比较谨慎。1994 年，政府签署了人类胚胎研究禁令，禁止财政收入用于公共部门进行任何有关胚胎的研究；1998 年，美国国立卫生研究院（NIH）专门制定了《关于人类多能干细胞研究伦理规则》，明确政府有限度地支持相关研究。对于基因编辑技术，美国众议院于 2016 财政年度开支法案中再次明确禁止美国食品和药物管理局批准与人类胚胎编辑有关的产品研究或临床申请。

3. 欧盟

欧盟对于基因组编辑生物的安全管理态度与转基因生物虽然一致，即需要进行严格的法律程序审批，但并未明确表示基因组编辑生物的监管是否等同于转基因生物，即基因组编辑生物是否属于转基因生物的监管范围。现阶段，对于基因组编辑技术的监管情况仍处于探索阶段[①]。

自 2011 年起，欧洲食品安全局（European Food Safety Authority，EFSA）受欧盟请求，评估现有指导文件是否仍然适用于 8 种新基因组编辑技术，包括 Intragenesis、Cisgenesis 和 Zinc Finger Nuclease Technique。2012 年，EFSA 发布了对于 Cagenesis 及 Intragenesis 的意见，转基因工作小组 GMO（Genetically Modified Organisms）专家咨询组认为，目前的风险评估指导，包括环境风险评估指导，均适用于评估通过基因组编辑技术获得的食物和饲料。2012 年 10 月 25 日，EFSA 发布报告“Scientific Opinion Ad-

① 欧美等国基因组编辑生物安全管理政策及对中国的启示［EB/OL］.（2019-01-03）[2022-04-18]. https：//www.sohu.com/a/286479701_100011181.

dressinng The Safety Assessment of Plants Developed Using Zinc Finger Nuclease3 and Other Site-Directed Nucleases with Similar Function”，对 ZFN-3 给出意见，称 EFSA 的转基因工作小组 GMO 专家咨询组将运用 ZFN-3 技术获得的植物与通过常规植物育种技术和运用转基因组编辑技术获得的植物的相关危害进行比较，发现与传统转基因作物相比，ZFN 类作物能最小限度地减少饲用或食用产品的风险。在基因引入方面，ZFN-3 技术与转基因或目前使用的其他基因组编辑技术没有区别，ZFN-3 技术和转基因的主要区别在于 DNA 的插入靶向为基因组的预定区域。转基因工作小组 GMO 专家咨询组认为，目前的风险评估指导（包括环境风险评估指导）适用于评估通过基因组编辑技术获得的食物和饲料。

2016 年 10 月 31 日，德国联邦消费者保护和食品安全局（BVL）发布了关于基因组编辑技术法律的分类意见“Opinion on The Legal Classification of New Plant Breeding Techniques，in Particular ODM and CRISPR-Cas9”，认为通过 ODM 和 CRISPR-Cas9 技术获得的突变植物不符合法令定义内的转基因生物。

2018 年 7 月 25 日，位于卢森堡的欧洲法院裁定，包括基因编辑在内的基因诱变技术应被视为转基因技术，接受欧盟转基因相关法律的监管。这项裁决的产生是因为法国农业联盟提起的法律诉讼，他们认为，不管是如何制造的，拥有抗除草剂特性的种子品种都对环境构成了风险。这意味着利用 CRISPR-Cas9 进行基因编辑的生物，需要经历欧盟漫长的审批程序。

欧盟委员会下设的“科学和新技术伦理小组”负责审查科学和新技术的相关伦理问题，为相关法律及公共政策提供依据。欧盟 1997 年《奥多唯公约》中规定允许体外胚胎干细胞研究，但禁止克隆人的研究，并通过《关于生物技术发明的法律保护第 98 / 44 指令》以是否可授予专利的财产法规定对可能涉及的人类胚胎研究加以限制。该指令中明确规定违反公共秩序和公共道德的生物技术发明不授予专利，如“改变人类种系遗传特性”“将人类胚胎干细胞用于商业目的”等。2016 年，欧盟有关方面就基因编辑技术的应用提出了限制人类基因测试的草案，如英国规定以特别许可的方式对基因编辑技术的临床研究进行监管。

4. 日本

2016 年 2 月，日本学术会议决定设立针对利用遗传基因编辑的国内研究规则的分科会，内阁府的生命伦理专业调查会只对遗传基因编辑的人工受精卵应用基础研究进行认可与总结。在报告书中，虽然没有直接提到接受临床利用，但是研究规则的分科会所制定的规则没有法律约束力，所以在日本对于基因编辑技术没有明确的法律限制，与目前中国的情况相似，就是以学会的指导意见作为研究的方针。一般来说，日本学者都参加学会，都会遵循学会的指导意见，但也有一些个人并不参加学会，所以也有类似的“越界”行为，学会对这样的违反伦理的行为只能谴责，并不能有所行动。此外，日本最近10年的诺贝尔奖获得者中，与基因研究相关的获奖者占大多数，这也是日本不愿意立法限制这项研究的原因之一。

2018年11月28日，日本召开了负责制定日本国内对人类受精卵进行基因编辑、修改遗传基因规则的国家专家委员会会议。会议通过了一项最终准则方案，这项准则规定，基因编辑技术仅限于旨在提高生殖医学水平的基础研究，禁止将被修改的受精卵植入母体，也不允许让已经接受基因修改的婴儿诞生。不过，这项准则并没有明确违反相关规则时的惩罚条款。

日本农林水产省（MAFF）于2019年6月28日发布了农林水产领域的《基因编辑生物信息披露标准（草案）》，并邀请公众对其进行评议。草案规定，基因编辑生物的开发者应向农林水产省提供能够证实不存在外源基因的信息、改良生物的物种分类、应用的基因编辑技术、修饰的基因及功能、其他性质的变化、对生物多样性产生不利影响的可能性等信息。农林水产省审查后将公开不会造成不良商业竞争的相关非机密信息。

5. 俄罗斯

2016年7月1日，俄罗斯联邦委员会（议会上院）批准了一项法案——除了科学研究用途外，禁止在俄罗斯境内种植转基因植物和饲养转基因动物。法案还规定，鉴于转基因产品对人类和环境的影响，禁止进口转基因商品。违反法律者将被课以50万卢布的罚款。但基因编辑生物是否受该禁令限制还是个未知数。现在，新计划表明，俄罗斯开始拥抱基因编辑技术。

6. 阿根廷

作为美洲地区生物技术产品开发的另一个代表，阿根廷不仅拥有长期的转基因产品开发和应用实践，也是基因编辑等新技术产品监管政策制定和实践的先驱者。早在2015年，阿根廷国家农业生物技术咨询委员会就颁布了针对基因编辑等新育种技术的法规监管条例。条例的核心内容就是明确遗传修饰物种（GMO）的定义标准。依据《卡塔赫纳生物技术安全议定书》的原则，遗传修饰物种是通过体外重组DNA或直接导入核酸序列而产生的有新遗传物质整合的生物体。基因编辑等新育种技术在育种过程上确实符合GMO的认定标准，但是在结果上，是否有“新遗传物质的整合”成为判定生物体属于遗传修饰作物还是常规育种作物的关键[①]。

阿根廷的监管方式是依据个案分析的原则，逐个评价新生物体是否产生了“新遗传物质的整合”，从而判定生物体是否在法规监管范围内。评价内容包括产品开发的具体技术流程、编辑载体是否删除的证据、基因组序列是否发生变化的分子证据及目标性状

① 资料来源：莱肯生物微信公众号（Lichen-Bio）。

是否获得的证据。

在具体的监管流程上，农业生物技术咨询委员会采取了十分有特色的措施：研发人可以将其产品开发的设计思路递交委员会进行预审查，待真实的产品创制完成后再确认其特性符合预期的设定，从而保证产品开发过程处于可预期的监管状态下。

监管实例如下。

SDN-1：指靶标位点双链断裂后，在没有修复模板的情况下通过 NHEJ 方式实现的基因组修复。基因组发生的变化主要是 InDel（编辑载体删除后），没有新遗传物质的整合，因此不属于 GMO，可免予监管。迄今为止，农业生物技术咨询委员会审查的基因编辑等新技术产品均属于此类。

SDN-2：指靶标位点双链断裂后，在有修复模板的情况下通过 HDR 方式实现的基因组少量碱基（< 20 bp）替换。由于修改的碱基较少，可认为未引入新遗传物质，因此不属于 GMO，可免予监管。该类产品仅在科研阶段存在，委员会尚未有具体的审查实例。

SDN-3：指靶标位点双链断裂后，在有修复模板的情况下通过 HDR 方式实现的外源片段的精准插入。由于引入了新遗传物质，因此属于 GMO，与传统转基因产品一样接受监管。该类产品也仅在科研阶段存在，委员会尚未有具体的审查实例。

2015—2018 年的监管实践显示，基因编辑产品监管的申请者主要是阿根廷国内外的中小企业及科研院所，大型跨国公司的申请量只占很小的比例，这与传统转基因产品的申请者主要是大型跨国公司的状态形成了鲜明的对比。这也表明阿根廷政府的监管政策有利于降低基因编辑产品的开发成本，从而促进技术创新和产品开发。此外，巴西、智利、哥伦比亚等南美洲其他国家也采取了与阿根廷类似的监管政策，这也为国家间顺畅的贸易往来奠定了基础。

7. 澳大利亚

近 20 年来，澳大利亚的生物技术法规监管工作一直在联邦基因技术监管法案和条例的指导下，由健康和老龄化部下属的基因技术监管办公室具体执行。2018 年，监管条例进一步明确了针对基因编辑生物体的监管方法，判断标准的关键是看是否引入了修复模板。早在基因编辑技术发明前，监管法案中就规定，发生 SDN-1 类型（不加模板的修复方式）的核酸酶诱变遗传修饰生物体不属于 GMO，不在监管范围内。因此，通过基因编辑所创制的 SDN-1 类型的编辑体也自然不属于 GMO。SDN-2、SDN-3 类型（加入模板的修复方式）的核酸酶诱变及 ODM（寡核苷酸介导）定向诱变的遗传修饰生物体属于 GMO。此外，法规还明确通过外施 RNA 分子或瞬时 RNA 干扰所创制的生物体不属于 GMO，分离掉外源序列的生物体也不属于 GMO。

2019 年 4 月 10 日，澳大利亚基因技术管理办公室（Office of the Gene Technology

Regulator，OGTR）发布了“基因技术条例修订案”（2019 Amendments to the Gene Technology Regulations 2001）。修订案规定，在动植物中使用某些基因编辑技术可以无须政府审批。如果没有引进新的遗传物质，那么政府就不会干预在动植物中使用基因编辑技术。其最新的规定自 2019 年 10 月 8 日起生效。

8. 印度

印度对 GMO 的监管主要是在 1986 年制定的《环境保护法》（“Environmental Protection Act”）、1989 年出台的《危险微生物、转基因生物和细胞生产、使用、进口、出口和储存规则》（“Rules for the Manufacture，Use，Import，Export and Storage of Hazardous Microorganisms，Genetically Engineered Organisms or Cells”）及之后一系列相关指南和规章的指导下开展的，具体的主管部门是环境、森林和气候变化部（Ministry of Environment，Forest and Climate Change，MEFCC）。基因编辑产品依然属于现有法规的监管框架内。如今，在印度开发一款基因编辑产品大体需要经过以下流程。

①成立本单位的生物安全委员会（IBSC），负责日常的生物安全管理工作。

②在本单位 IBSC 认可的前提下，申请人获得生物技术司遗传操作委员会（RCGM）的批准，开展实验室阶段的研究工作。

③在遗传操作委员会和遗传工程评审委员会（GEAC）的许可下，在封闭条件下（温室）开展转化体性状筛选工作。

④在有隔离条件的田间开展转化体评价工作，每个试验点的面积不超过 1 英亩[①]，总面积不超过 20 英亩。

⑤进一步在有隔离条件的田间开展转化体评价工作，每个试验点的面积不超过 2.5 英亩，试验点数目依据个案分析的原则确定。

⑥大规模的环境安全性评估，并将数据提交给 GEAC 审查。类似于中国国内的环境释放和生产性试验阶段。

⑦ GEAC 根据安全性评价结果，建议政府做出是否商业化的决定。

综上所述，各个国家对基因编辑的法律规制各有不同，国家的政策倾向、法律规制体系存在差异。从政策倾向上来看，以生殖为目的的基因编辑在各国基本都是禁止的，但是在基因编辑用于科学试验、临床治疗等方面，各个国家存在不同的规范标准，体现出一国对于基因编辑的总体政策倾向。大部分国家和地区采取了法律规范模式。除少数国家完全禁止对移植前基因诊断技术的应用（如奥地利、意大利、瑞士）外，主流立场是在一定限制条件下的允许（如德国、法国、瑞典、比利时、荷兰、挪威、西班牙）或特许（如英国、加拿大、新西兰及澳大利亚维多利亚州）。而有的国家和地区（如美国、

① 1 英亩 ≈ 4047 平方米。

日本、印度、澳大利亚新南威尔士州和昆士兰州）主要采取伦理守则模式，实行相对宽松的管制政策①。总体来说，基因编辑技术加速了从遗传物质层面操纵生物和生命现象的序幕，未来对于国家竞争力、学界和产业界均会有深刻的影响。

美国、德国、日本、英国、法国、澳大利亚、比利时、巴西、加拿大、印度、以色列、墨西哥、荷兰、新加坡、韩国等 15 个国家关于基因组技术的纲要和立法文件的具体内容如表 5-2 所示②。

表 5-2 主要国家基因编辑技术监管制度体系

序号	国家	基因编辑技术监管制度体系
1	美国	①《综合拨款法案》(2009 年)； ② 国立卫生研究院（2009 年）:《人类干细胞研究指南》； ③ 人类胚胎干细胞研究咨询委员会（2010 年）:《2010 年美国国家科学院关于人类胚胎干细胞的指导方针》； ④ 国立卫生研究院（2013 年）:《关于重组或合成核酸分子的研究指南》； ⑤ 国立卫生研究院（2015 年）:《人类胚胎基因编辑的 NIH 资助声明》； ⑥ 白宫科技政策办公室（2015 年）:《关于基因组编辑的通知》； ⑦2018 年 3 月，美国农业部将基因编辑植物完全排除在监管外； ⑧2019 年 8 月 13 日，美国加利福尼亚州出台了针对 CRISPR 基因编辑技术的法案，该法案禁止在加利福尼亚州销售基因治疗工具包，除非卖家在显著位置警告消费者不要将工具包用在自己身上
2	德国	①《联邦共和国基本法》(1949 年，2010 年最后修订)； ②《胚胎保护法》(1900 年，2012 年最后修订)； ③《药品法（药物法）》(1976 年，2014 年最后修订)； ④ 研究基金会（2001 年）:《人类干细胞的研究》； ⑤ 研究基金会（2003 年）:《人类胚胎干细胞的研究》； ⑥ 国家伦理委员会（2004 年）:《克隆繁殖的目的及生物医学克隆的目的（意见）》； ⑦ 联邦医师公会（2006 年）:《研究性克隆用于辅助治疗》； ⑧ 研究基金会（2006 年）:《德国干细胞研究——可能性及前景》； ⑨《德国科学基金会干细胞研究的总结与建议——可能性及前景（2006）》； ⑩《干细胞法案》(2002 年，2008 年最后修订)； ⑪ 跨学科研究组织“基因技术报告”及柏林 -Bradenburg 人文科学家（2008 年）:《德国基因治疗：跨学科调查》—德国基因技术附录—总结； ⑫ 联邦教育与研究部（2011 年）:《联邦政府关于未来研究与创新主体定位的框架》； ⑬ 跨学科研究组织“基因技术报告”及柏林 -Bradenburg 人文科学家（2012）:《德国基因治疗：跨学科调查》—德国跨学科组织基因技术报告附录—总结； ⑭ 国家伦理委员会（2014 年）:《干细胞研究——禁止克隆和人工生殖细胞治疗的挑战》； ⑮2016 年 10 月 31 日，德国联邦消费者保护和食品安全局（BVL）发布了关于基因组编辑技术法律分类的意见“Opinion on The Legal Classification of New Plant Breeding Techniques，in Particular ODM and CRISPR-Cas9”，认为通过 ODM 和 CRISPR/Cas9 技术获得的突变植物不符合法令定义内的转基因生物

① 资料来源：药物政策微信公众号（smpharm）。

② 盘点 16 国基因编辑技术的政策条款，中国排第二［EB/OL］.（2016-02-02）[2022-04-16]. https：//www.lascn.net/Item/18035.aspx.

续表

序号	国家	基因编辑技术监管制度体系
3	日本	①《基因治疗临床研究指南》(2002 年，2008 年最后修订)； ② 日本社会人类遗传学(2004 年):《基因检测指南》； ③ 文部科学省和厚生劳动省部长级会议通知(2004 年):《基因治疗临床研究指南》； ④ 厚生劳动省部长级会议通知(2006 年):《人类干细胞临床研究指南》； ⑤《药品与食品安全局关于 0907 No.1 的通知》(2012 年)； ⑥《人类克隆技术控制法案》(2000 年第 146 条法案，2014 年最后修订)； ⑦2016 年 2 月，日本学术会议决定设立利用遗传基因编辑的国内研究规则的分科会，内阁府的生命伦理专业调查会在同年 4 月只对遗传基因编辑的人工受精卵应用基础研究进行认可与总结； ⑧2018 年 11 月 28 日，日本召开了负责制定日本国内对人类受精卵进行基因编辑、修改遗传基因规则的国家专家委员会会议； ⑨2019 年 3 月，日本厚生劳动省的一个专家小组发布公告称，日本将允许基因编辑食品在不进行安全评估的情况下销售给消费者，前提是相关技术符合一定标准，这将为在该国使用 CRISPR 和其他用于人类消费的动植物技术打开大门； ⑩2019 年 6 月 28 日，日本农林水产省发布了农林水产领域的《基因编辑生物信息披露标准(草案)》，并邀请公众对其进行评议
4	英国	①《人类受精和胚胎学(研究目的)章程》(2001 年)； ②《人类受精与胚胎学法案》(1990 年，2008 年修订)； ③《人类受精和胚胎学(线粒体捐赠)章程》(2015 年)； ④ 医学研究理事会(2010 年，2015 年最后修订):《人类干细胞使用管理守则》
5	法国	①《人体生殖健康和产前诊断医疗援助》(1994 年，2000 年最后修订)； ②《生物伦理法案》(2004 年，2009 年最后修订)； ③《伦理法》(2011 年)； ④《民法》(1804 年，2015 年最后修订)
6	澳大利亚	①《禁止人类克隆生殖和人类胚胎研究管理修订法案》(2006 年)； ② 国家卫生和医学研究委员会(2004 年，2007 年更新):《辅助生殖技术的临床实践和研究的伦理指南》； ③《禁止人类克隆繁殖法案》(2002 年，2008 年最后修订)； ④《人类胚胎研究法》(2002 年，2014 年最后修订)； ⑤《治疗产品法案》(1989 年，2015 年最后修订)； ⑥ 国家卫生和医学研究委员会(2007 年，2015 年更新):《关于涉及人类伦理行为的研究声明》； ⑦2019 年 4 月 10 日，澳大利亚基因技术管理办公室(Office of the Gene Technology Regulator，OGTR)发布了“基因技术条例修订案”(2019 Amendments to the Gene Technology Regulations 2001)。修订案规定，如果不引入新的遗传物质，科学家可以在没有政府批准的情况下，在植物、动物和人类细胞系中使用基因组编辑技术开展研究。该修订案于 2019 年 10 月 8 日起生效
7	比利时	《体外胚胎研究法案》(2003 年)
8	巴西	《生物安全法》(2005 年)
9	加拿大	①《关于人类辅助生殖及相关研究的法案》(人类辅助生殖法案)(2004 年)； ② 三大委员政策声明—《人类研究的伦理行为》(1998 年，2014 年最后修订)

续表

序号	国家	基因编辑技术监管制度体系
10	印度	①《产前诊断技术（监管和预防滥用）法案》（1994 年，2003 年最后修订）； ② 医学研究理事会（2000 年，2006 年最后修订）:《涉及人类的生物医学研究的伦理指南》； ③ 医学研究理事会（2013 年）:《国家干细胞研究指南》
11	以色列	① 以色列人文科学院生物伦理顾问委员会（2001 年）:《胚胎干细胞治疗的研究》； ②《禁止基因干预（人类克隆和生殖细胞的遗传操作）法》（1999 年，有效期至 2016 年 5 月 23 日）
12	墨西哥	①《墨西哥联邦地区刑法规范》（2002 年，2014 年最后修订）； ②《卫生控制、人体器官、组织及尸体处置的相关法律规则》（1985 年，2014 年最后修订）； ③《卫生研究管理办法》（1987 年，2014 年最后修订）； ④《公共卫生法》（1984 年，2015 年最后修订）
13	荷兰	《配子及胚胎使用管理办法》（《胚胎法案》）（2002 年，2009 年修正）。
14	新加坡	①《人类克隆及其他违法行为》（2004 年，2005 年最后修订）； ② 生物伦理顾问委员会（2015 年）:《人类生物医学研究的伦理指南》
15	韩国	《生物伦理和安全法案》（2013 年）

二、国内基因编辑技术发展环境

从我国现行法律来看，基因编辑受到科技法和医疗法的双重规制，针对基因编辑这项技术的法律规范层级较低，如《人胚胎干细胞研究伦理指导原则》《干细胞临床研究管理办法（试行）》都属于部门规范性文件，而上位法如《中华人民共和国科学技术进步法》《中华人民共和国药品管理法》《医疗机构管理条例》等主要是原则性规定和宏观指导，在实践中可操作性不强。

目前，我国有关基因编辑技术的政策 / 法规主要有《基因工程安全管理办法》《人类遗传资源管理暂行办法》《人类辅助生殖技术规范》《人基因治疗研究和制剂质量控制技术指导原则》《人类胚胎干细胞研究指导方针》《涉及人的生物医学研究伦理审查办法》等（表 5–3）。对基因编辑的法律规制需要注意在科学技术和医学治疗两个层面上的意义。一方面，基因编辑技术是一项基因科学技术，法律规制侧重于科技研究的规范和科技成果转化的规范；另一方面，基因编辑技术运用于人体则属于科技成果转化进入具体行业产业后，根据该行业的特点而进行的规范，如医疗行业基于对医学研究和患者保护的不同考虑而进行对基因编辑技术运用的规制。

表 5-3　我国与基因编辑技术有关的政策 / 规划

时间	发布机构	政策 / 规划名称	政策 / 规划主要思想
1993 年	卫生部	《人的体细胞治疗及基因治疗临床研究质控要点》	将人的体细胞治疗及基因治疗的临床研究纳入《中华人民共和国药品管理法》进行管理
1993 年	国家科委	《基因工程安全管理办法》	规定在从事基因工程实验研究的同时，应当进行安全性评价
1996 年	农业部	《农业生物基因工程安全管理实施办法》	对农业生物基因工程项目的审批程序、安全评价系统及法律责任等做了原则性规定，确定了归口管理的原则，具体实施细则由有关主管部门负责制定
1998 年	国务院	《人类遗传资源管理暂行办法》	旨在用法律手段对基因实行资源管制
2000 年	国家环保总局联合科技、农业等部门	《中国国家生物安全框架》	提出了我国生物安全的政策体系、法规体系和能力建设的框架
2003 年	卫生部	《人类辅助生殖技术规范》	明确规定“禁止以生殖为目的对人类配子、合子和胚胎进行基因操作”
2003 年	中国食品药品监督管理局	《人基因治疗研究和制剂质量控制技术指导原则》	指出基因治疗制剂种类较多，不可能用一个模式来概括，只能提出共同的基本原则：一是必须确保安全与有效，要充分估计可能遇到的风险，并提出相应的质控要求；二是要促进基因治疗的研究，并加强创新
2004 年	科技部、卫生部	《人类胚胎干细胞研究指导方针（关于人胚胎干细胞研究的伦理指导原则）》	根据《人胚胎干细胞研究的伦理指导原则》第六条“进行人胚胎干细胞研究，必须遵守以下行为规范：（一）利用体外受精、体细胞核移植、单性复制技术或遗传修饰获得的囊胚，其体外培养期限自受精或核移植开始不得超过 14 天；（二）不得将前款中获得的已用于研究的人囊胚植入人或任何其他动物的生殖系统；（三）不得将人的生殖细胞与其他物种的生殖细胞结合”
2009 年	卫生部	《医疗技术临床应用管理办法》	将基因治疗技术归入第三类医疗技术目录
2016 年	卫生计生委	《涉及人的生物医学研究伦理审查办法》	该办法旨在引导和规范我国涉及人的生物医学研究伦理审查工作，推动生物医学研究健康发展，更好地为人类解除病痛、增进健康服务
2019 年	国务院	《中华人民共和国人类遗传资源管理条例》	国家支持合理利用人类遗传资源开展科学研究、发展生物医药产业、提高诊疗技术，提高我国生物安全保障能力，提升人民健康保障水平；有关部门要统筹规划，合理布局，加强创新体系建设，促进生物科技和产业创新、协调发展；对利用人类遗传资源开展研究开发活动及成果的产业化依照法律、行政法规和国家有关规定予以支持

续表

时间	发布机构	政策 / 规划名称	政策 / 规划主要思想
2021 年	农业农村部	《2021 年农业转基因生物监管工作方案》	指出既要加快推进生物育种研发应用，又要依法依规严格监管，严肃查处非法制种等违法违规行为，保障农业转基因研发应用健康有序发展
2021 年	卫生健康委	《涉及人的生命科学和医学研究伦理审查办法（征求意见稿）》	面向社会公开征集意见，意见稿要求，所有涉及人的生命科学和医学研究活动均应当接受伦理审查，其中对伦理审查委员会如何发挥作用也进行了规定
2022 年	农业农村部	《农业用基因编辑植物安全评价指南（试行）》	为规范农业用基因编辑植物安全评价工作，根据《农业转基因生物安全管理条例》和《农业转基因生物安全评价管理办法》而制定，主要针对没有引入外源基因的基因编辑植物，依据可能产生的风险申请安全评价

2019 年 5 月 28 日，国务院总理签署国务院令，公布《中华人民共和国人类遗传资源管理条例》（以下简称《条例》），自 2019 年 7 月 1 日起施行。为了进一步加强对包括“基因编辑”在内的生命科学研究、医疗活动的规范和监管，国务院还将加快生物技术研究开发安全管理和生物医学新技术临床应用管理方面的立法工作，与《条例》共同构成全过程监管链条。

2018 年 11 月，“基因编辑婴儿事件”引发临床试验伦理与安全问题探讨。在 2019 年 4 月 20 日的《民法典人格权编（草案）》二审中，法案首次对人体基因、人体胚胎等有关的医学和科学研究进行了规范，指出“从事与人体基因、人体胚胎等有关的医学和科研活动的，应当遵守法律、行政法规和国家有关规定，不得危害人体健康，不得违背伦理道德”。但针对二审稿中关于人体基因科研的规定，不少委员提出，相关科研的规定在表述上应更加严格。2019 年 8 月 22—26 日，十三届全国人大常委会第十二次会议三审通过了《民法典人格权编（草案）》。

基因编辑不是某一国独自面临的问题，而是人类命运共同体一起面临的挑战。鉴于基因编辑潜在的风险，加强法律规制的需求日益迫切。而面对技术上的突飞猛进，法律则远远滞后。综观各国对基因编辑的规范，存在很大的局限性。对于基因编辑是否合法及其合理边界如何划定，鲜见有法律给出正面回应和特别规定。

上述对各国立场的分析，都是基于既有法规中关于基因研究高度概括的原则性规定或相关规定推演得出的，对于基因编辑法律始终缺少一个正面的表态。法律立场的不明确，使有关基因编辑的科学研究与实践应用无所依归、去向不明。各国基于本国国情而对基因编辑选择不同的立场是很正常的，尽管如此，对于这一关系人类共同命运的问题，在国际社会澄清过于混乱的认识、达成基本的共识是十分必要的。不少学者倡导发展跨国基因编辑规制框架，然而究竟通过何种形式凝聚共识，则是一个需要进一步思考的问题。单从立法的层面来讲，有约束力的国际条约当然是最理想的。不过，在国际社会对这一问题尚缺乏基本共识的情况下，形成国际条约的难度极大。在当下，更务实的选择是由非官方的国际组织、权威的学术团体等自发开展广泛的交流，在一些基本问题上统一认识，并形成行动指南、伦理守则等规范。对此，基因编辑华盛顿峰会开了一个好头，具有里程碑意义。

2015 年 12 月，由美国国家科学院、美国国家医学院、中国科学院和英国皇家学会联合组织召集的人类基因组编辑国际峰会（International Summit on Human Gene Editing）在华盛顿召开，来自全球基因编辑领域的科学家、政策制定者及伦理学家共同讨论基因编辑技术带来的研究突破、潜在应用，以及由此可能带来的社会和监管问题。华盛顿峰会通过激烈的讨论，在科学界自发形成了对基因编辑的基本共识。

峰会的最终成果是一份被世界期待已久的声明，这份声明毫无疑问是具有划时代意义的，在一定程度上澄清了模糊而混乱的认识，对现阶段基因编辑的规范具有重要的指导意义。声明指出：对早期人类胚胎或生殖细胞进行基础性研究和临床前研究是有必要的，而且应该继续进行下去，但前提条件是，被修改的生殖细胞不得用于怀孕目的。将生殖系基因编辑应用于临床是不负责任的，除非并且直到：①基于对风险、利益、可替代性方法的充分理解和适当平衡，相关的安全性和有效性问题已经得到解决；②关于被建议的应用已经形成广泛的社会共识；③临床应用处于适当的监管之下。目前，还没有任何一项临床应用符合这些标准，安全性还不够，具有说服性的有效案例十分有限，许多国家的立法和政策禁止生殖系基因编辑。然而，声明同时指出：科学是不断向前发展的，社会认知也会发生演进和改变，因此，对生殖系基因编辑应当定期进行重新评估。声明还提出了将论坛建设成为一个长效机制的倡议，以推动更多的国际交流与合作。可以看出，声明对基因编辑采取了既谨慎又开放的态度。

第二节　全球主要国家科研项目布局分析

基于全球科研项目数据库，基因编辑领域共检索到 2176 条项目信息数据（数据检索时间范围：1900—2021 年，检索时间为 2022 年 1 月 13 日）。

一、项目资助年度数量分析

全球主要国家基因编辑技术相关项目资助数量从 2013 年开始逐年快速增加，2018 年相关项目数量增长至最高值，达到 399 项。从 2019 年开始，基因编辑相关项目数量开始有所下降（图 5-1）。由于项目数据采集的滞后性，2020 年、2021 年项目数量仅供参考。

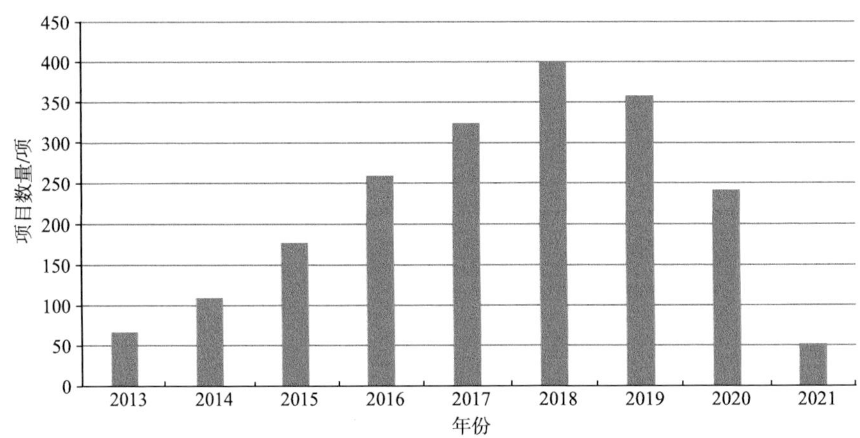

图 5-1　基因编辑领域项目资助年度统计

二、项目国家 / 地区分布分析

从基因编辑技术相关项目分布国家 / 地区看，项目数量排名前 5 位的依次为美国、中国、日本、英国和巴西。其中，美国资助项目为 880 项，占全球主要国家 / 地区基因编辑研究项目的 40.44%；中国资助项目为 677 项，占全球主要国家 / 地区基因编辑研究项目的 31.11%；日本资助项目为 163 项，占全球主要国家 / 地区基因编辑研究项目的 7.49%（图 5-2）。

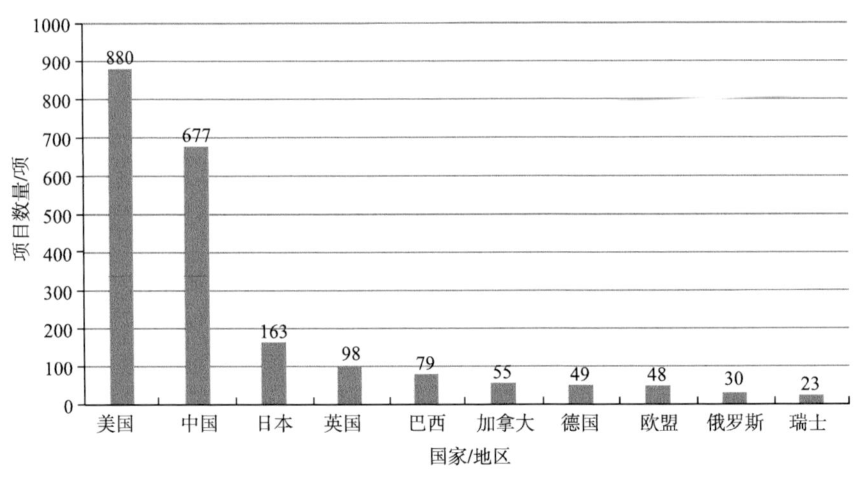

图 5-2　基因编辑领域科研项目国家 / 地区分布情况统计

三、项目资助机构分析

基因编辑技术相关项目资助数量排名前 5 位的机构依次为 US-NIH、CN-NSFC、JP-JSPS、BR-FAPESP 和 CN- 广东省科技厅，资助项目数量依次为 725 项、511 项、162 项、79 项和 69 项（图 5-3）。

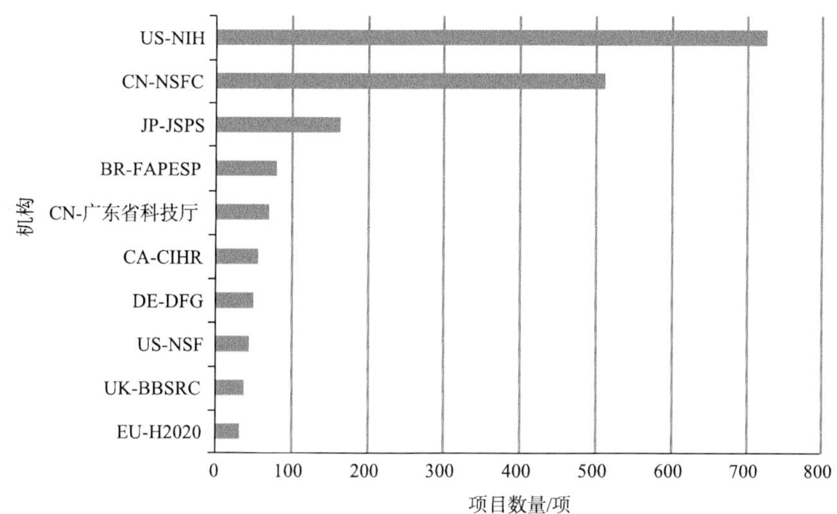

图 5–3　基因编辑领域科研项目资助机构分析（TOP 10）

四、资助项目学科主题分析

从基因编辑技术相关获资助项目的学科主题看，项目数量排名前 5 位的学科主题依次为医学科学、生物科学、农业科学、化学科学、工程与技术，资助项目数量依次为 1195 项、505 项、167 项、34 项和 26 项（图 5–4）。

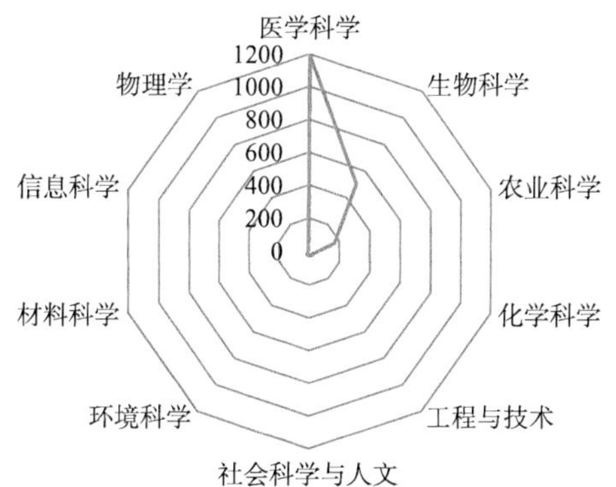

图 5–4　基因编辑研究获资助的科研项目学科主题分析

五、项目主持机构分析

从全球主要国家基因编辑技术相关获资助项目的主持机构看，项目数量排名前 5 位的主持机构依次为杜克大学、中山大学、加利福尼亚大学旧金山分校、加利福尼亚大学伯克利分校和哈佛医学院，项目数量依次为 39 项、38 项、36 项、35 项和 35 项（图 5–5）。

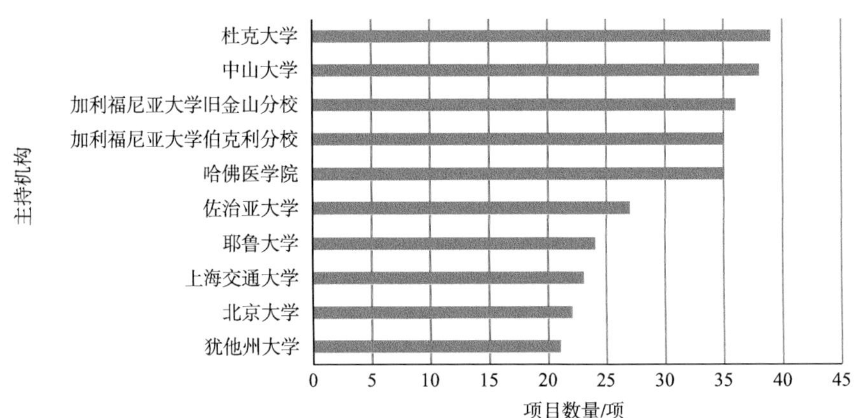

图 5-5　基因编辑研究获资助项目的主要主持机构

第三节　全球基础研究进展

一、总体态势分析

选择科睿唯安公司（Clarivate Analytics）的 Web of Science 平台中的 SCI-Expanded 数据库作为分析研究的基础数据源，基因编辑领域共检索到 23 615 篇有效论文数据（数据检索时间范围：1900—2021 年，检索时间为 2022 年 1 月 10 日）。

1. 主要研究主题分析

图 5-6 为基因编辑主要技术方向。共检索到相关论文 23 615 篇，其中与第一代基因编辑技术 ZFN 相关的论文有 3288 篇，与第二代基因编辑技术 TALEN 相关的论文有 637 篇，与第三代基因编辑技术 CRISPR 相关的论文有 13 693 篇，与 ADAR 基因编辑技术相关的论文有 617 篇，与 NgAgo 基因编辑技术相关的论文有 21 篇，其他基因编辑技术相关论文有 5359 篇。

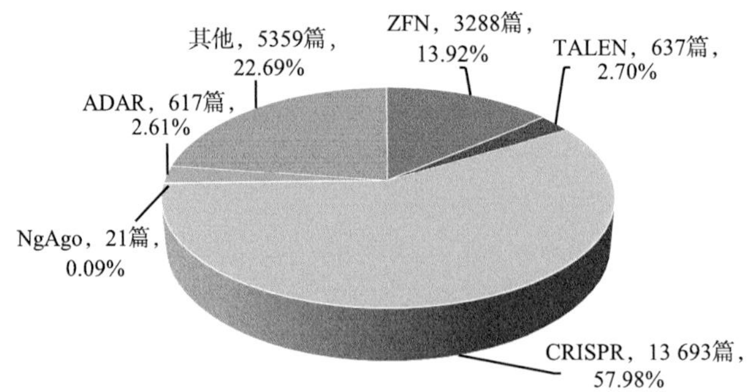

图 5-6　基因编辑基础研究主要技术方向的论文产出情况

2. 论文发文量年度变化情况

图 5-7 为基因编辑技术的基础研究论文发文量年度变化情况，可以看出，基因编辑基础研究相关论文发展可以分为 3 个阶段：1990 年以前为第一个阶段，相关论文数量较

少；1991—2012 年为第二个阶段，随着第一代基因编辑技术锌指核酸酶（Zinc-Finger Nucleases，ZFN）、第二代基因编辑技术转录激活样效应物核酸酶（Transcription Activator-Like Effector Nucleases，TALEN）的发展，以及第三代基因编辑技术CRISPR的出现，基因编辑相关论文数量开始逐年增多；2013 年至今为第三个阶段，2013 年是 CRISPR 基因编辑技术突破性发展的关键年，随着 CRISPR 基因编辑技术的突破，基因编辑论文数量开始快速增长，目前仍处于快速增长阶段。

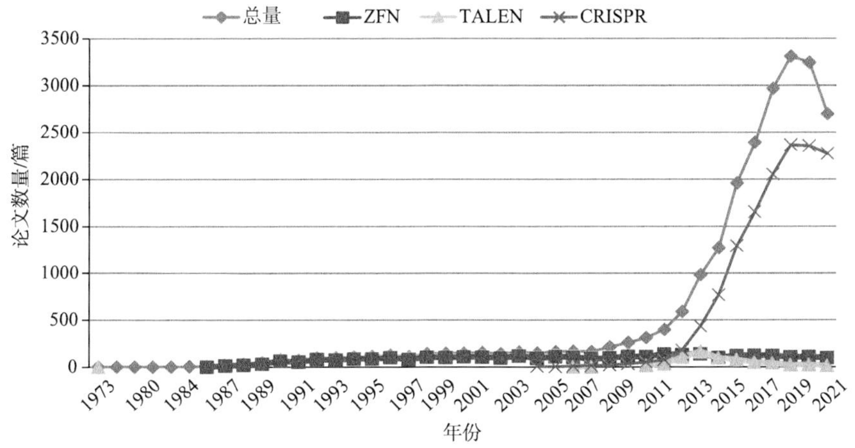

图 5–7　基因编辑技术的基础研究论文发文量年度变化情况

3. 基金资助情况分析

基因编辑技术基础研究论文获基金 / 机构项目资助情况如表 5–4 所示，其中，美国国立卫生研究院基金支持的基因编辑技术基础研究论文有 3820 篇，中国国家自然科学基金支持的基因编辑技术基础研究论文有 2238 篇。

表 5–4　基因编辑技术基础研究论文的基金 / 机构项目资助分布

序号	基金 / 机构名称	论文数量 / 篇
1	美国国立卫生研究院基金	3820
2	中国国家自然科学基金	2238
3	美国国家科学基金会（National Science Foundation）	511
4	中国国家重点研发计划	466
5	日本文部科学省支持基金（JSPS KAKENHIMinistry of Education，Culture，Sports，Science and Technology，Japan）	395
6	中国中央高校基本科研业务费	260
7	英国生物技术与生物科学研究委员会［BBSRCUK Research & Innovation（UKRI）Biotechnology and Biological Sciences Research Council（BBSRC）］	242
8	中国国家重点基础研究发展计划（National Basic Research Program of China）	185
9	欧盟委员会维康信托基金会（European Commission Wellcome Trust）	174
10	英国医学研究理事会［MRCUK Research & Innovation（UKRI）Medical Research Council UK（MRC）］	172

4. 学科分布统计

基因编辑技术基础研究论文的学科分布中，Biochemistry & Molecular Biology、Biotechnology & Applied Microbiology、Genetics & Heredity、Cell Biology 和 Multidisciplinary Sciences 的论文数量明显多于其他学科（表 5–5）。

表 5–5　基因编辑技术基础研究论文的学科分布

序号	学科	论文数量 / 篇
1	Biochemistry & Molecular Biology	4152
2	Biotechnology & Applied Microbiology	3452
3	Genetics & Heredity	3102
4	Cell Biology	2410
5	Multidisciplinary Sciences	2097
6	Medicine，Research & Experimental	2073
7	Plant Sciences	1063
8	Biochemical Research Methods	987
9	Oncology	885
10	Microbiology	739
11	Hematology	558
12	Chemistry，Multidisciplinary	554
13	Developmental Biology	509
14	Biology	494
15	Biophysics	485
16	Immunology	412
17	Neurosciences	357
18	Virology	349
19	Pharmacology & Pharmacy	332
20	Cell & Tissue Engineering	314

5. 期刊分布统计

统计基因编辑技术基础研究论文的期刊分布发现，在 *Molecular Therapy*、*Scinetific Reports*、*Human Gene Therapy*、*Nucleic Acids Research* 和 *Plos One* 等期刊上的发文数量明显多于其他期刊（表 5–6）。

表 5–6　基因编辑技术基础研究论文的期刊分布

序号	期刊名称	论文数量 / 篇
1	*Molecular Therapy*	1077
2	*Scientific Reports*	572
3	*Human Gene Therapy*	473
4	*Nucleic Acids Research*	444

续表

序号	期刊名称	论文数量 / 篇
5	*Plos One*	381
6	*Blood*	345
7	*Nature Communications*	328
8	*Cancer Research*	316
9	*Transgenic Research*	285
10	*Journal of Biological Chemistry*	282
11	*Proceedings of The National Academy of Sciences of The United States of America*	281
12	*Nature*	266
13	*Nature Biotechnology*	239
14	*FASEB Journal*	231
15	*CRISPR Journal*	213
16	*International Journal of Molecular Sciences*	196
17	*Science*	195
18	*Investigative Ophthalmology & Visual Science*	186
19	*Plant Biotechnology Journal*	167
20	*Frontiers in Plant Science*	166

二、主要研究国家分析

图 5–8 为基因编辑技术基础研究论文主要国家分布。基因编辑技术基础研究论文主要集中在美国（论文数量为 10 110 篇，占全球论文总量的 42.81%，下同）、中国（4338 篇，占 18.37%）、德国（1628 篇，占 6.89%）、日本（1559 篇，占 6.60%）、英国（1556 篇，占 6.59%）等国家，其中美国论文数量遥遥领先。

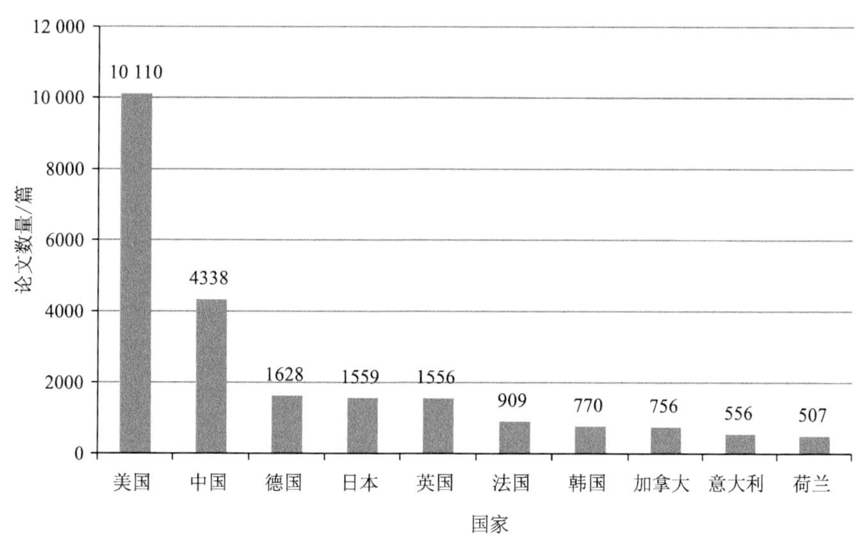

图 5–8　基因编辑技术基础研究论文主要国家分布

图 5-9 为基因编辑技术基础研究主要国家（TOP 10）合作情况，可以看出，美国实力优势明显，且与大多数国家均有合作关系；中国只与美国有合作关系；日本、韩国与 TOP 10 国家中的其他国家的合作则较少。

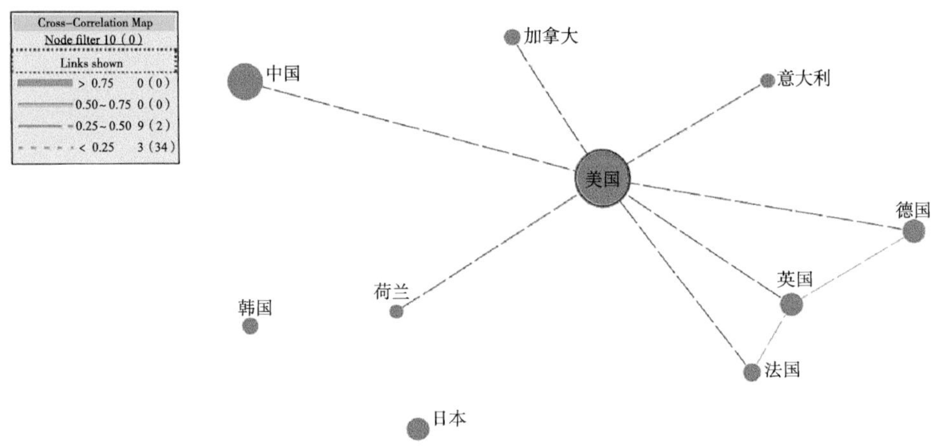

图 5-9 基因编辑技术基础研究主要国家（TOP 10）合作情况

图 5-10 为基因编辑技术基础研究主要国家的重点技术方向研究实力对比。图 5-11 为基因编辑技术基础研究论文数量排名前五国家的发文量年度变化比较。

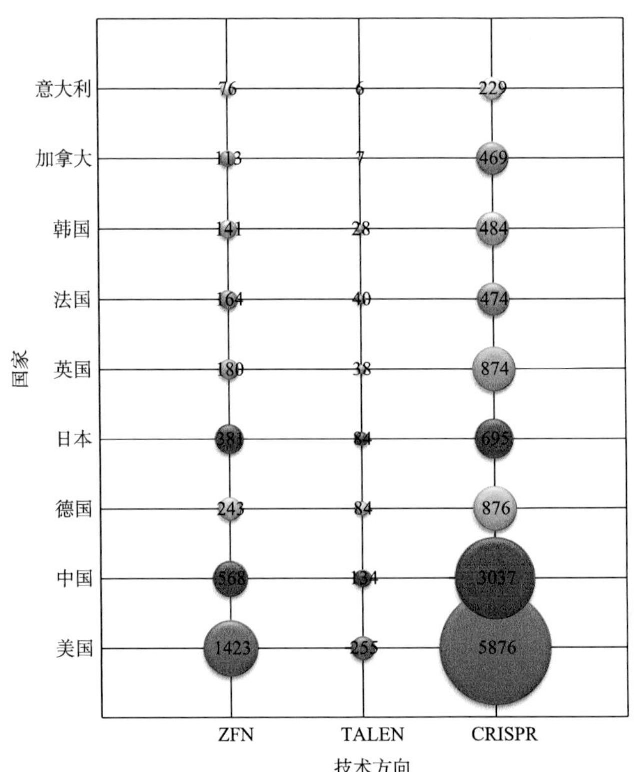

图 5-10 基因编辑技术基础研究主要国家的重点技术方向研究实力对比

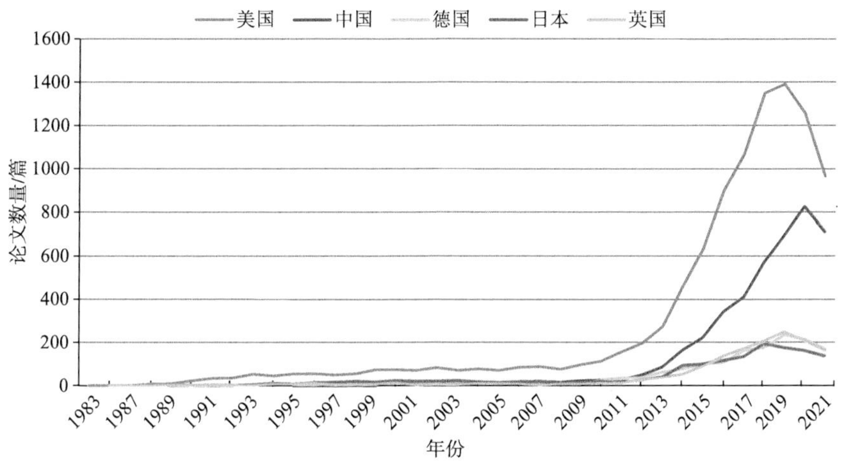

图 5–11　基因编辑技术基础研究论文数量排名前五国家的发文量年度变化比较①

在基因编辑技术基础研究领域主要国家（TOP 10）中，美国发表的论文总被引频次为 459 858 次，篇均被引频次为 45.49 次，拥有较多的高质量论文；中国发表的论文总被引频次为 130 051 次，篇均被引频次为 29.98 次；德国发表的论文总被引频次为 56 823 次，篇均被引频次为 34.90 次；其他国家的总被引频次、篇均被引频次如表 5–7 所示。

表 5–7　基因编辑技术基础研究论文主要国家的发文情况

序号	国家	总论文数量 / 篇	作为第一国家论文数量 / 篇	总被引频次 / 次	篇均被引频次 / 次
1	美国	10 110	8302	459 858	45.49
2	中国	4338	3804	130 051	29.98
3	德国	1628	1125	56 823	34.90
4	日本	1559	1290	42 889	27.51
5	英国	1556	983	46 452	29.85
6	法国	909	576	41 699	45.87
7	韩国	770	644	19 489	25.31
8	加拿大	756	511	29 197	38.62
9	意大利	556	373	12 738	22.91
10	荷兰	507	326	25 651	50.59

三、主要研发机构分析

1. 主要研发机构

基因编辑技术基础研究论文数量排名前 5 位的研发机构依次为哈佛大学、中国科学院、斯坦福大学、中国科学院大学和加利福尼亚大学伯克利分校（表 5–8）。

① 本报告中一些表示年度变化情况的插图，由于部分年度没有原数据，因此，此类插图中的数据是不连续的。

表 5-8 基因编辑技术基础研究论文的主要研发机构

序号	机构名称	论文数量 / 篇
1	哈佛大学	850
2	中国科学院	770
3	斯坦福大学	414
4	中国科学院大学	381
5	加利福尼亚大学伯克利分校	375
6	华盛顿大学	332
7	麻省理工学院	295
8	加利福尼亚大学旧金山分校	279
9	加利福尼亚大学圣迭戈分校	245
10	Sangamo Biosci 公司	244
11	Broad 研究所	243
12	明尼苏达大学	241
13	中国农业科学院	240
14	东京大学	233
15	宾夕法尼亚大学	228
16	杜克大学	217
17	北卡罗来纳州立大学	201
18	马萨诸塞大学	200
19	中山大学	196
20	国立首尔大学	193
21	浙江大学	191
22	京都大学	186
23	约翰斯·霍普金斯大学	186
24	加利福尼亚大学戴维斯分校	180
25	法国国家科学研究中心	179

将合并处理的前 50 个研发机构做共现分析，得到基因编辑技术基础研究论文的主要发文机构合作关系图谱。可以看出，中国科学院与中国科学院大学、北京大学、中山大学、复旦大学、上海交通大学、中国农业科学院等机构有合作关系（图 5-12）。

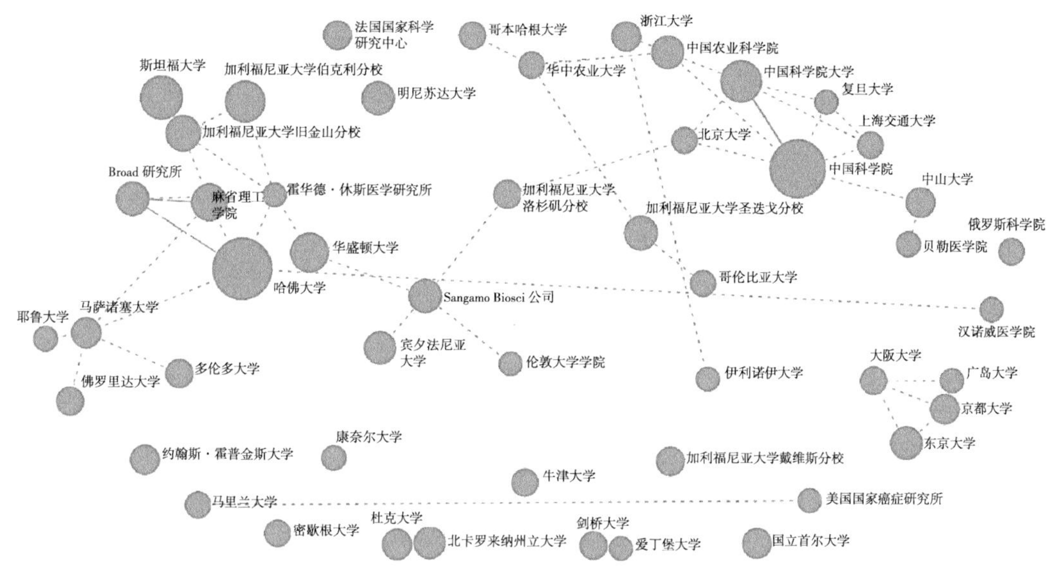

图 5–12　基因编辑技术基础研究论文的主要发文机构合作情况

2. 国外主要研发机构

基因编辑技术基础研究论文数量排名前十的国外研发机构中，哈佛大学论文数量位列第一，篇均被引频次为 116.29 次；麻省理工学院篇均被引频次位列第一，篇均被引频次为 256.06 次。排名前十的国外研发机构的论文数量、总被引频次及篇均被引频次如表 5–9 所示。

表 5–9　基因编辑技术基础研究论文数量排名前十的国外研发机构的发文情况

机构名称	论文数量 / 篇	总被引频次 / 次	篇均被引频次 / 次
哈佛大学	850	98 849	116.29
斯坦福大学	414	16 844	40.69
加利福尼亚大学伯克利分校	375	35 968	95.91
华盛顿大学	332	10 167	30.62
麻省理工学院	295	75 537	256.06
加利福尼亚大学旧金山分校	279	22 248	79.74
加利福尼亚大学圣迭戈分校	245	8463	34.54
Sangamo Biosci 公司	244	19 525	80.02
Broad 研究所	243	56 223	231.37
明尼苏达大学	241	11 379	47.22

3. 国内主要研发机构

基因编辑技术基础研究论文数量排名前十的国内研发机构中，中国科学院以 770 篇论文排名第一，篇均被引频次为 48.34 次；北京大学的论文数量排名第 8 位，其篇均被引频次为 73.21 次，领先于国内其他研发机构。排名前十的国内研发机构的论文数量、总被引频次、篇均被引频次如表 5–10 所示。

表 5–10 基因编辑技术基础研究论文数量排名前十的国内研发机构的发文情况

机构名称	论文数量 / 篇	总被引频次 / 次	篇均被引频次 / 次
中国科学院	770	37 225	48.34
中国科学院大学	381	16 201	42.52
中国农业科学院	240	6112	25.47
中山大学	196	3569	18.21
浙江大学	191	4543	23.79
上海交通大学	153	4095	26.76
华中农业大学	149	4304	28.89
北京大学	146	10 688	73.21
复旦大学	124	3487	28.12
中国科学技术大学	107	2521	23.56

四、主要作者分析

基因编辑技术基础研究论文数量排名前五的科研人员依次为 Holmes，Michael C（Sangamo Biosci 公司）、Gregory，Philip D（Sangamo Biosci 公司）、Zhang，Feng（麻省理工学院）、Barrangou，Rodolphe（北卡罗来纳州立大学）和 Joung，J Keith（哈佛大学医学院）（表 5–11）。

表 5–11 基因编辑技术基础研究论文主要作者及其所属机构

序号	主要作者	论文数量 / 篇	所属机构
1	Holmes，Michael C	139	Sangamo Biosci 公司
2	Gregory，Philip D	132	Sangamo Biosci 公司
3	Zhang，Feng	132	麻省理工学院
4	Barrangou，Rodolphe	119	北卡罗来纳州立大学
5	Joung，J Keith	114	哈佛大学医学院
6	Doudna，Jennifer A	112	加利福尼亚大学伯克利分校
7	Kim，Jin-Soo	99	国立首尔大学
8	Gersbach，Charles A	94	杜克大学
9	Cathomen，Toni	85	汉诺威医学院
10	Yamamoto，Takashi	83	广岛大学

续表

序号	主要作者	论文数量 / 篇	所属机构
11	Sakuma，Tetsushi	75	莱斯大学
12	Bao，Gang	71	广岛大学
13	Porteus，Matthew H	69	斯坦福大学
14	Voytas，Daniel F	68	明尼苏达大学
15	Naldini，Luigi	66	意大利 San Raffaele 科学研究所

将论文数量 30 篇以上的作者做共现分析，得到基因编辑技术基础研究论文的主要作者合作关系图谱（图 5–13）。

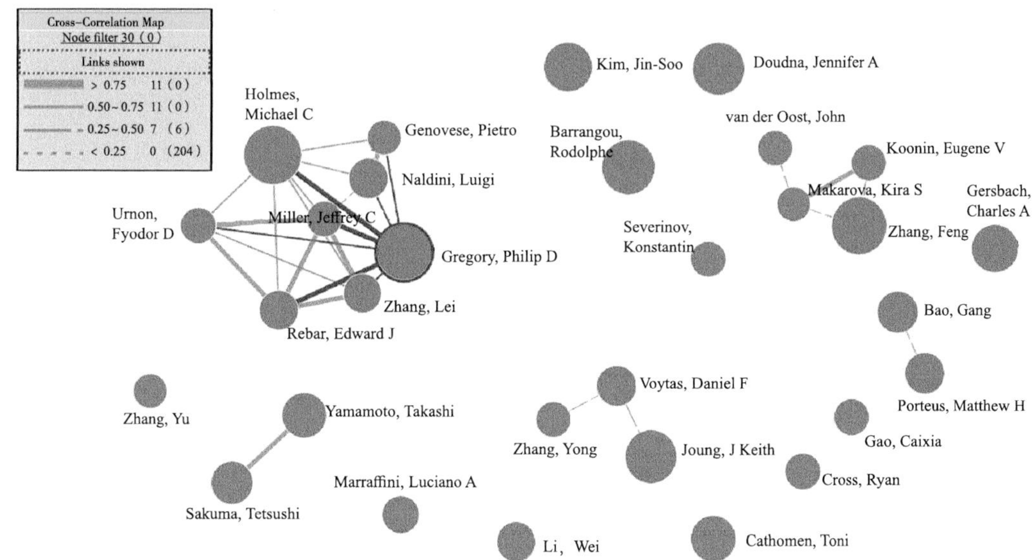

图 5–13　基因编辑技术基础研究论文的主要作者合作情况

五、关键词共现分析

基因编辑技术基础研究论文中出现频次较高的关键词有 Expression、CRISPR/Cas9、Gene、DNA、RNA 等（关键词已做了合并处理，关键词之间有歧义的保留原表达形式），如表 5–12 所示。

表 5–12　基因编辑技术基础研究论文的主要关键词

序号	关键词	频次 / 次
1	Expression	2279
2	CRISPR /Cas9	2265
3	Gene	2111
4	DNA	1736

续表

序号	关键词	频次 / 次
5	RNA	1394
6	Genomics	1378
7	System	1269
8	Cell	1068
9	Identification	972
10	Mutation	958
11	Mutagenesis	913
12	Nuclease	784
13	Endonuclease	761
14	Gene-Expression	757
15	Mouse Model	754
16	Activation	711
17	Specificity	678
18	Generation	675
19	Protein	669
20	Human-Cells	657
21	Sequencing	657
22	Homologous Recombination	642
23	Resistance	629
24	Transcription	624
25	Evolution	575
26	ZFN	570
27	Mice	561
28	Complex	544
29	*in-vivo*	540
30	*Escherichia coli*	536

利用 VOSviewer 软件对文献题目和摘要进行主题聚类，图 5–14 中节点圆圈越大，表示关键词出现频次越高，节点圆圈越靠近中心，表示重要性越高，节点间连线越粗，表示两者同时出现的频次越高，相同颜色节点表示同一研究主题。研究发现，基因编辑技术涉及的基础研究被聚类成典型的几个方向，主要包括与 CRISPR Cas9 相关的第三代

基因编辑技术、以锌指核酸酶（ZFN）为代表的第一代基因编辑技术，以及 CRISPR Cas 系统。

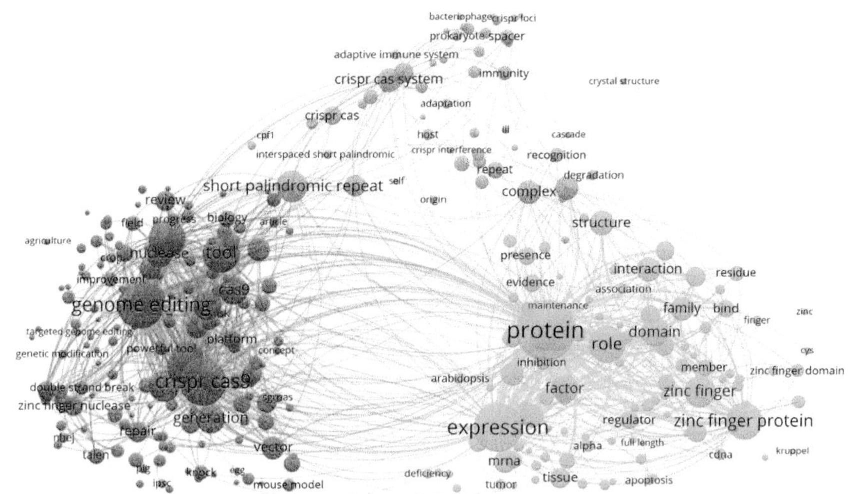

图 5-14　基于 VOSviewer 构建的基因编辑技术高频词共现图谱

图 5-15 所示的研究热点主题密度中，颜色越深，表明词频出现的概率越大，越趋向于研究热点。对深色区域的关键词进行综合分析，得出的主要研究热点主题有 CRISPR Cas9、Genome Editing、Tool、Application、Protein、Expression 等。

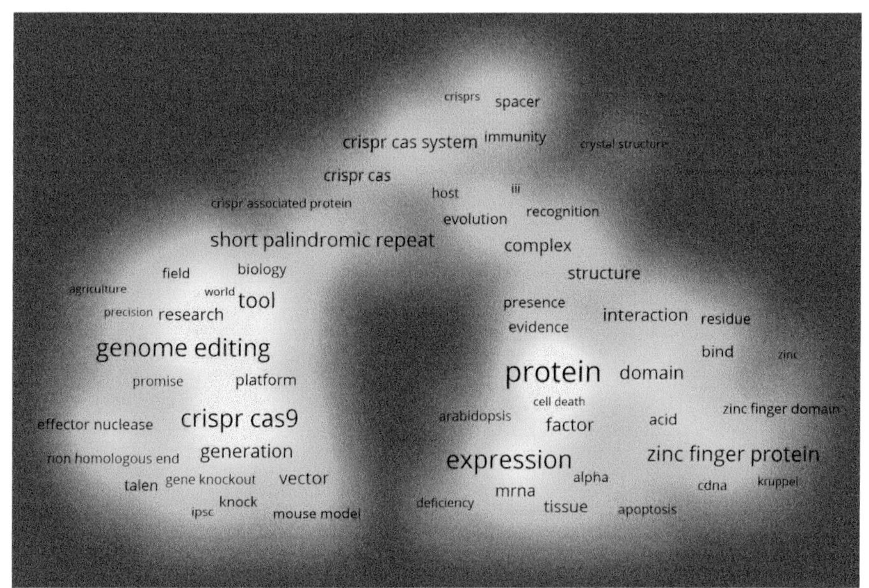

图 5-15　基于 VOSviewer 构建的基因编辑技术基础研究热点主题密度

图 5-16 的时间热度地图展现了基因编辑技术不同主题的演变情况。由图 5-16 可见，文章内容从 2008 年的第一代基因编辑技术（ZFN）逐渐向蛋白、表达、第二代基因编辑技术 TALEN 相关内容转变，再到后来的第三代基因编辑技术 CRISPR Cas9 等。

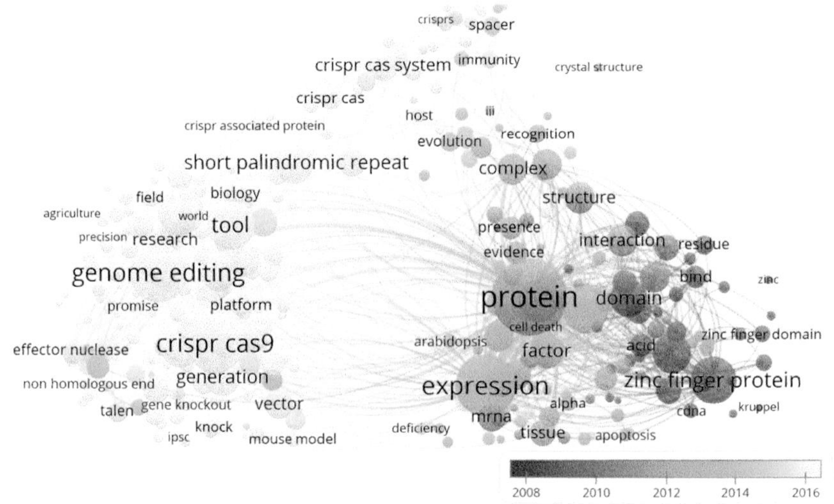

图 5–16 基于 VOSviewer 构建的基因编辑技术基础研究趋势变化

第四节 全球应用研究进展

选择科睿唯安公司（Clarivate Analytics）的德温特创新索引 DII（Derwent Innovations Index）作为分析研究的基础数据源，基因编辑领域共检索到 9022 件相关专利（数据检索时间范围：1963—2021 年，检索时间为 2022 年 1 月 9 日）。

一、整体发展态势分析

1. 主要研发主题分布

与 ZFN 基因编辑技术相关的专利有 2219 件，与 TALEN 基因编辑技术相关的专利有 438 件，与 CRISPR 基因编辑技术相关的专利有 5060 件，与 ADAR 基因编辑技术相关的专利有 87 件，与 NgAgo 基因编辑技术相关的专利有 8 件，其他基因编辑技术公开的专利有 1210 件（图 5–17）。

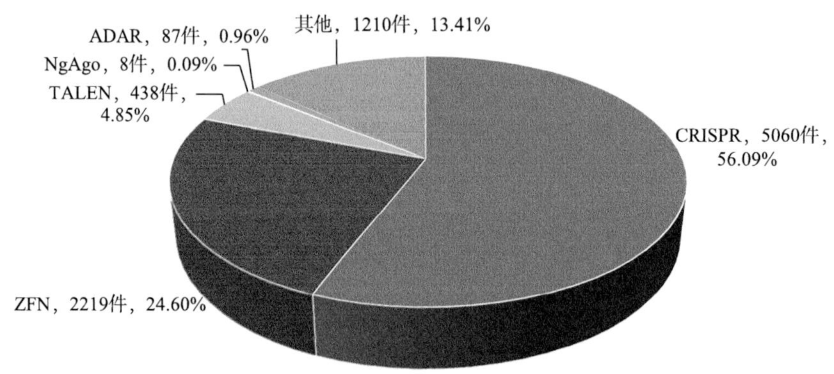

图 5–17 基因编辑技术专利主要研发主题

2. 主要研发主题专利优先权年度分布分析

2012 年之前，基因编辑技术发展缓慢，相对而言，与 ZFN 基因编辑技术相关的专利较多，其中 2000 年公开的专利数量达到 272 件。2012 年至今为基因编辑技术快速发展阶段，在此阶段，CRISPR 基因编辑技术发展最快，2019 年公开的专利数量高达 1445 件，较 2013 年增长 7.53 倍。2019 年，与 ZFN、TALEN 基因编辑技术相关的专利数量分别为 339 件和 122 件（图 5-18）。由于专利公布具有一定的滞后性，所以 2020 年和 2021 年的数据仅供参考。

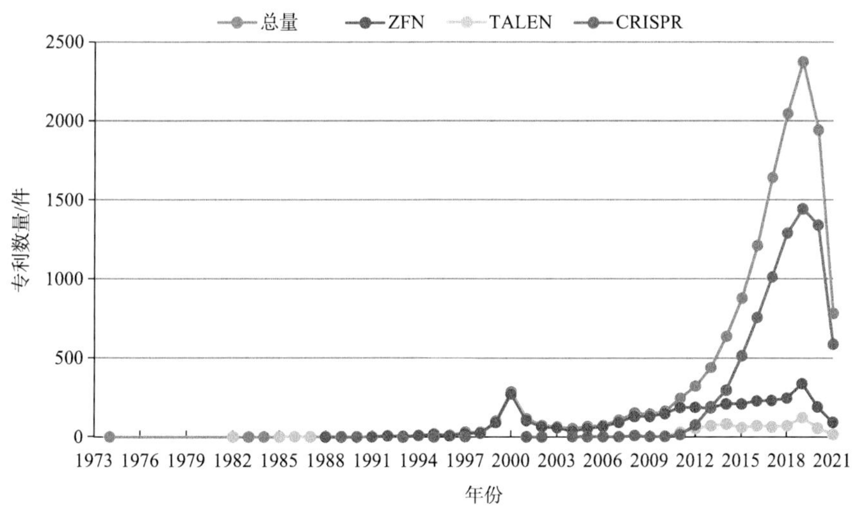

图 5-18 基因编辑技术专利优先权年度分布情况

3. 特定研发主题优先权年度变化情况

图 5-19 至图 5-22 分别为基因编辑技术及 ZFN、TALEN 和 CRISPR 基因编辑技术专利优先权年度变化情况。

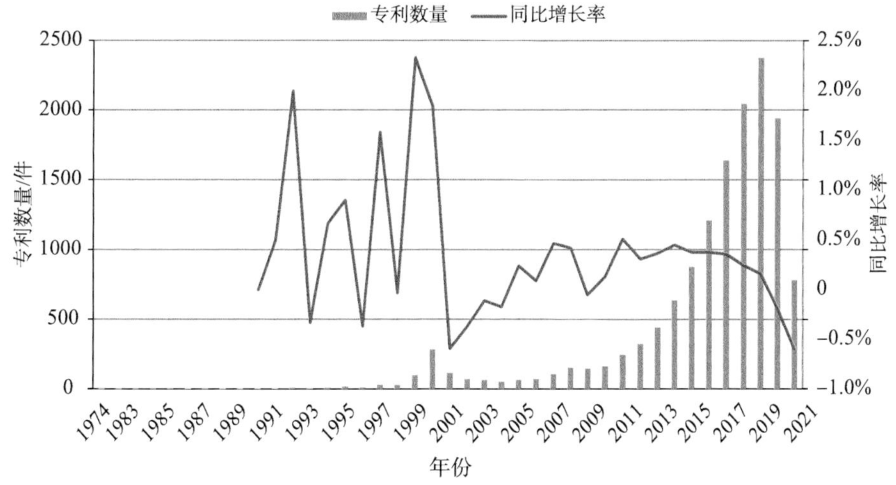

图 5-19 基因编辑技术专利优先权年度变化情况

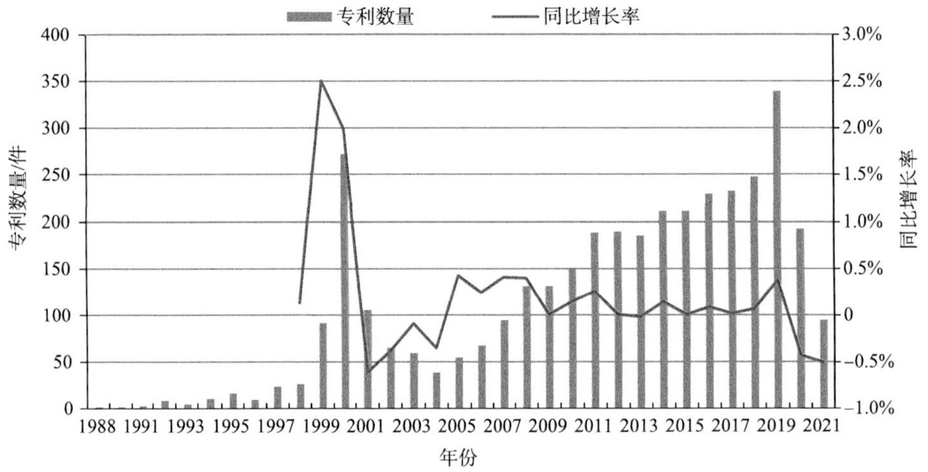

图 5-20 ZFN 基因编辑技术专利优先权年度变化情况

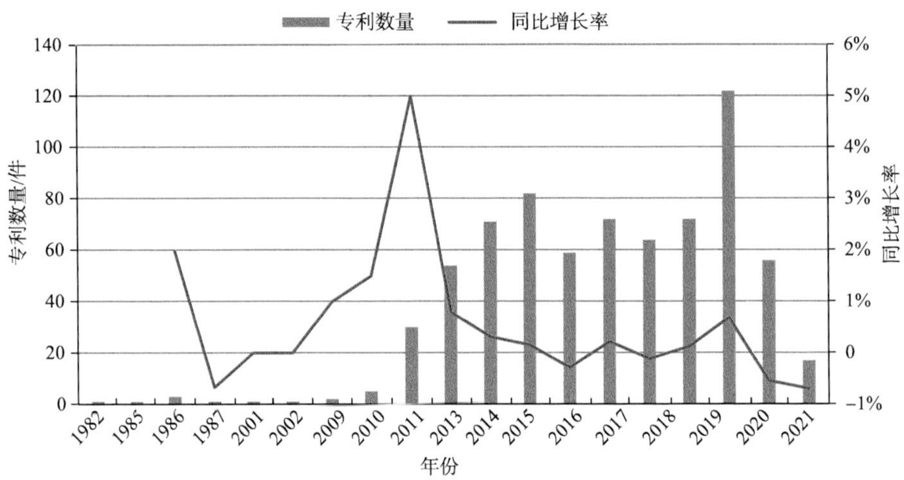

图 5-21 TALEN 基因编辑技术专利优先权年度变化情况

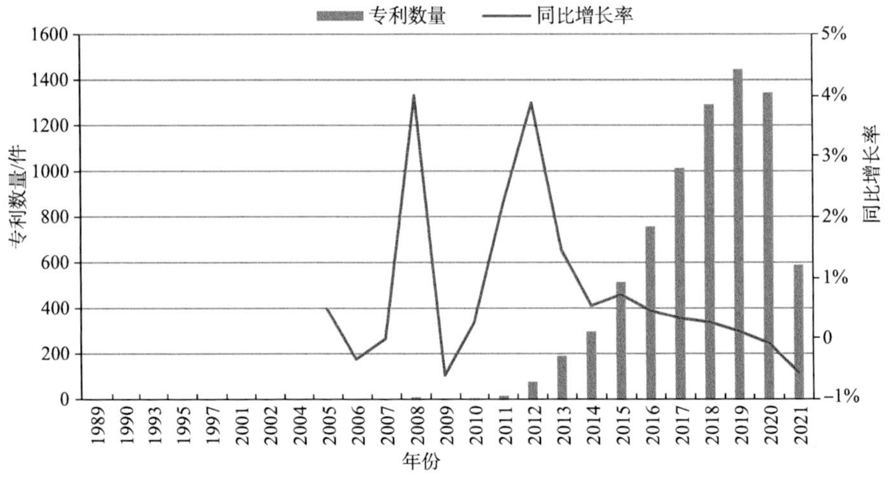

图 5-22 CRISPR 基因编辑技术专利优先权年度变化情况

4. 特定研发主题专利在主要国家 / 机构的市场布局对比

通过特定研发主题专利在主要国家 / 机构的市场布局对比分析可知，CRISPR 基因编辑技术主要在中国、世界知识产权组织、美国、欧洲专利局、加拿大等有布局；ZFN 基因编辑技术主要在世界知识产权组织、美国、中国、欧洲专利局和日本等有布局；TALEN 基因编辑技术主要在中国、美国、世界知识产权组织、欧洲专利局和日本等有布局（表 5–13）。

表 5–13　特定研发主题专利在主要国家 / 机构市场布局对比

单位：件

主题	美国	中国	日本	加拿大	韩国	巴西	德国	新加坡	印度	澳大利亚	世界知识产权组织	欧洲专利局
ZFN	996	973	443	308	295	93	44	62	123	409	1059	571
TALEN	211	222	61	60	40	16	3	8	16	53	176	104
CRISPR	1596	3120	455	544	431	180	14	149	206	463	1950	851

二、主要研发技术方向分析

1. 主要研发主题分布

以 IPC 分类号为基础，通过统计各类专利技术分支的出现频次，可以发现基因编辑领域专利的技术方向布局。其中，排名前五的技术方向分别为 C12N-009/22（核糖核酸酶）、C12N-015/113（DNA 重组技术中调节基因表达的非编码核酸）、C12N-015/90（将外来 DNA 稳定地引入染色体中的 DNA 重组技术）、C12N-015/11（DNA 或 RNA 片段）和 C12N-015/10（分离、制备或纯化 DNA 或 RNA 的方法）（表 5–14）。

表 5–14　基因编辑专利主要技术方向

序号	IPC 号	中文释义	专利数量 / 件
1	C12N-009/22	核糖核酸酶	2549
2	C12N-015/113	DNA 重组技术中调节基因表达的非编码核酸	2370
3	C12N-015/90	将外来 DNA 稳定地引入染色体中的 DNA 重组技术	2066
4	C12N-015/11	DNA 或 RNA 片段	1956
5	C12N-015/10	分离、制备或纯化 DNA 或 RNA 的方法	1600
6	C12N-015/85	专门适用于动物细胞宿主的载体或表达系统	1515
7	C12N-005/10	未分化的动物细胞或组织	1449
8	C12N-015/63	使用载体引入外来遗传物质	1327
9	C12N-015/09	DNA 重组技术	1236
10	C12N-015/82	专门适用于植物细胞宿主的载体或表达系统	1221

2. 主要研发技术方向专利数量年度变化

图 5-23 为基因编辑领域主要研发技术方向专利数量年度变化情况。

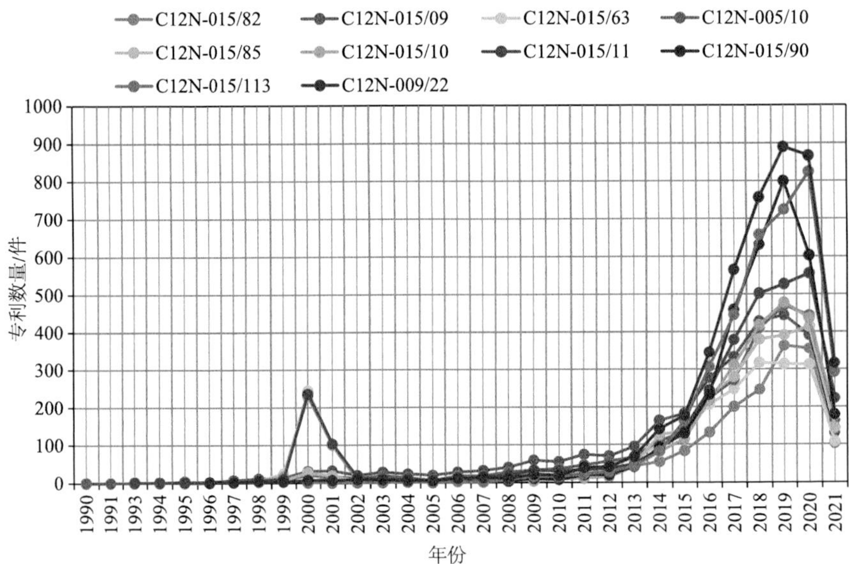

图 5-23 基因编辑领域主要研发技术方向专利数量年度变化情况

3. 专利热点技术主题

图 5-24 为基因编辑领域专利研发热点技术主题，可以看出，基因编辑专利主要集中在 CRISPR、锌指蛋白、肺癌治疗、基因突变模型、基因编辑技术用于植物育种、锌指蛋白用于疾病治疗、基因编辑技术用于疾病治疗等技术主题。

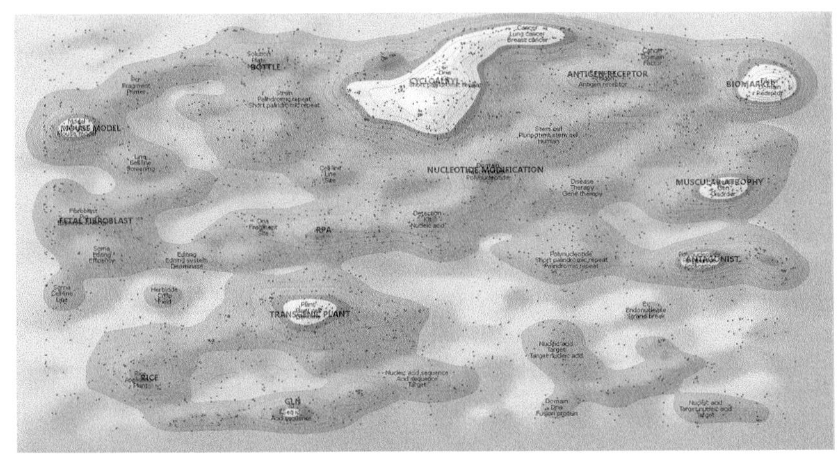

图 5-24 基因编辑领域专利研发热点技术主题

三、主要国家 / 机构分析

1. 主要国家 / 机构分布

基因编辑技术专利的主要优先权国家 / 机构分布情况如图 5-25 所示。专利数量排

名前五的国家 / 机构分别为中国、美国、加拿大、韩国和欧洲专利局，专利数量依次为 4973 件、3472 件、1097 件、717 件和 490 件。

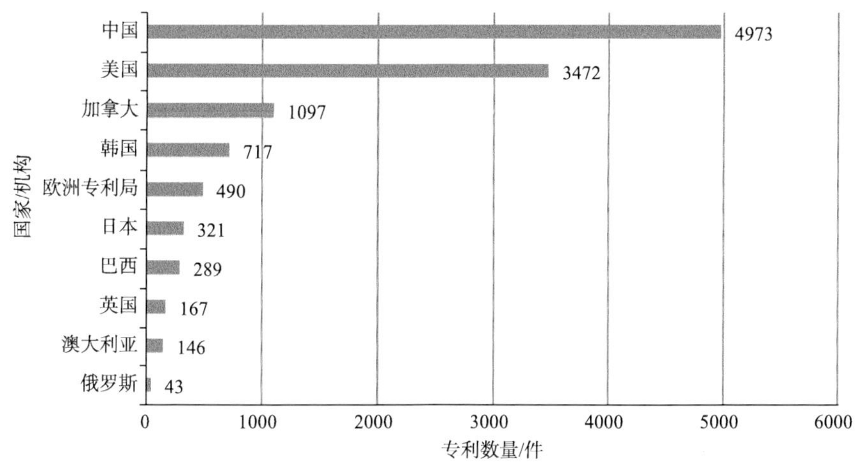

图 5-25　基因编辑技术专利的主要优先权国家 / 机构分布情况

通过分析主要国家 / 地区的基因编辑技术合作情况可知（图 5-26），美国、加拿大等国家在主要国家中合作较多，中国、日本、法国、英国等国家与其他国家 / 地区没有合作关系。

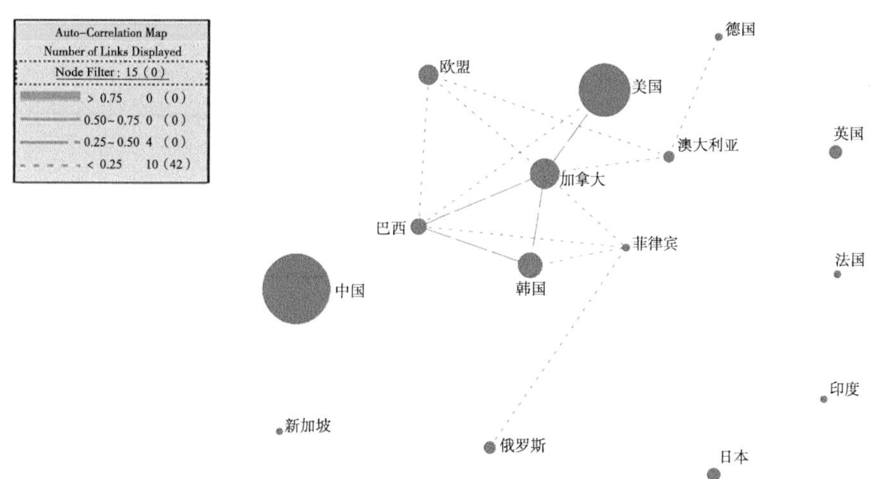

图 5-26　主要国家 / 地区基因编辑技术专利合作情况

2. 主要国家 / 机构专利年度变化情况

美国在基因编辑技术方面的研究较早，并且关注度逐年增高；中国从 1997 年才开始涉及基因编辑技术，经过 2000 年的研究热潮之后，2001—2012 年研究热度有所降低，直到 2013 年开始关注度逐年增长（图 5-27）。

3. 主要国家 / 机构专利技术研发方向

美国和中国在基因编辑方面的专利技术研发布局比较全面，且技术实力较强，其他各个国家的研发技术方向都以 ZFN 和 CRISPR 基因编辑技术为主（图 5-28）。

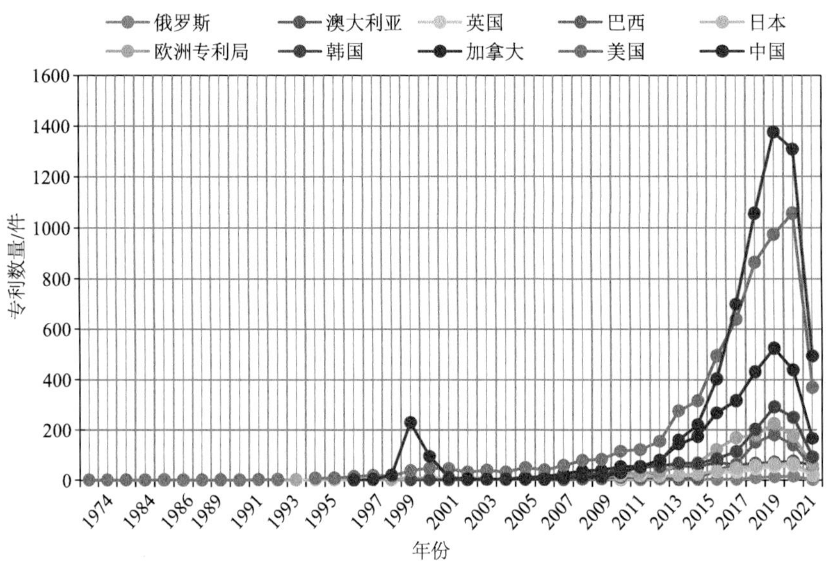

图 5-27 基因编辑技术主要国家 / 机构专利数量年度变化情况

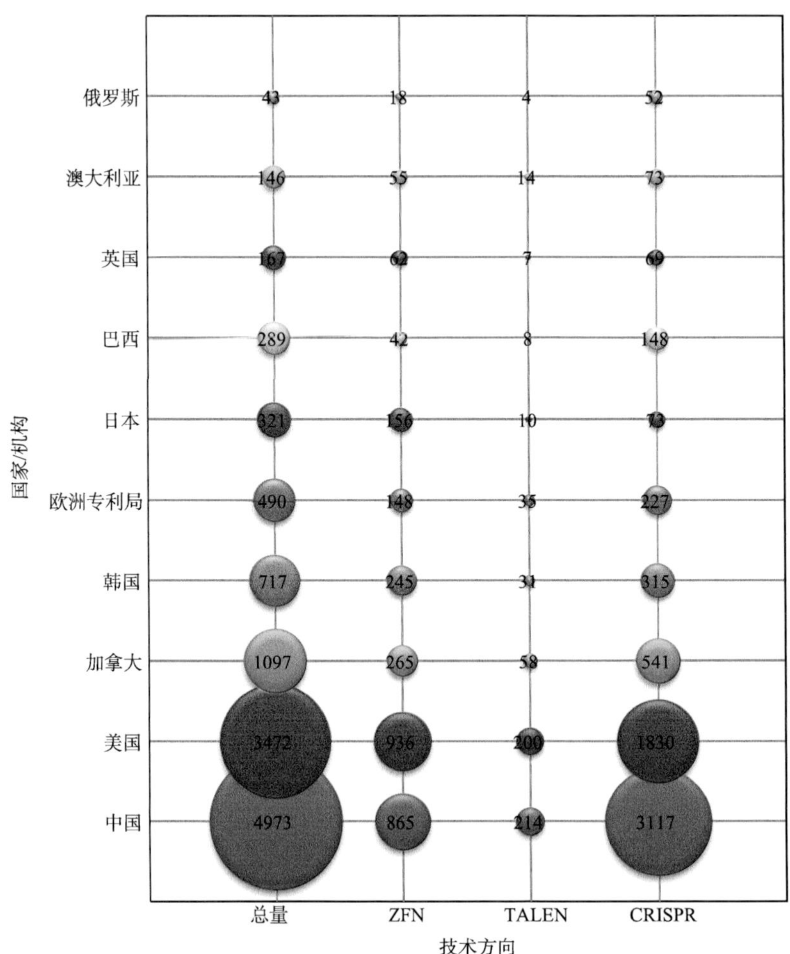

图 5-28 基因编辑技术主要国家 / 机构的专利技术研发方向比较

4. 主要国家 / 机构专利家族布局情况

通过基因编辑技术专利家族国家 / 机构布局情况分析发现，中国在本国布局 4845 件专利，在世界知识产权组织布局 1239 件专利，在美国布局 735 件专利，在欧洲专利局布局 741 件专利，在日本布局 531 件专利，在加拿大布局 571 件专利，在澳大利亚布局 586 件专利，在韩国布局 408 件专利，在印度布局 260 件专利。美国在本国布局 2659 件专利，在世界知识产权组织布局 2598 件专利，在欧洲专利局布局 1313 件专利，在中国布局 757 件专利，在加拿大布局 920 件专利，在澳大利亚布局 840 件专利，在日本布局 716 件专利，在韩国布局 466 件专利（图 5–29）。

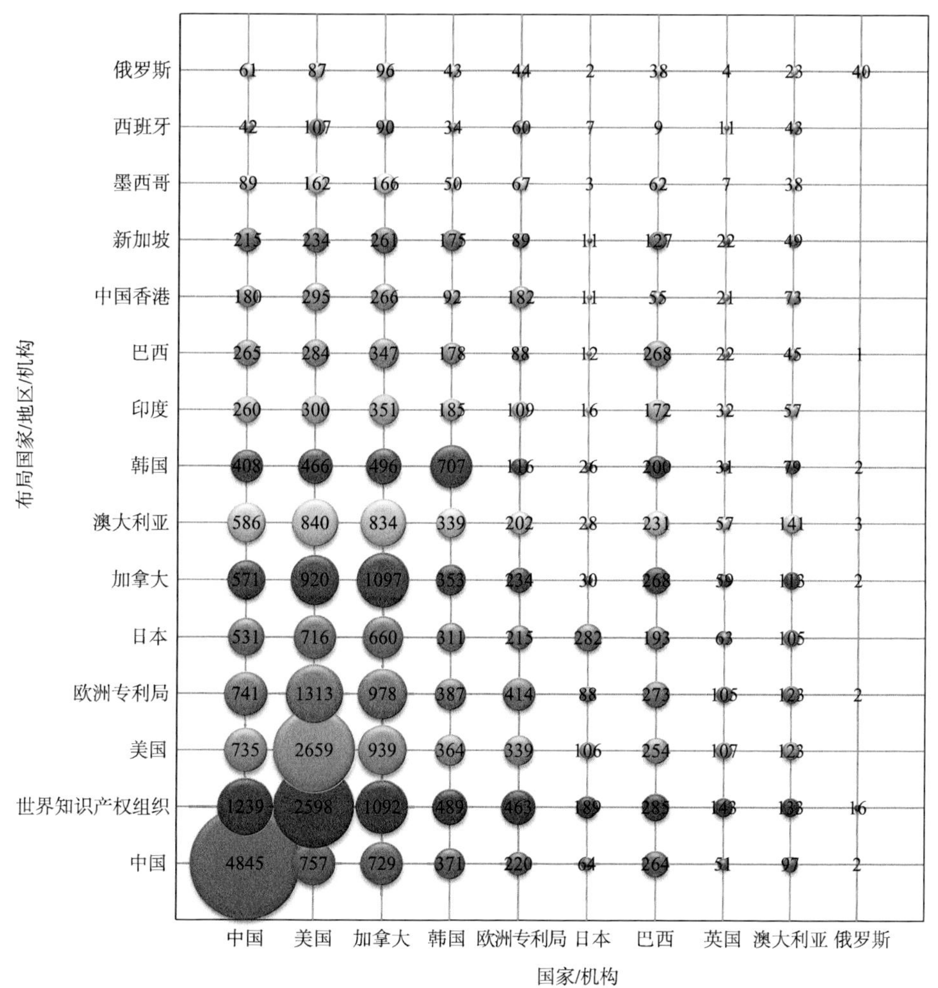

图 5–29　基因编辑领域主要国家 / 机构专利家族布局情况

四、主要专利权人分析

1. 主要专利权人

基因编辑技术的主要专利权人包括上海博德基因开发有限公司、麻省理工学院、哈佛医学院、Broad 研究所、加利福尼亚大学（表 5–15）。其中，上海博德基因开发有限公司申请专利均在 ZFN 技术方向，并且申请时间主要集中在 2000 年左右，目前相关专利均已失效，且法律状态也为撤回或驳回状态。由专利数量居前 15 名的专利权人可以看出，美国的高校、研究机构及企业在基因编辑技术方面的基础研究及技术开发都有积极的布局，并占有绝对优势。

表 5–15 基因编辑技术的主要专利权人

序号	专利权人	专利数量 / 件	全球占比
1	上海博德基因开发有限公司	233	2.58%
2	麻省理工学院	230	2.55%
3	哈佛医学院	221	2.45%
4	Broad 研究所	219	2.43%
5	加利福尼亚大学	206	2.28%
6	Sangamo Therapeutics 公司	156	1.73%
7	华中农业大学	81	0.90%
8	中国农业大学	76	0.84%
9	瑞士 CRISPR Therapeutics 公司	72	0.80%
10	Inscripta 公司	72	0.80%
11	浙江大学	72	0.80%
12	Gen Hospital Corp	71	0.79%
13	Editas Medicine 公司	67	0.74%
14	Pioneer Hi-Bred Int 公司	63	0.70%
15	复旦大学	61	0.68%

（1）主要专利权人市场保护范围

从主要专利权人市场保护范围来看，国外机构专利权人市场保护范围较大，而我国专利权人，无论是科研院所还是企业，专利市场保护范围主要在国内，在国外申请专利很少（表 5–16）。

（2）主要专利权人合作情况

分析基因编辑技术主要专利权人的合作强度，张锋、麻省理工学院、哈佛大学及 Broad 研究所之间的合作相对比较紧密，主要因为 Broad 研究所是一个高水平的基因组学研究中心，隶属于美国麻省理工学院和哈佛大学。我国机构之间合作整体较弱，如图 5–30、图 5–31 所示。

表 5-16　基因编辑技术的主要专利权人市场保护范围

专利权人	主要保护市场及专利数量 / 件																		
	CN	WO	US	EP	JP	CA	AU	KR	IN	BR	HK	SG	MX	ES	RU	TW	IL	AR	ZA
上海博德基因开发有限公司	232	49	1	0	0	0	49	0	0	0	0	0	0	0	0	0	0	0	0
麻省理工学院	47	158	198	85	41	49	52	41	20	21	19	19	13	15	17	4	7	2	3
哈佛医学院	53	161	174	89	56	57	57	44	19	20	29	18	12	15	15	1	6	1	2
Broad 研究所	46	151	173	84	39	48	52	42	21	21	17	19	14	14	17	2	7	2	3
加利福尼亚大学	27	169	147	71	27	36	31	12	13	9	12	9	4	2	0	1	2	1	1
Sangamo Therapeutics 公司	42	112	142	91	72	84	89	36	24	21	52	21	9	20	7	10	21	5	10
华中农业大学	81	2	2	1	0	1	0	0	1	1	0	0	0	0	0	0	0	0	0
中国农业大学	76	15	3	3	1	3	3	3	2	2	0	2	0	0	0	0	0	1	0
瑞士 CRISPR Therapeutics 公司	22	65	60	50	18	33	29	9	11	8	6	12	3	0	0	2	0	0	3
Inscripta 公司	5	15	69	5	4	6	5	3	1	0	2	0	1	1	0	0	1	0	0
浙江大学	70	9	3	1	1	0	0	0	0	0	0	0	0	0	0	0	0	0	0
Gen Hospital Corp	20	49	56	31	21	21	22	10	5	3	4	1	0	1	0	0	2	0	1
Editas Medicine 公司	17	59	53	51	18	30	29	15	5	4	15	6	5	2	1	0	0	0	0
Pioneer Hi-Bred Int 公司	23	48	52	30	2	36	15	9	16	21	1	1	10	1	1	0	1	3	5
复旦大学	61	1	0	0	0	0	0	0	0	0	0	0	0	0	0	0	0	0	0

注：CN- 中国大陆，WO- 世界知识产权组织，US- 美国，EP- 欧洲专利组织，JP- 日本，CA- 加拿大，AU- 澳大利亚，KR- 韩国，IN- 印度，BR- 巴西，HK- 中国香港，SG- 新加坡，MX- 墨西哥，ES- 西班牙，RU- 俄罗斯，TW- 中国台湾，IL- 以色列，AR- 阿根廷，ZA- 南非。

图 5-30 基因编辑技术领域主要专利权人合作情况（TOP 50）-1

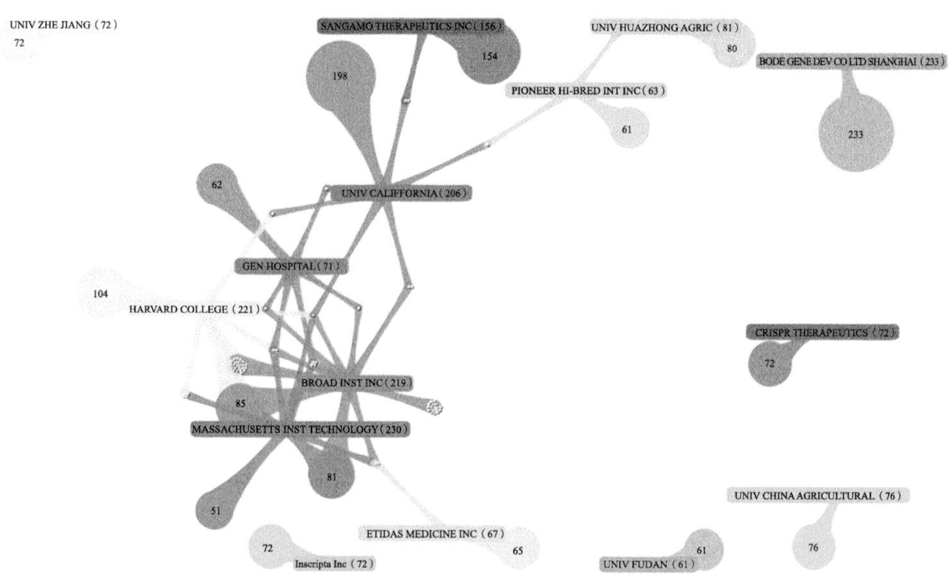

图 5-31　基因编辑技术领域主要专利权人合作情况（TOP 50）-2

2. 主要研发机构专利申请年度变化情况

分析全球研发机构专利申请年度变化可发现，上海博德基因开发有限公司 1999—2002 年在基因编辑技术方面有专利产出，其中 2000 年专利高达 202 件，但 2002 年之后再没有申请相关专利；Sangamo Therapeutics 公司、加利福尼亚大学、麻省理工学院等相关专利布局较早，且在近几年相关专利数量逐年增加（图 5-32）。

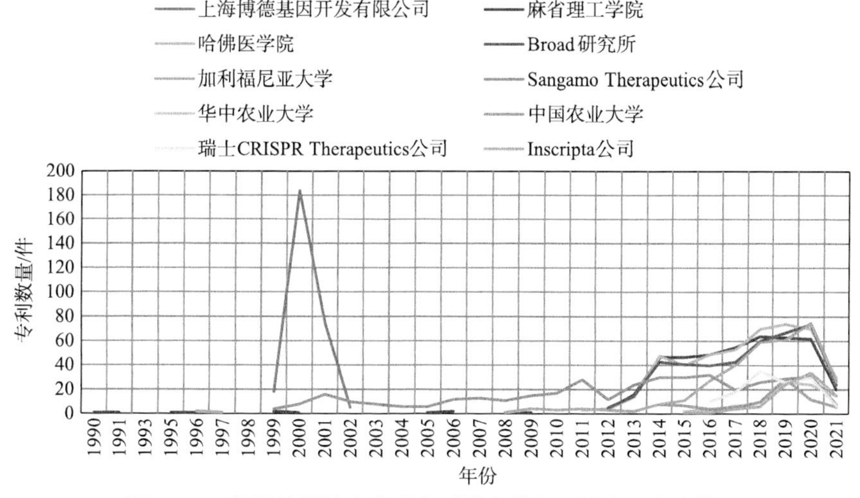

图 5-32　基因编辑技术专利全球排名前十机构专利申请情况

3. 主要研发机构的技术研发方向

分析国内外相关研发机构关于基因编辑技术的专利可知，不同机构的专利技术布局重点不尽相同，上海博德基因开发有限公司和 Sangamo Therapeutics 公司主要专利均在

ZFN 技术方向，瑞士 CRISPR Therapeutics 公司和 Inscripta 公司主要集中在 CRISPR 技术方向，而麻省理工学院、哈佛医学院、加利福尼亚大学、Broad 研究所等机构专利布局较为全面，但更侧重 CRISPR 技术方向（图 5–33）。

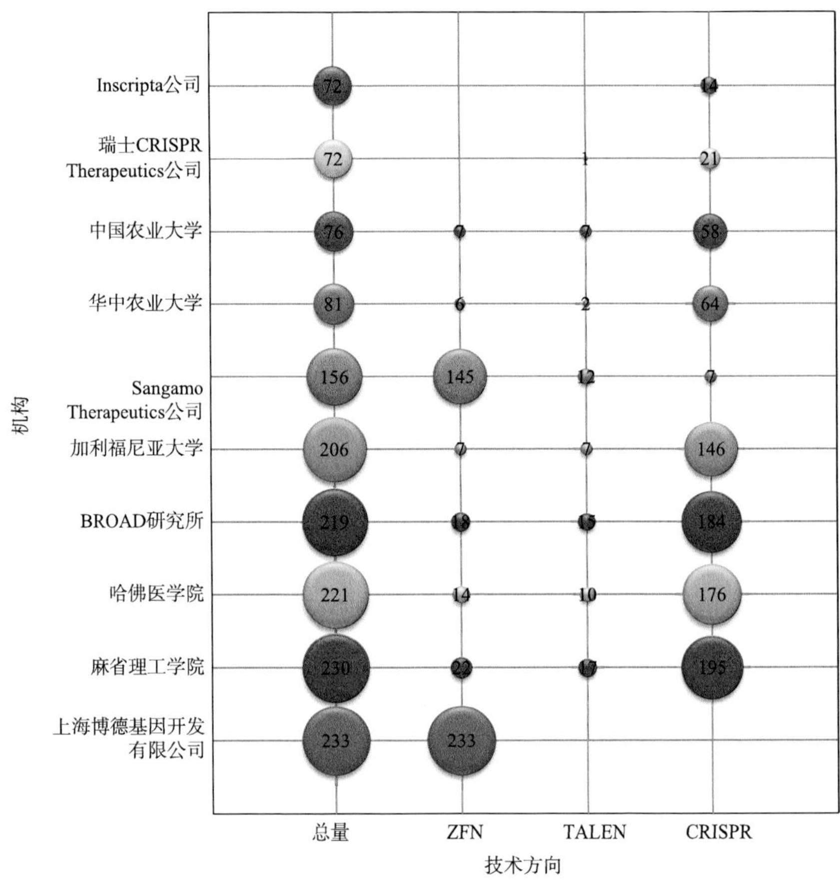

图 5–33 基因编辑技术专利数量前十研发机构的主要技术方向

4. 特定技术方向的主要专利研发机构

通过特定技术方向的主要研发机构对比分析可知，ZFN、TALEN、CRISPR 的前三研发机构、所属国家等如表 5–17 所示。

表 5–17 特定技术方向的主要专利研发机构

技术方向	前三研发机构	专利数量 / 件	所属国家
ZFN	上海博德基因开发有限公司	233	中国
	Sangamo Therapeutics 公司	145	美国
	日本 Sakata Seed 公司	39	日本
TALEN	日本 Sakata Seed 公司	24	日本
	法国 Cellectis 公司	20	法国
	Benson Hill Seeds 公司	18	美国

续表

技术方向	前三研发机构	专利数量 / 件	所属国家
CRISPR	麻省理工学院	195	美国
	Broad 研究所	184	美国
	哈佛大学	176	美国

第五节　发展趋势预测及未来展望

自 2013 年首次报道 CRISPR-Cas9 系统在哺乳动物基因编辑中应用以来，以 CRISPR 为代表的基因编辑技术日益受到了高度关注。“魔剪” CRISPR 以其廉价、快捷、便利的优势，迅速席卷全球各地实验室，为生命科学研究领域带来了暴风骤雨般的改变[①]。

以下从技术角度、产业角度、社会角度、国家角度 4 个维度对基因编辑技术发展趋势与未来进展进行展望分析。

一、从技术角度，第三代基因编辑技术 CRISPR 相比同类型技术具有显著优势

相比于 ZFN 与 TALEN 等以往的基因编辑技术，CRISPR 具有无法替代的优势，包括良好的特异性、可用位置更多、使用范围广、更具有可拓展性、使用方便、步骤简单、成本低廉等。CRISPR 是细菌中天然存在的 RNA 干扰系统，非人工核酸酶技术，仅需构建与靶序列互补的短 RNA，简单、廉价、剪切效率高；对靶位点序列的要求低，适用性好；适用于多基因、高通量的操作；能对生殖细胞进行改造。同时，利用 CRISPR 技术开发的最终产品中不存在外源 DNA，也就不会生成外源蛋白质。当用于农业领域的作物育种时，育种效率大为提高，与转基因技术需要引入外源 DNA 不属于同一个概念，美国农业部也认为这类通过 CRISPR-Cas 育种技术开发的下一代产品不属于“应当受美国农业部生物技术法规服务局监管的范畴”，因而在技术的市场推广上更加便利。但是，CRISPR-Cas 有一个明显的缺点，即如果靶基因附近没有 PAM，则无法实现对靶基因的编辑。ZFNs 技术作为开发时间最久的基因编辑技术，已经积累了大量临床试验数据，在应用于药物研发方面更为成熟。

二、从产业角度，基因编辑技术展现出巨大的应用潜力与市场前景

CRISPR 基因编辑技术具有商业化应用潜力，已在农业、工业、医疗等多个领域发挥重要的作用。许多市场研究公司都对包括 CRISPR-Cas 在内的基因编辑技术的市场前

① 王慧媛，范月蕾，褚鑫，等 . CRISPR 基因编辑技术发展态势分析 [J]. 生命科学，2018，30（9）：113-123.

景进行了预测，应用领域包括人类治疗、研究工具开发、作物改良及原料、食品开发等。2019 年以来，CRISPR 技术是基因编辑技术市场中发展最快，也是市场覆盖最广的技术，根据 DII 市场调查报告显示，全球 CRISPR 技术的市场规模在 2022—2026 年预测将成长到 28.8 亿美元，在预测期间年均增长率将达到 19.34%。未来随着技术改进，不断降低成本、缩短开发周期，有望实现基因编辑技术更广泛的商业化应用。

展望未来，CRISPR 基因编辑技术的未来应用领域主要包括以下几个方面（图 5–34）。

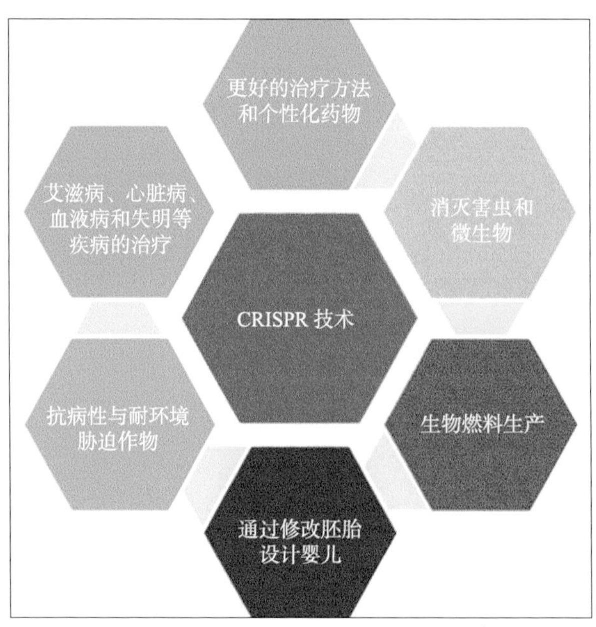

图 5–34 CRISPR 技术的未来潜力①

①疾病治疗：研究人员正致力于使用 CRISPR 基因组编辑工具，通过从活细胞中切割 HIV 细胞基因组来治疗艾滋病。此外，Bayer 公司和 CRISPR Therapeutics 公司合作开发基于 CRISPR 的药物，用于治疗心脏病、血液病和失明。EDITAS Medicines 公司和 Intellia Therapeutics 等几家公司也使用 CRISPR 技术平台参与开发更好的治疗方法和个性化药物。

②植物育种：经过转基因植物，科学家们现在专注于使用 CRISPR 基因组编辑工具培育具备抗病性和耐受环境影响的植物。

③生物制造产业：CRISPR 技术也可用于快速改造微生物，以便更有效和更好地生产系列生物产品。

④消除害虫和有害微生物：CRISPR 技术正在研究用于消除害虫和有害微生物，以增加作物产量和减少微生物疾病。

① Global CRISPR Technology Market—Analysis Forecast 2018—2027 [R]. EMIS 数据库，2018.

三、从社会角度，基因编辑技术将为更多人提供更健康、更优质的产品

CRISPR 基因编辑技术在健康、农业等多个领域都展现出巨大的应用潜力，合理使用基因编辑技术可以获取很多更高性能、适宜人类使用的产品。在健康领域，利用 CRISPR 技术已经取得诸多突破，包括构建衰老模型、编辑艾滋病病毒、剪切乙型肝炎病毒等，有望形成更有效的疾病治疗方法或药物。例如，2016 年，美国正式批准 CRISPR 技术用于人体基因编辑；我国四川大学华西医院卢铀教授团队开启了全球首个 CRISPR 技术的临床试验，用于肺癌治疗。在农业领域，CRISPR 提供了一种用来改变基因的简单、精确的方法，可以创造抗病性和耐旱性等特征。中国科学院遗传发育研究所高彩霞团队利用 CRISPR 技术培育抗菌小麦，提高小麦产量；英国也有研究团队利用该技术调整大麦基因，帮助控制种子的发芽，培育抗旱品种。CRISPR 技术用于植物改造可以规避与转基因生物相关的漫长而代价昂贵的监管过程，因而越来越多地被研究实验室、小型公司所应用。

四、从国家角度，基因编辑技术将是我国打造科技强国的“必争之地”

基因编辑作为一项新兴技术，是我国和发达国家同步，甚至部分引领全球技术发展的重要领域。我国在 CRISPR 基因编辑技术领域的论文量占全球论文量的 20%，多项研究成果在领域内具有重大影响。CRISPR 基因编辑技术在靶向修饰的精度与效率、降低脱靶效应等方面仍有很大改进与完善的空间，在将其真正用于疾病治疗等应用前，还有很多问题需要解决。如果能够把握基因编辑技术的创新机遇，持续投入，鼓励、支持科研人员开展源头技术探索，创建原创性、具有自主知识产权的基因编辑技术，便有机会占据全球基因编辑的研发高地。同时，我国已经率先开展了基因编辑技术的临床研究工作，并在基因编辑技术的伦理和监管方面积极参与和开展研讨，探索新兴技术促管措施，有望在国际生命科学伦理和安全讨论中拥有更多的话语权。

第六章

微生物传感器

内容提要

本章主要从政策环境、科研项目、基础研究论文及专利等方面对全球微生物传感器领域发展态势进行了分析。

从科研项目看，近10年来，全球主要国家在微生物传感器领域科研项目的资助方面，在2015—2017年这3年里数量较多，2018年开始有所下降。资助科研项目最多的国家是美国，共6238项，占全球主要国家/地区该领域全部项目数量的81.17%；中国有135项，占1.76%。从资助机构层面看，科研项目资助最多的是美国国立卫生研究院（US-NIH）（4091项，占比53.23%）；中国进入前十的机构是中国国家自然科学基金委员会（CN-NSFC）（133项，占比1.73%）。该领域科研项目主持机构前十的均为美国机构，其中最多的是加利福尼亚大学，主持的项目数量达到了210项，占比2.73%；其次是华盛顿大学（165项，占比2.15%）。

从基础研究论文情况看，微生物传感器领域论文发表数量整体呈波动增长状态，未来还会继续增长。全球微生物传感器领域论文产出量排名前十的国家包括美国、中国、德国、英国等，其中，美国和中国发表的论文数量高于其他国家，分别约占该领域全球论文的30.23%和14.92%，篇均被引频次分别为57.48次和21.86次。发表论文数量前十的机构包括加利福尼亚大学、中国科学院、华盛顿大学等，其中6家高校或科研院所属于美国，其发表论文总量占全球论文的8.67%，中国科学院占比仅为1.98%。全球微生物传感器领域核心论文的研究主题主要集中在基因表达、大肠杆菌传感器、细菌群体效应、生物膜、生物感染、纳米粒子、绿脓杆菌、分子识别、细菌、蛋白质分子作识别元件等方面。

从专利分析看，目前微生物传感器领域正处于快速发展阶段。全球微生物传感器领域专利数量排名第一的国家是中国，为3872件，占该领域全球专利总量的66.42%；第二是日本（518件，占比8.89%）；第三是美国（486件，占比8.34%）。专利数量排名前十的机构包括松下电器、LG电器、江苏大学、中国科学院、江南大学等。该领域应用研究主题主要集中在C12M-001/00（酶学或微生物学装置）、G01N-033/00（用除测量机械方法、称量、密度、流动特性、表面特性、耐气候、耐腐蚀、耐光照、微波、辐射、核磁、热、电、声波、吸附、离子交换的方法进行测试或分析）、C12Q-001/00（包含酶、核酸或微生物的测定或检验方法）等方面。

第一节　全球主要国家相关政策与规划

一、国外相关政策与规划

1. 美国

2008 年，由美国国家科学院医学研究所（Institute of Medicine）和国家科学研究委员会（National Research Council）组织的来自斯坦福大学、北卡罗来纳大学、哈佛大学、加利福尼亚大学等多所高校与研究所的专家组成了“国家生物监测系统有效性评估委员会”，对 2003 年开始投入使用的生物监视系统进行评估。

2013 年，美国政府提出“推进创新神经技术脑研究计划”（简称“脑计划”），目标包括探索人类大脑工作机制、开发大脑不治之症的疗法等。美国能源部首次获得 900 万美元经费支持，重点发展新型生物传感器和监测设备以监测关键分子在大脑中的工作过程。

2015 年，美国生物防御委员会蓝带小组对生物监测保持高度关注，在《生物防御国家蓝图》中建议开发更加先进的环境监测系统。

早在 2003 年，美国国防部高级研究计划局（DARPA）就在战略规划中将生物技术列为优先发展的重点技术之一，2014 年成立生物技术办公室，在 2015 年发布的战略主导文件《保障国家安全的突破性技术》中将生物技术列为未来四大重点研究领域之一。2016 年，DARPA 资助了 Profusa Inc.750 万美元，用于开发连续监测多种身体化学物质的组织集成生物传感器。

2017—2018 年，美国卫生事务办公室及后来成立的反大规模杀伤性武器办公室启动生物探测技术提升计划（Biodetection Technology Enhancement，BTE），旨在以渐进的方式提高对有害物质监测的及时性，扩大系统覆盖范围和受益人群，同时增加有害病原体的探测种类。

2019 年，美国国家科学院、工程院和医学院联合发布了研究报告“Science Breakthroughs to Advance Food and Agricultural Research by 2030”，该报告对美国农业领域亟待突破的五大研究方向进行了详细的描述。美国认为，开发并应用一种高精准度且可现场部署的传感器对于突破未来技术具有重要的现实意义。

美国将高精度、精准、可现场部署的传感器及生物传感器的开发、应用作为未来技术突破的关键。新一代传感器技术不仅包括对物理环境、生物性状的监测和整合，更包括运用材料科学及微电子、纳米技术创造的新型纳米和生物传感器，对诸如水分子、病原体、微生物在跨越土壤、动植物、环境时的循环运动过程进行监控。

2021 年 5 月，美国政府问责局推出了最新的评估报告《生物防御：国土安全部正探索新方法以替代生物监视系统》，对 21 世纪生物检测系统（Biological Detection for the 21st Century，BD21）的最新进展及未来前景做出了评估。

美国国防部、各军兵种、DARPA 等已经制定了一系列军用生物电子方面的发展战略和规划，部署了大量国防生物电子创新项目，当前已在生物电子材料、生物传感器、生物存储与计算、生物燃料电池等领域取得突破性进展，形成了一大批具有重大军事应用前景的产品，如 DNA 芯片、人工突触、生物红外传感器、新型生物电池等。

2. 欧盟

2014 年，欧盟未来新兴技术（Future and Emerging Technologies，FET）石墨烯旗舰计划发布了首份招标公告和科技路线图，根据路线图，石墨烯旗舰计划每年资助 5000 万欧元（约合 5650 万美元）。该科技路线图的核心内容是提出了 13 个重点研发领域，其中就包括化学传感器、生物传感器和生物界面。

2016 年，欧盟第七研发框架计划（FP7）提供 350 万欧元资助，总研发投入 460 万欧元，支持由欧盟 6 个成员国及联系国瑞士（总协调）、意大利、西班牙、德国、爱尔兰和以色列的跨学科科技人员组成的欧洲 BRAAVOO 研发团队。研发团队最新研制开发的藻类、细菌和抗生素三大类系列生物传感器在海洋污染物实地检测中发挥了关键作用。创新型生物传感器充分利用污染物，如重金属和碳氢化合物，同“专业化”菌类互动时的发光原理，发光强度越高，预示着污染程度越高，达到污染物临界水平时，检测将自动“报警”，并且在实地进行的漏油和重金属污染检测中，已被证实行之有效且成本低。

欧盟“地平线 2020”计划也启动了一个为期 5 年的 Bio4Comp 项目，以研制功能更加强大、安全性更高的生物计算机，当前已投资 712 万欧元成立了由多个大学和公司组成的研究团队，旨在研发新型材料和柔性结构，使纳米生物传感器的灵敏度达到分子水平。在该框架下，针对生物电子技术和产品等主题部署研究项目，将微生物传感器平台、纳米生物芯片开发等列为优先发展事项。

3. 俄罗斯

俄罗斯在生物传感器领域的密集研究历来受到政府财政的大力支持。俄罗斯联邦教育和科学部很早就提出了 2007—2012 年的联邦任务计划和竞赛，进行关键技术“生物催化、生物合成和生物传感器技术”在生命系统领域的研究。

自 2009 年起，俄罗斯政府开始免征正在进行科技研发或已经生产的现代化新产品的增值税。近年来，俄罗斯采取了新的促进投资政策，其中包括组建经济特区（分为 4 种类型：工业生产、技术研发、旅游休闲、港口），而技术研发型经济特区的优先行业中就包括生物工程、生物传感器技术。

2019 年，俄罗斯先期研究基金会（FPI）支持了多项航空航天、生物和高超声速技术项目。在生物技术方面，支持研发通过生物传感器识别肿瘤风险的技术，2019 年已成功开展一项实验，由一只大脑嵌入电机的小鼠根据人体呼出的气体来确定肿瘤标志物。实验表明，使用生物传感器有助于在最早阶段快速识别出需要进一步接受检查的癌症风险人群。

4. 澳大利亚

2021 年 7 月，澳大利亚联邦政府对 GBS（一家生命科学公司，为患者及其初级保健从业者在护理点开发无创、实时诊断测试，拥有世界首个生物传感器平台）给予了 470 万美元的科学赠款，用于资助建设生物传感器制造设施。

2021 年 8 月，澳大利亚昆士兰大学宣布了 2021—2022 学年的量子增强生物传感博士国际奖项。昆士兰量子光学实验室从事量子物理和技术研究，开发微米和纳米级光学器件，其使命是测试基础物理学，并开发计量、通信和生物医学成像方面的应用。该计划旨在吸引在该大学申请博士学位课程的国内外学生，将精密传感技术从量子光学转化为生物测量。

5. 英国

2016 年，英国工程和自然科学研究委员会（EPSRC）资助了欧洲的一家石墨烯制造商 Graphenea，此项目旨在探索二维材料怎样改变人们现有的健康问题，探索的主要方向集中在癌症、糖尿病和阿尔茨海默病等。项目主要利用二维材料的独特性能和技术，开发不同功能的产品，其中包括石墨烯药物递送、生物传感器和杀菌消毒等医疗相关研究成果。

2020 年 4 月 16 日，英国国防部国防科学技术实验室（Dstl）的国防与安全加速器（DASA）部门发起“广域生物传感器”计划的第二阶段竞赛，该计划旨在寻找快速检测和定位有害生物制剂的创新技术。该计划第二阶段的重点是传感器和数据处理 / 可视化，而非托管平台（如远程控制或无人系统）或平台上现有传感器的集成。第二阶段还将考虑可以在较低的置信度下检测到危险，然后提示部署高置信度传感器的技术。在第二阶段结束之前，DASA 将要求供应商在演示环境中利用 Dstl 提供的一系列标准测试样品，对其技术进行初步验证。

二、国内相关政策与规划

2012 年 12 月，国务院印发《生物产业发展规划》，提出推动生物传感器等新技术的应用，旨在研制数字化、智能化的新型体外诊断系统、医疗仪器和康复器械，建成先进医疗器械特色发展产业链，建立生物医学工程产品协同开发、设计、集成制造等在内的产业链发展联盟，培育若干具有较强创新发展实力和市场竞争力的优势企业。2013 年 2 月，中华人民共和国国家发展和改革委员会公告 2013 年第 16 号——《战略性新兴产业重点产品和服务指导目录》在生物制造产业部分的特殊发酵产品与生物过程装备部分提及自动发酵罐与自控系统、特殊细胞培养反应器、生物加工反应器、生物传感器、生物大分子产品专用分离设备等生物过程装备。

2016 年 7 月，国务院印发《“十三五”国家科技创新规划》，在人口健康技术部分提到以定量监测、精准干预为方向，围绕健康状态辨识、健康风险预警、健康自主干预等环节，重点攻克无创检测、穿戴式监测、生物传感等关键技术和产品，加强国民体质监测网络建设，构建健康大数据云平台，研发数字化、个性化的行为 / 心理干预、能量 / 营养平衡、功能代偿 / 增进等健康管理解决方案，加快主动健康关键技术突破和健康闭环管理服务研究。

2016 年 10 月，中共中央、国务院印发《“健康中国 2030”规划纲要》，全民健康成为健康中国的战略主题，也成为建设健康中国的根本目的，健康服务质量和健康保障水平不断提高的要求使生物传感技术的研究获得新的动力。

2017 年 2 月，国务院印发《“十三五”国家食品安全规划》和《“十三五”国家药品安全规划》，要求加快构建国家、省、市、县四级食品安全检验检测体系，包括省级检验机构能够完成相应的法定检验、监督检验、执法检验、应急检验等任务，具备一定的科研能力，能够开展有机污染物和生物毒素等危害物识别及安全性评价、食源性致病微生物鉴定、食品真实性甄别等基础性、关键性检验检测技术，能够开展快速和补充检验检测方法研究等工作，研发食品中化学性、生物性、放射性危害物高效识别与确证关键技术及产品，研发生化传感器、多模式阵列光谱、小型质谱、离子迁移谱等具有自主知识产权的智能化快速检测试剂、小型化智能离线及在线快速检测装备等。

2017 年 5 月，科技部办公厅印发《“十三五”医疗器械科技创新专项规划》，其中提出的前沿技术重点发展方向就包括在体外诊断领域，以“一体化、高通量、现场化、高精度”为方向，围绕临检自动化、快速精准检测、病理智能诊断、疾病早期诊断等难点问题，重点加强不同层次生命活动中生物化学和生物物理学的基础研究和新型诊断靶标的发展与应用，加快发展微流控芯片、单分子测序、液体活检、液相芯片、智能生物传感等前沿技术，更好满足不同层级医疗机构的早期、快速、便捷、精确诊断等应用需求。

2021 年 12 月，工业和信息化部、国家卫生健康委、国家发展改革委等十部门联合印发《“十四五”医疗装备产业发展规划》。其中，5 个专项行动中指出攻关核心元器件，开发医用 X 射线探测器模拟芯片、模数转换芯片，可穿戴设备系统级芯片，医用

AI 芯片等；医用高精度电流传感器、高温高精温度传感器、高精高压电压传感器、高精度磁场传感器、3D 视觉系统中高速光学元件；可穿戴设备用柔性心电图（ECG）/脑电图（EEG）/ 肌电图（EMG）/ 血糖及压力传感器；柔性连接器、生物识别色谱传感器等。7 个重点发展领域中提到监护与生命支持装备，包括研制脑损伤、脑发育、脑血氧、脑磁测量等新型监护装备，发展远程监护装备，提升装备智能化、精准化水平，推动透析设备、呼吸机等产品的升级换代和性能提升，攻关基于新型传感器、新材料、微型流体控制器、新型专用医疗芯片、人工智能和大数据的医疗级可穿戴监护装备和人工器官。

第二节　全球主要国家科研项目布局分析

微生物传感器领域科研项目数据来源于全球科研项目数据库，共收集到全球主要国家微生物传感器领域科研项目 7685 项。

一、项目资助年度分析

按项目资助年度统计，近 10 年来（2012—2021 年），全球微生物传感器领域科研项目的资助情况如图 6–1 所示，2015—2017 年资助数量较多，2017 年开始有所下降。

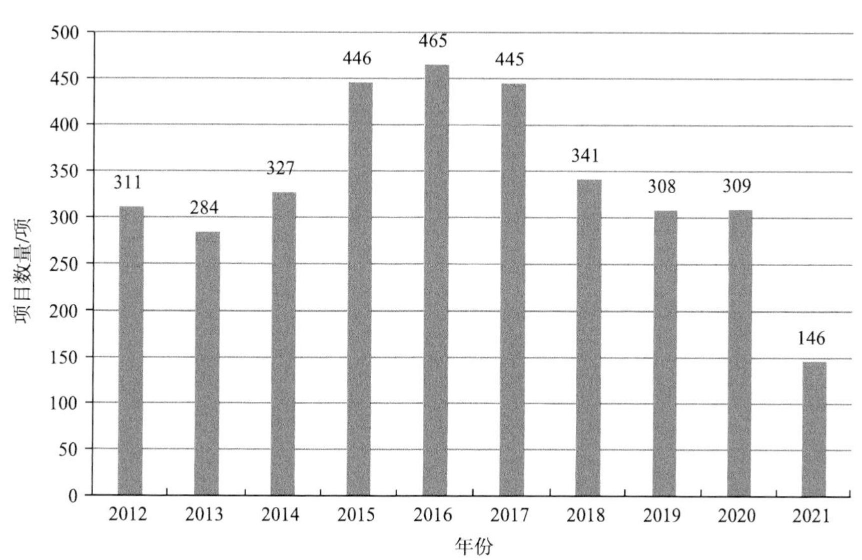

图 6–1　全球主要国家微生物传感器领域科研项目资助年度变化情况

二、项目国家 / 地区分布统计

按项目国家 / 地区分布统计，全球微生物传感器领域科研项目最多的国家为美国，共 6238 项，远远超过其他国家 / 地区，占该领域全球主要国家 / 地区项目总数的 81.17%；其他国家 / 地区的科研项目均较少，中国仅有 135 项，占比为 1.76%（图 6–2）。

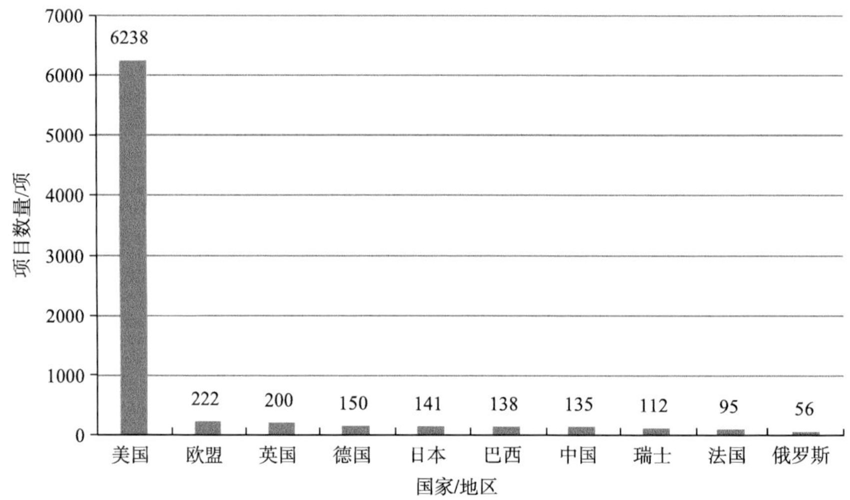

图 6–2　全球微生物传感器领域主要国家 / 地区科研项目数量情况

三、项目资助机构分析

按项目资助机构统计，全球微生物传感器领域科研项目资助最多的是美国国立卫生研究院（US-NIH），共资助了 4091 项，超过其他项目资助机构，占该领域全球主要国家 / 地区项目总数的 53.23%；美国国家科学基金会（US-NSF）资助的项目有 1077 项，占该领域全球主要国家 / 地区项目总数的 14.01%；中国国家自然科学基金委员会（CN-NSFC）立项 133 项，占比为 1.73%（表 6–1）。

表 6–1　全球微生物传感器领域主要科研项目资助机构情况统计

序号	机构名称	项目数量 / 项	全球占比
1	美国国立卫生研究院（US-NIH）	4091	53.23%
2	美国国家科学基金会（US-NSF）	1077	14.01%
3	美国食品与农业研究所（US-NIFA）	626	8.15%
4	美国环境保护署（US-EPA）	194	2.52%
5	德国科学基金会（DE-DFG）	150	1.95%
6	日本学术振兴会（JP-JSPS）	141	1.83%
7	巴西圣保罗研究基金会（BR-FAPESP）	138	1.80%
8	中国国家自然科学基金委员会（CN-NSFC）	133	1.73%
9	欧盟“地平线 2020”（EU-H2020）	117	1.52%
10	瑞士国家科学基金会（CH-SNSF）	112	1.46%

四、项目学科主题分析

按项目的学科主题统计，微生物传感器领域全球主要国家科研项目所属学科最多的是医学科学，项目数量达到了 4206 项，占项目总数的 54.73%；生物科学的项目有 1294 项，占项目总数的 16.84%；工程与技术的项目仅有 682 项，占比为 8.87%（图 6–3）。

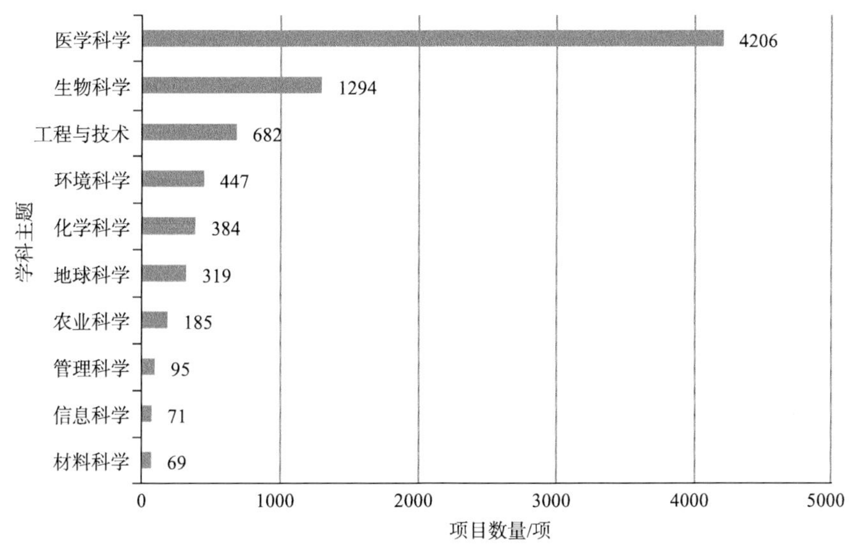

图 6-3　全球微生物传感器领域主要科研项目按学科主题统计情况

五、项目主持机构分析

按项目主持机构统计，微生物传感器领域全球主要国家科研项目数量排名前十的主持机构均为美国的机构，其中最多的是加利福尼亚大学，主持的项目数量达到了 210 项，占该领域全部项目数量的 2.73%；其次是华盛顿大学，项目数量为 165 项，占该领域全部项目数量的 2.15%；第三是普林斯顿大学，主持项目 78 项，占比为 1.01%（表 6-2）。

表 6-2　全球微生物传感器领域主持科研项目数量排名前十的机构情况统计

序号	机构名称	项目数量 / 项
1	加利福尼亚大学	210
2	华盛顿大学	165
3	普林斯顿大学	78
4	耶鲁大学	63
5	杜克大学	62
6	北卡罗来纳大学	62
7	约翰斯·霍普金斯大学	61
8	农业研究服务所	58
9	威斯康星大学	55
10	斯克里普斯研究所	54

第三节　全球基础研究进展

选择科睿唯安公司（Clarivate Analytics）的 Web of Science 平台中的 Web of Science Core Collection 数据库作为分析研究的基础数据源，选择 Science Citation Index Expanded

（SCI-Expanded）、Social Sciences Citation Index（SSCI）、Conference Proceedings Citation Index–Science（CPCI-S）、Conference Proceedings Citation Index – Social Sciences & Humanities（CPCI-SSH）数据集，文章类型为 Article、Review、Poceeding Papers 3 种，共检索到微生物传感器领域论文 7414 篇。

一、发文量及年度变化情况

全球微生物传感器领域论文数量年度变化如图 6–4 所示，该领域的论文发表最早出现在 1953 年，仅有 1 篇，从 1976 年开始，发文数量缓慢波动增长，论文发表的数量较少，表明这段时间微生物传感器相关的基础研究成果产出较少。自 1989 年开始，微生物传感器相关的论文数量开始缓慢增加，同时间歇性有平台出现；2004 年，该领域发文数量达到了 135 篇，增加速度开始变快，并在 2021 年增长到了 620 篇。微生物传感器领域论文数量整体为波动增长状态，未来还会继续增长。

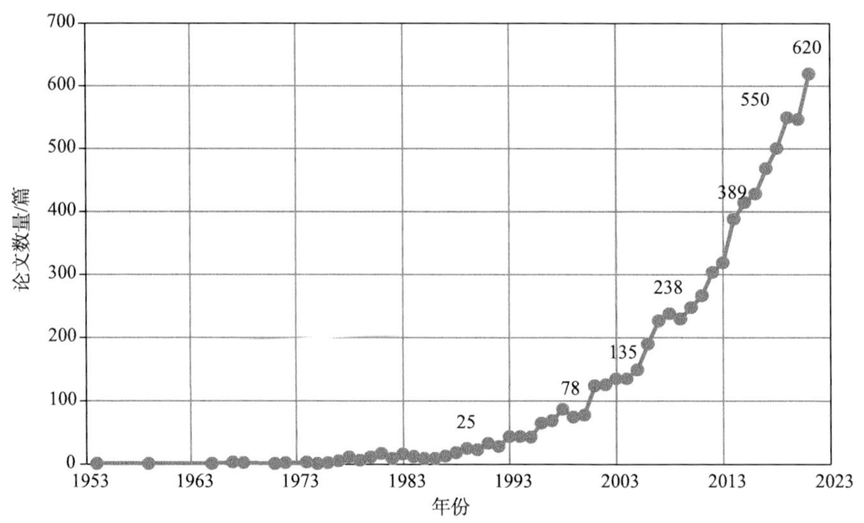

图 6–4 全球微生物传感器领域论文数量年度变化情况

二、主要国家 / 地区论文产出及合作强度分析

全球微生物传感器领域论文数量排名前 10 位的国家为美国、中国、德国、英国、印度、日本、韩国、法国、西班牙、意大利（图 6–5）。其中，美国和中国发表的论文数量高于其他国家，分别约占该领域全球全部论文的 30.23% 和 14.92%，篇均被引频次分别为 57.48 次和 21.86 次；德国的发文量为 559 篇，占该领域全球全部论文的 7.54%，篇均被引频次为 38.82 次；英国和印度发表的论文数量大致相当，分别占该领域全球全部论文的 6.46% 和 6.11%，篇均被引频次分别为 52.01 次和 23.39 次（表 6–3）。

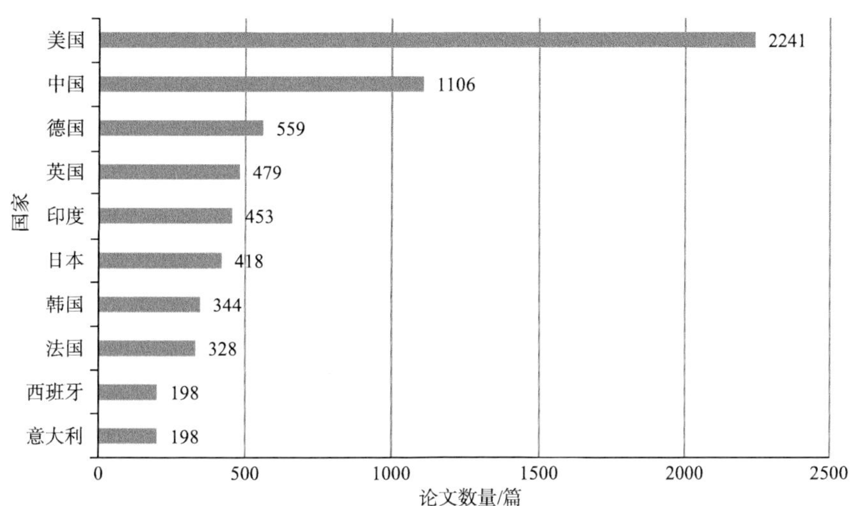

图 6–5　全球微生物传感器领域论文数量排名前 10 位的国家

表 6–3　全球微生物传感器领域论文数量排名前 10 位国家的发文情况

序号	国家	论文数量 / 篇	总被引频次 / 次	篇均被引频次 / 次	全球占比
1	美国	2241	128 817	57.48	30.23%
2	中国	1106	24 182	21.86	14.92%
3	德国	559	21 698	38.82	7.54%
4	英国	479	24 914	52.01	6.46%
5	印度	453	10 596	23.39	6.11%
6	日本	418	14 451	34.57	5.64%
7	韩国	344	9391	27.30	4.64%
8	法国	328	14 952	45.59	4.42%
9	西班牙	198	5942	30.01	2.67%
10	意大利	198	6399	32.32	2.67%

全球微生物传感器领域主要发文国家 / 地区之间均有一定程度的合作关系，美国是全球主要国家 / 地区的首选合作对象，主要合作国家 / 地区包括瑞士、澳大利亚、中国、德国、丹麦、英国、加拿大等；中国是美国、英国、德国、加拿大、澳大利亚等国家 / 地区的主要合作对象之一；英国的主要合作国家 / 地区包括美国、德国；德国的主要合作国家 / 地区包括美国、瑞士、丹麦和英国等（图 6–6）。

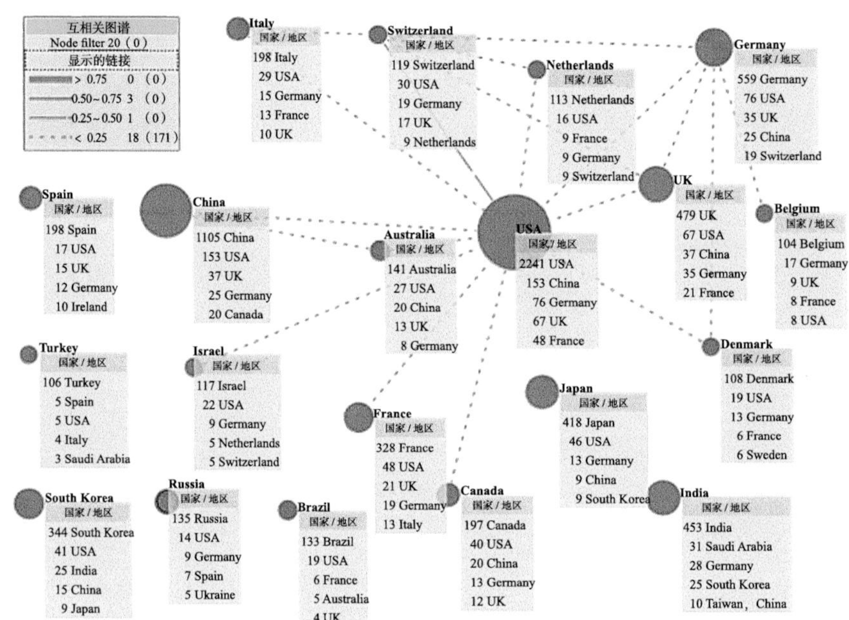

图 6-6 全球微生物传感器领域基础研究国家 / 地区合作强度分析（基于论文合著分析）

三、主要研究机构论文产出及合作强度分析

全球微生物传感器领域论文的主要发表机构包括加利福尼亚大学、中国科学院、华盛顿大学、法国国家科学研究中心、哈佛大学、俄罗斯科学院、马里兰大学、诺丁汉大学、康奈尔大学、伊利诺伊大学等。在发文数量前 10 位的机构中，有 1 家中国科研院所，其发表论文占全球论文的 1.98%，1 家法国科研院所，其发表论文占全球论文的 1.03%，1 家俄罗斯科研院所，其发表论文占全球论文的 1.03%，1 家英国高校，其发表论文占全球论文的 0.84%，其余 6 家高校或科研院所均属于美国，发表论文总量占全球论文的 8.67%（表 6-4）。

表 6-4 全球微生物传感器领域发文量前 10 位机构的发文情况

序号	机构名称	所属国家	论文数量 / 篇	总被引频次 / 次	篇均被引频次 / 次	全球占比
1	加利福尼亚大学	美国	265	14 092	53.18	3.57%
2	中国科学院	中国	147	3743	25.46	1.98%
3	华盛顿大学	美国	118	9085	76.99	1.59%
4	法国国家科学研究中心	法国	76	3983	52.41	1.03%
5	哈佛大学	美国	76	7609	100.12	1.03%
6	俄罗斯科学院	俄罗斯	76	1203	15.83	1.03%
7	马里兰大学	美国	66	4719	71.50	0.89%
8	诺丁汉大学	英国	62	6307	101.73	0.84%
9	康奈尔大学	美国	60	7184	119.73	0.81%
10	伊利诺伊大学	美国	58	3723	64.19	0.78%

分析全球微生物传感器领域的主要机构合作情况可以看出，加利福尼亚大学是全球各个机构的首要合作对象，其与剑桥大学、华盛顿大学、康奈尔大学、哈佛大学、中国科学院等均有合作，诺丁汉大学和法国国家科学研究中心相互合作，哈佛大学和康奈尔大学、麻省理工学院等之间合作较为密切（图 6–7）。

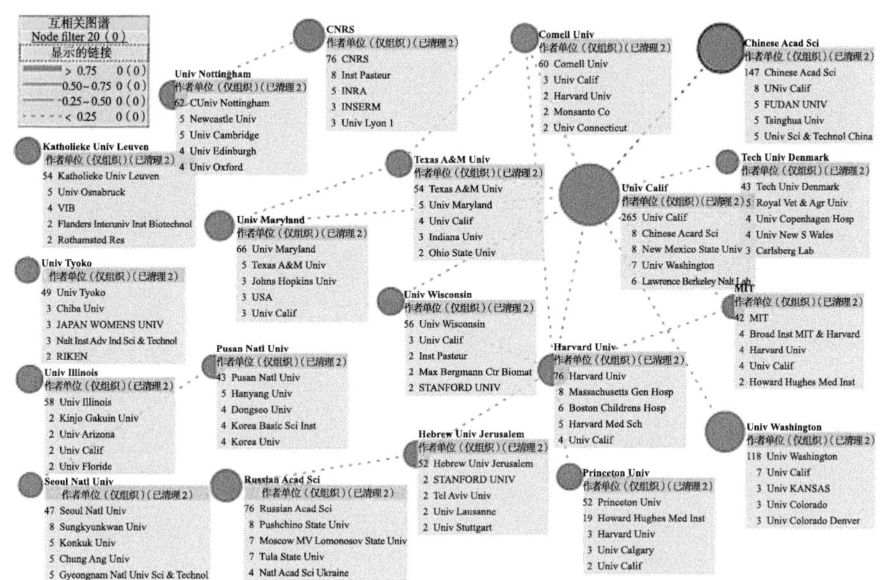

图 6–7　全球微生物传感器领域基础研究方面主要机构合作情况（基于论文合著分析）

四、研究主题分析

全球微生物传感器领域核心论文的研究主题主要集中在基因表达、大肠杆菌传感器、细菌群体效应、生物膜、生物感染、纳米粒子、绿脓杆菌、分子识别、细菌、蛋白质分子作识别元件等方面（表 6–5）。

表 6–5　全球微生物传感器领域发文量前十的热点研究主题

序号	研究主题	论文数量 / 篇	全球占比
1	基因表达	1110	14.97%
2	大肠杆菌传感器	741	9.99%
3	细菌群体效应	652	8.79%
4	生物膜	513	6.92%
5	生物感染	505	6.81%
6	纳米粒子	505	6.81%
7	绿脓杆菌	485	6.54%
8	分子识别	479	6.46%
9	细菌	458	6.18%
10	蛋白质分子作识别元件	453	6.11%

图 6-8 是全球微生物传感器领域发文量前十的国家在前十热点研究主题的分布情况。可以发现，美国在前十的热点主题方面都有研究，且除了生物感染方向外，较其他国家均有明显优势，其研究重点主要是基因表达、大肠杆菌传感器、蛋白质分子作识别元件、纳米粒子、细菌群体效应等方面；中国的研究重点主要是基因表达、生物感染、细菌群体效应等方面，且生物感染为该领域全球前十国家中相关研究最多的国家，有明显优势；印度的研究重点也主要是生物感染方面，其次是生物膜；德国、英国、日本、韩国、法国、意大利、西班牙等国家在各个方向的研究都有所涉及，但相较于美国和中国来说，各个方向的研究论文产出均较少。

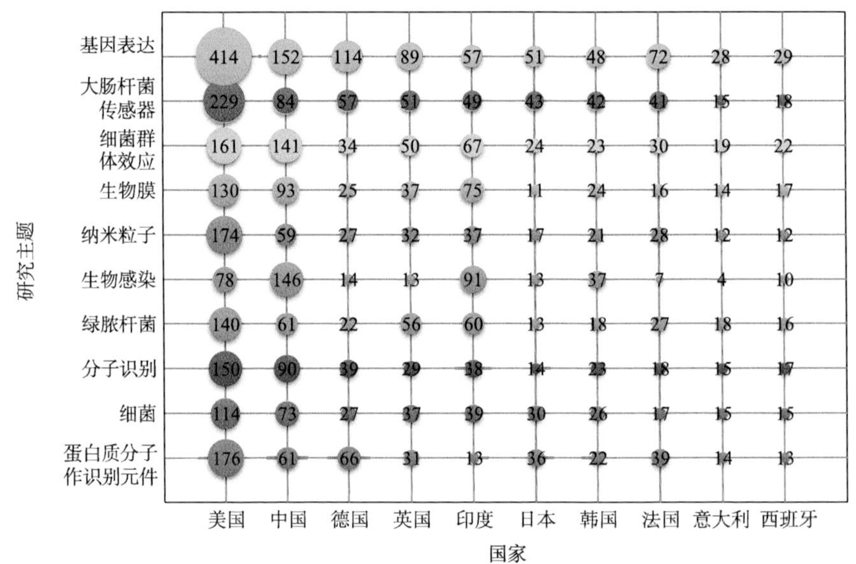

图 6-8　全球微生物传感器领域发文量前十的国家在前十热点研究主题的分布情况

图 6-9 是全球微生物传感器领域发文量前十的机构在前十热点研究主题的分布情况。可以发现，中国科学院的研究重点主要是生物感染、蛋白质分子作识别元件、基因表达及大肠杆菌传感器方面，特别是生物感染方向的研究相较于其他机构具有很大优势；华盛顿大学、加利福尼亚大学、法国国家科学研究中心的研究重点均主要是基因表达、大肠杆菌传感器和蛋白质分子作识别元件方面；诺丁汉大学的研究重点主要是绿脓杆菌、基因表达及细菌群体效应方面，特别是对于该领域中绿脓杆菌方向的研究较为集中，且较其他机构有明显优势；伊利诺伊大学在生物膜方向无研究。

利用 VOSviewer 软件对文献题目和摘要进行主题聚类，图 6-10 中节点圆圈越大，表示关键词出现频次越高，节点圆圈越靠近中心，表示重要性越高，节点间连线越粗，表示两者同时出现的频次越高，相同颜色节点表示同一研究主题。研究发现，微生物传感器技术涉及的基础研究被聚类成 4 个典型的主题方向，主要包括基因表达、蛋白质分子作识别元件、信号传输；细菌群体效应；生物感染及识别；纳米粒子、体系及病毒。

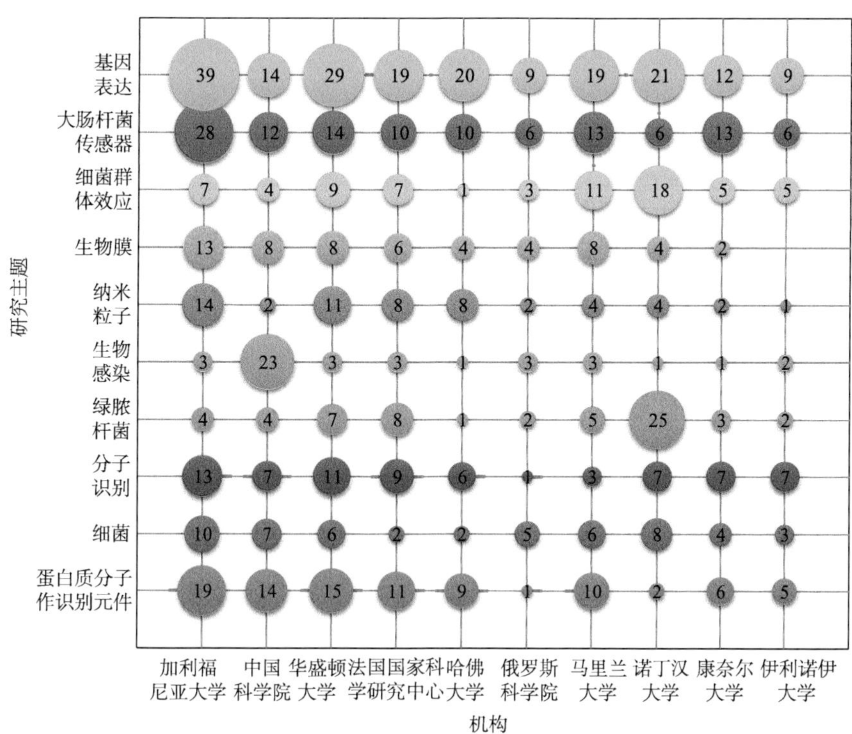

图 6-9 全球微生物传感器领域发文量前十的机构在前十热点研究主题的分布情况

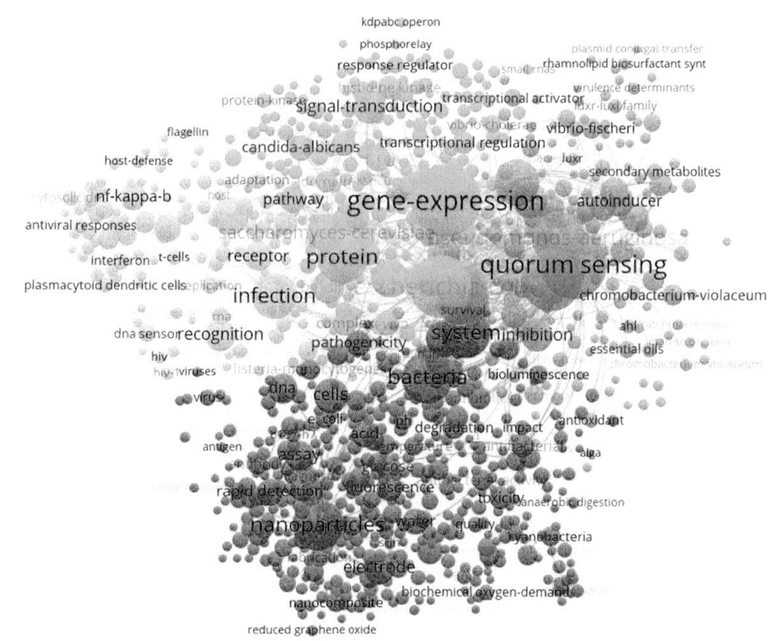

图 6-10 基于 VOSviewer 构建的微生物传感器研究高频词共现图谱

图 6-11 所示的研究热点主题密度中，颜色越深，表明词频出现的概率越高，越趋向于研究热点。对深色区域的关键词进行综合分析，得出的主要研究热点主题有

Gene-Expression、Protein、Quorum Sensing、Bacterial、Nanoparticles、Infection、Idenfication、*Escherichia coli* 等。

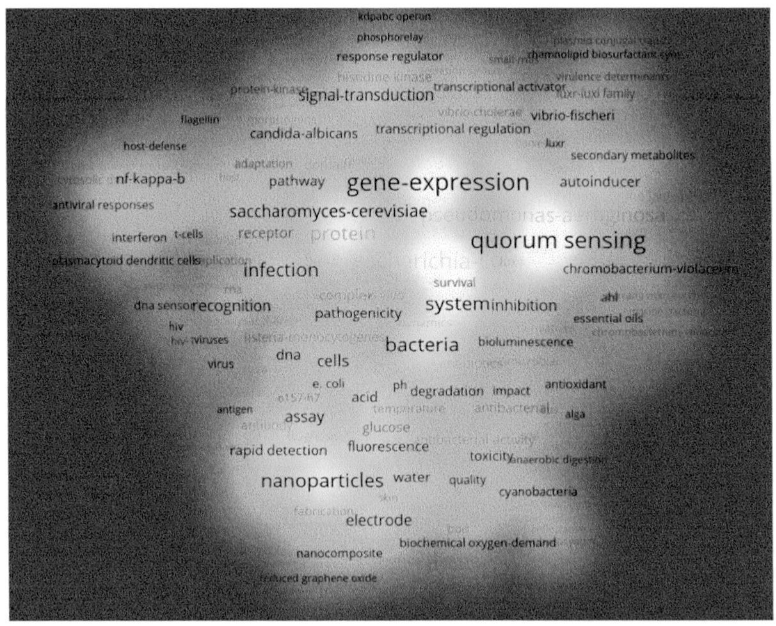

图 6–11 基于 VOSviewer 构建的微生物传感器基础研究热点主题密度

图 6–12 的时间热度地图展现了微生物传感器研究不同主题的演变情况。由图可见，文章内容从信号传输、细胞分离逐渐向基因表达、细菌群体效应、蛋白质分子作识别元件相关研究转变，再到后来的纳米粒子、抗病毒等方向。

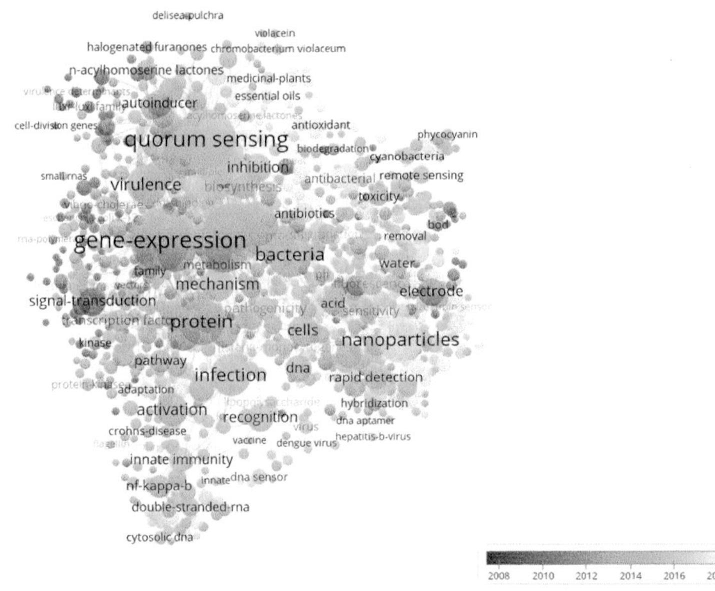

图 6–12 基于 VOSviewer 构建的微生物传感器基础研究趋势变化

第四节　全球应用研究进展

基于科睿唯安公司（Clarivate Analytics）的德温特创新索引 DII（Derwent Innovations Index）为分析研究的基础数据源，共检索到 5830 件相关专利（数据检索时间范围：1900 年 1 月 1 日至 2021 年 12 月 31 日）。

一、专利数量年度变化分析

全球微生物传感器领域专利数量年度变化如图 6-13 所示，该领域的专利申请最早出现在 1972 年，1983—2008 年专利数量较少，但是在缓慢增加，表明这段时间微生物传感器相关的应用研究较少。自 2009 年开始，微生物传感器相关的专利数量开始快速增加，表明该领域的应用研究得到重视，但在 2019 年出现大幅下降，于 2020 年恢复并达到 723 件。目前，微生物传感器领域正处于快速发展阶段。

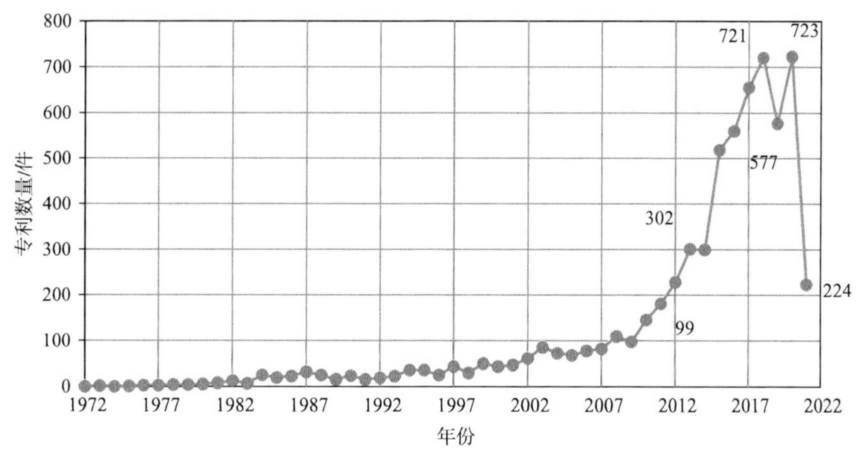

图 6-13　全球微生物传感器领域专利数量年度变化情况

二、主要优先权国家 / 机构分析

全球微生物传感器领域专利数量排名第一的国家为中国，专利数量为 3872 件，占该领域全球专利总量的 66.42%；专利数量排名第二到第十一的国家 / 机构的专利数量如图 6-14 所示。第二是日本，专利数量为 518 件，占该领域全球专利总量的 8.89%；专利数量排名第三的是美国，专利数量为 486 件，占该领域全球专利总量的 8.34%；其他国家 / 机构包括韩国、俄罗斯、德国、世界知识产权组织、印度、英国、欧洲专利局和加拿大等。

分析全球微生物传感器领域主要国家 / 地区的合作情况可以看出，合作中心为美国、欧洲专利局、世界知识产权组织、加拿大、澳大利亚、巴西，它们之间的直接合作强度也较大；中国和美国、世界知识产权组织、加拿大等之间有合作关系，与其他国家 / 地区之间的合作较少（图 6–15）。

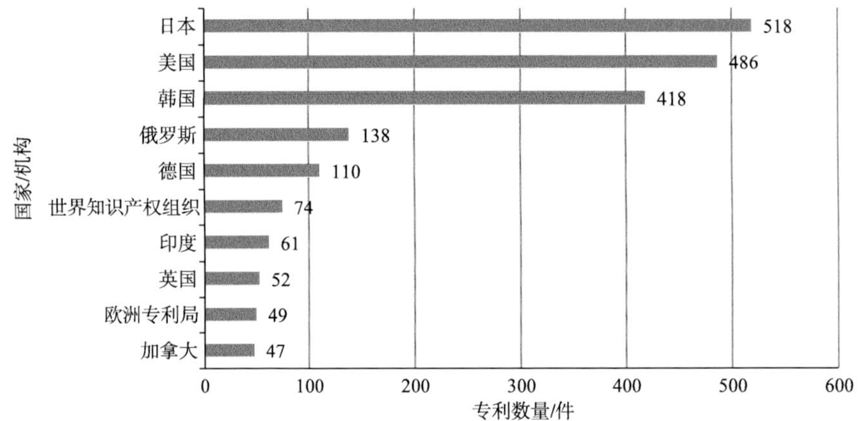

图 6–14 全球微生物传感器领域专利数量排名第二到第十一的国家 / 机构

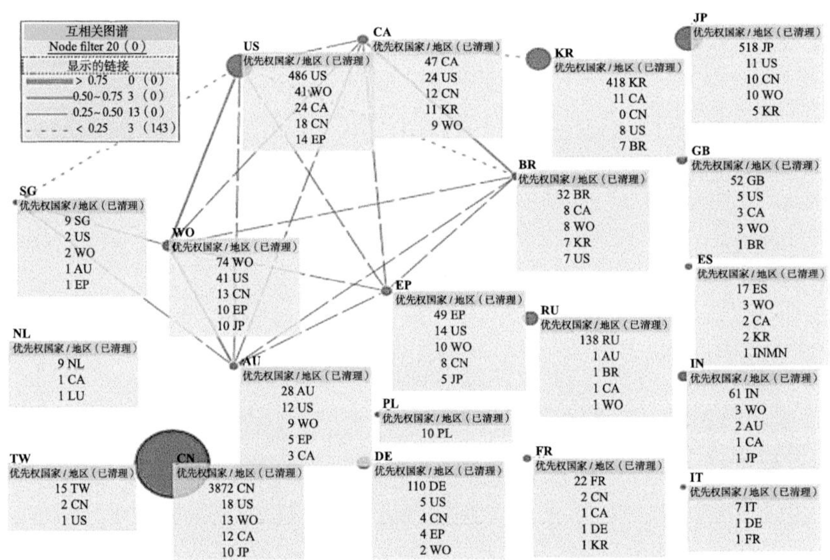

图 6–15 全球微生物传感器领域专利技术研发国家 / 地区合作情况

三、主要专利权人分析

全球微生物传感器领域专利数量排名前十的机构为松下电器、LG 电器、江苏大学、中国科学院、江南大学、济南大学、韩国科技大学、华南农业大学、日本独立行政法人产业技术所、富士电机等。在专利数量排名前十的机构中，共有 7 所高校 / 科研院所和 3 家企业，其中专利数量最多的高校 / 科研院所为江苏大学，专利数量为 29 件，占全球全部专利数量的 0.50%；专利数量最多的企业为松下电器，专利数量为 58 件，占全球全部专利数量的 0.99%（表 6–6）。

表 6-6　全球微生物传感器领域专利数量排名前二十的机构

序号	机构名称	所属国家	专利数量 / 件	全球占比
1	松下电器	日本	58	0.99%
2	LG 电器	日本	30	0.51%
3	江苏大学	中国	29	0.50%
4	中国科学院	中国	19	0.33%
5	江南大学	中国	18	0.31%
6	济南大学	中国	18	0.31%
7	韩国科技大学	韩国	17	0.29%
8	华南农业大学	中国	16	0.27%
9	日本独立行政法人产业技术所	日本	15	0.26%
10	富士电机	日本	15	0.26%
11	福建农林大学	中国	15	0.26%
12	富士通株式会社	日本	14	0.24%
13	三洋电机株式会社	日本	14	0.24%
14	中国农业大学	中国	14	0.24%
15	四川轻化工大学	中国	14	0.24%
16	夏普株式会社	日本	13	0.22%
17	东芝株式会社	日本	13	0.22%
18	加利福尼亚大学	美国	13	0.22%
19	威斯康星校友研究基金会	美国	12	0.21%
20	韩国生命工学研究院	韩国	11	0.19%

微生物传感器领域主要专利权人之间的合作均较少，主要集中在各个国家国内高校之间，或者企业之间的合作，跨国机构 / 高校之间基本无合作（图 6-16）。

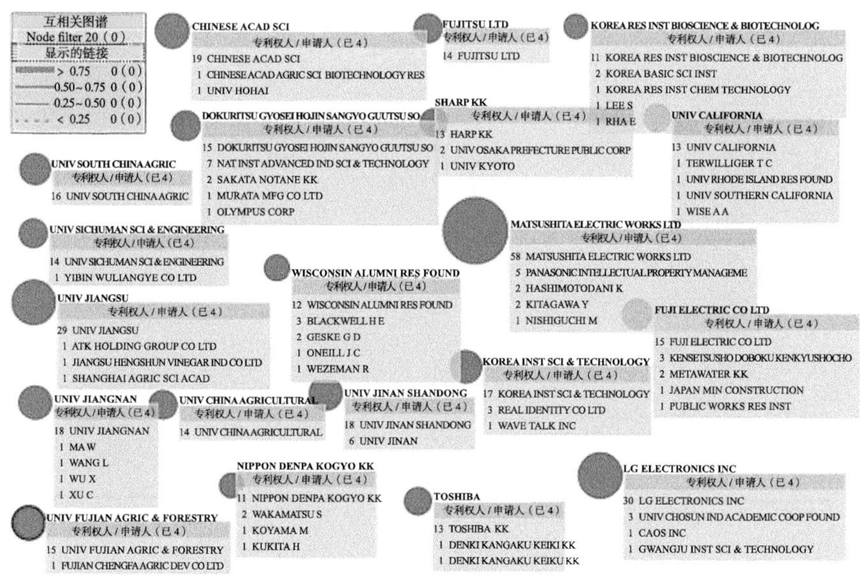

图 6-16　全球微生物传感器领域专利权人合作情况

四、主要研发技术方向分析

以 IPC 分类号为基础，通过统计专利技术的出现频次可以发现，全球微生物传感器领域专利研发主题主要集中在 C12M-001/00（酶学或微生物学装置）、G01N-033/00（用除测量机械方法、称量、密度、流动特性、表面特性、耐气候、耐腐蚀、耐光照、微波、辐射、核磁、热、电、声波、吸附、离子交换的方法进行测试或分析）、C12Q-001/00（包含酶、核酸或微生物的测定或检验方法）、G01N-027/00（用电、电化学或磁的方法测试或分析）、G01N-021/00（利用光学手段，即利用亚毫米波、红外光、可见光或紫外光来测试或分析）等，其中 C12M-001/00（酶学或微生物学装置）相关的专利数量达到了 1293 件，占该领域全部专利数量的 22.18%（表 6–7）。

表 6–7　全球微生物传感器领域前二十的研发技术方向

序号	IPC 号	中文释义	专利数量 / 件	全球占比
1	C12M-001/00	酶学或微生物学装置	1293	22.18%
2	G01N-033/00	用除测量机械方法、称量、密度、流动特性、表面特性、耐气候、耐腐蚀、耐光照、微波、辐射、核磁、热、电、声波、吸附、离子交换的方法进行测试或分析	700	12.01%
3	C12Q-001/00	包含酶、核酸或微生物的测定或检验方法	519	8.90%
4	G01N-027/00	用电、电化学或磁的方法测试或分析	496	8.51%
5	G01N-021/00	利用光学手段，即利用亚毫米波、红外光、可见光或紫外光来测试或分析	434	7.44%
6	A01G-018/00	蘑菇的栽培	241	4.13%
7	C05F-017/00	以生物或生化处理步骤为特征的肥料的制备	190	3.26%
8	C12N-001/00	微生物及其组合物制备或分离、繁殖、维持或保藏的方法	179	3.07%
9	A61L-002/00	紫外线辐照	173	2.97%
10	A01G-001/00	园艺；蔬菜的栽培	172	2.95%
11	C12G-003/00	其他酒精饮料的制备	144	2.47%
12	C12N-015/00	突变或遗传工程	137	2.35%
13	A61P-031/00	抗感染药，即抗生素、抗菌剂、化疗剂	119	2.04%
14	C12R-001/01	微生物本身，如原生动物	113	1.94%
15	B09B-003/00	固体废物的破坏或将固体废物转变为有用或无害的东西	110	1.89%
16	C02F-003/00	水、废水或污水的生物处理	110	1.89%
17	A23F-003/00	茶；茶代用品；其配制品	108	1.85%
18	A61B-005/00	用于诊断目的的测量	105	1.80%
19	A61K-031/00	含有机有效成分的医药配制品	102	1.75%
20	C02F-011/00	污泥的处理及其装置	99	1.70%

图 6–17 是全球微生物传感器领域专利数量前十的国家 / 机构在前十研发热点技术方向的专利分布情况。可以发现，中国在前十的热点技术方向都有专利产出，主要偏向于 C12M-001/00（酶学或微生物学装置）；美国的研究重点则是 G01N-033/00（用除测量机械方法、称量、密度、流动特性、表面特性、耐气候、耐腐蚀、耐光照、微波、辐射、核磁、热、电、声波、吸附、离子交换的方法进行测试或分析）、C12Q-001/00（包含酶、核酸或微生物的测定或检验方法）；日本偏向 G01N-027/00（用电、电化学或磁的方法测试或分析）、G01N-033/00（用除测量机械方法、称量、密度、流动特性、表面特性、耐气候、耐腐蚀、耐光照、微波、辐射、核磁、热、电、声波、吸附、离子交换的方法进行测试或分析）的研究。

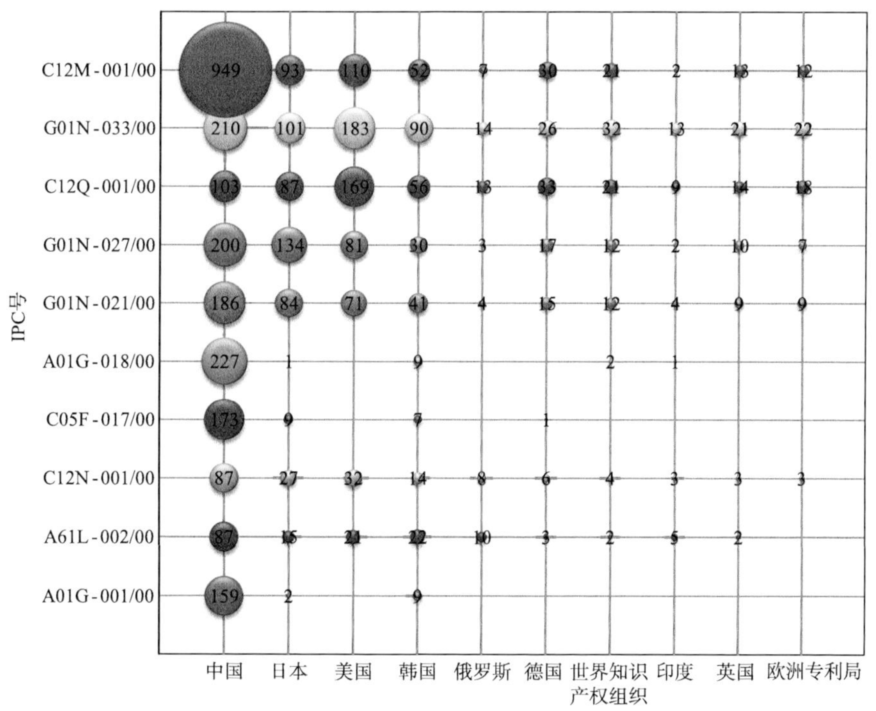

图 6–17　全球微生物传感器领域专利数量前十的国家 / 机构在前十热点技术方向的专利分布情况

图 6–18 是全球微生物传感器领域专利数量前十的机构在前十研发热点技术方向的专利分布情况。可以发现，松下电器的研究重点主要是 C12M-001/00（酶学或微生物学装置）、G01N-033/00（用除测量机械方法、称量、密度、流动特性、表面特性、耐气候、耐腐蚀、耐光照、微波、辐射、核磁、热、电、声波、吸附、离子交换的方法进行测试或分析）、G01N-027/00（用电、电化学或磁的方法测试或分析）、G01N-021/00（利用光学手段，即利用亚毫米波、红外光、可见光或紫外光来测试或分析）；江苏大学的研究重点主要是 C12M-001/00（酶学或微生物学装置）和 G01N-021/00（利用光学手段，即利用亚

毫米波、红外光、可见光或紫外光来测试或分析）；济南大学的研究重点主要是 G01N-033/00（用除测量机械方法、称量、密度、流动特性、表面特性、耐气候、耐腐蚀、耐光照、微波、辐射、核磁、热、电、声波、吸附、离子交换的方法进行测试或分析）和 G01N-027/00（用电、电化学或磁的方法测试或分析），其中在 G01N-027/00 方向较其他机构有明显优势；华南农业大学的研究集中在 C12N-001/00（微生物及其组合物制备或分离、繁殖、维持或保藏的方法），较其他机构研究较多。

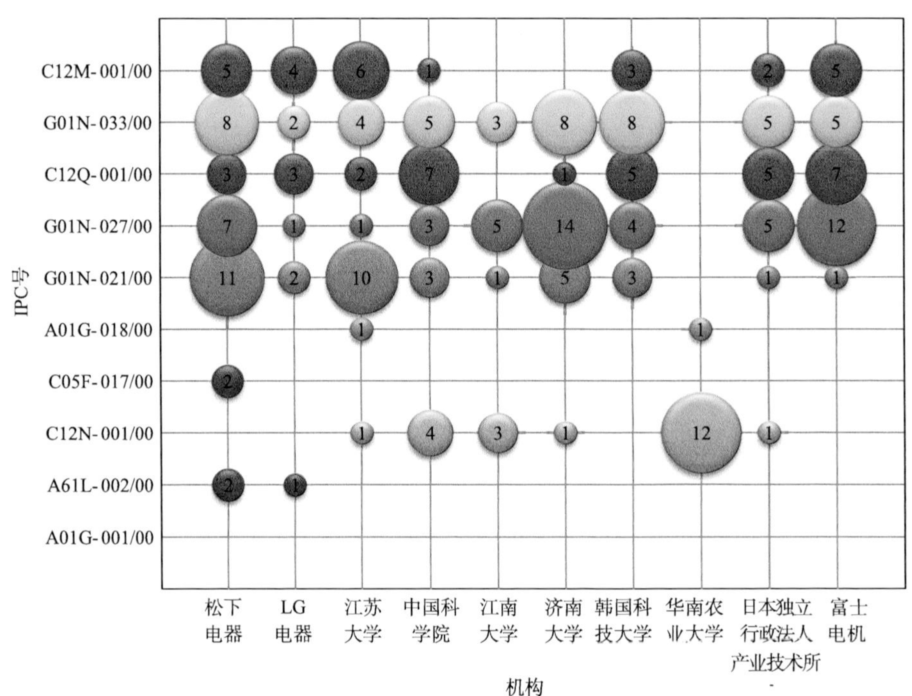

图 6–18 全球微生物传感器领域专利数量前十的机构在前十热点技术方向的专利分布情况

从全球微生物传感器研发主题知识图谱可知，主要研发方向大体包括 4 个方向：一是储罐，涉及阀杆、发酵罐、气体等；二是模型，涉及模型控制、时间、细菌群体感应；三是应变传感，包括样本、检测、病毒；四是氧电极，包括生物膜、检测信号、基因、浓度等（图 6–19）。

对比中国、美国、日本、韩国微生物传感器研发主题知识图谱可知，中国在各个主要的技术方向都有涉及；日本的研发重点在模型、微生物浓度检测等方向；美国的研发重点在样本、病毒、细菌群体效应等方向；韩国的研发重点在发酵、应变传感等方向（图 6–20）。

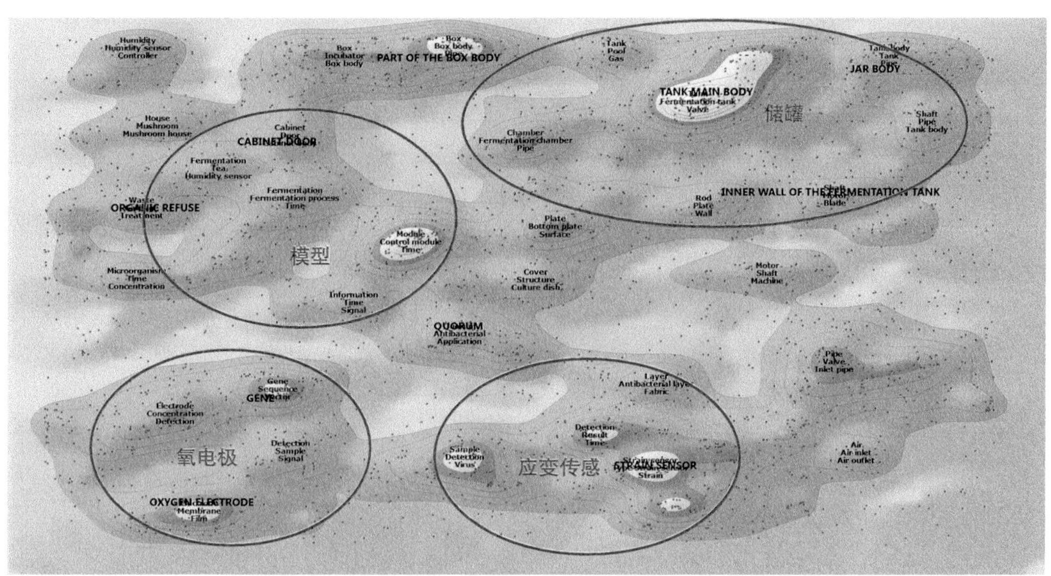

图 6–19　全球微生物传感器领域专利技术研发主题知识图谱

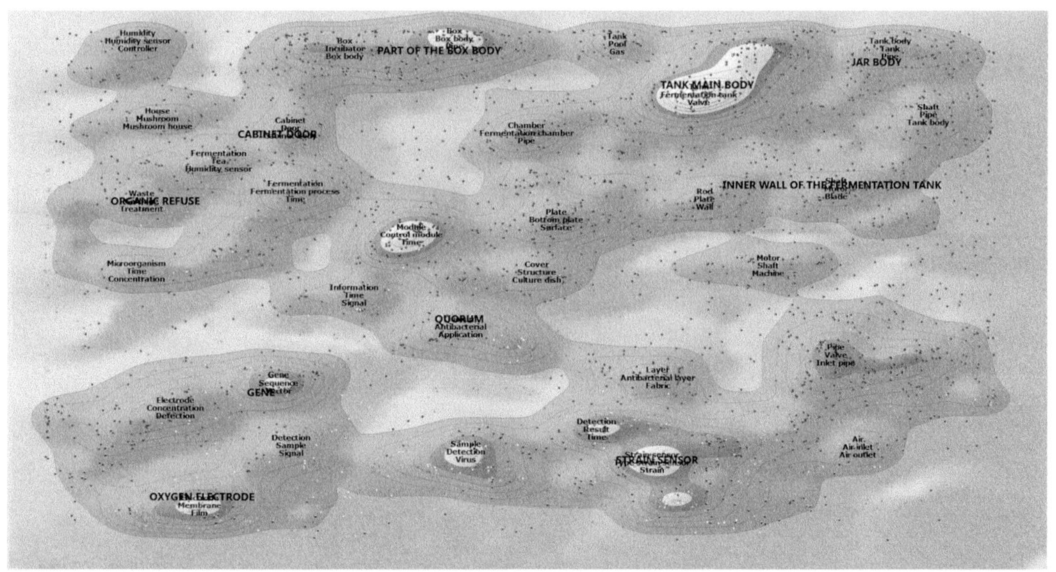

注：每个圆点代表一项专利技术，其中红色代表中国专利技术，绿色代表日本专利技术，黄色代表韩国专利技术，蓝色代表美国专利技术。

图 6–20　中美日韩微生物传感器领域专利技术研发主题知识图谱对比

分析近 5 年（2016—2021 年）全球微生物传感器研发主题知识图谱可知，近 5 年的研发方向主要集中在罐体（发酵罐、操作泵）、孵化器（包括抗菌层、大肠杆菌）、阳极室（包括控制机制、电极、信号输出）、细菌群体效应等方向（图 6–21）。

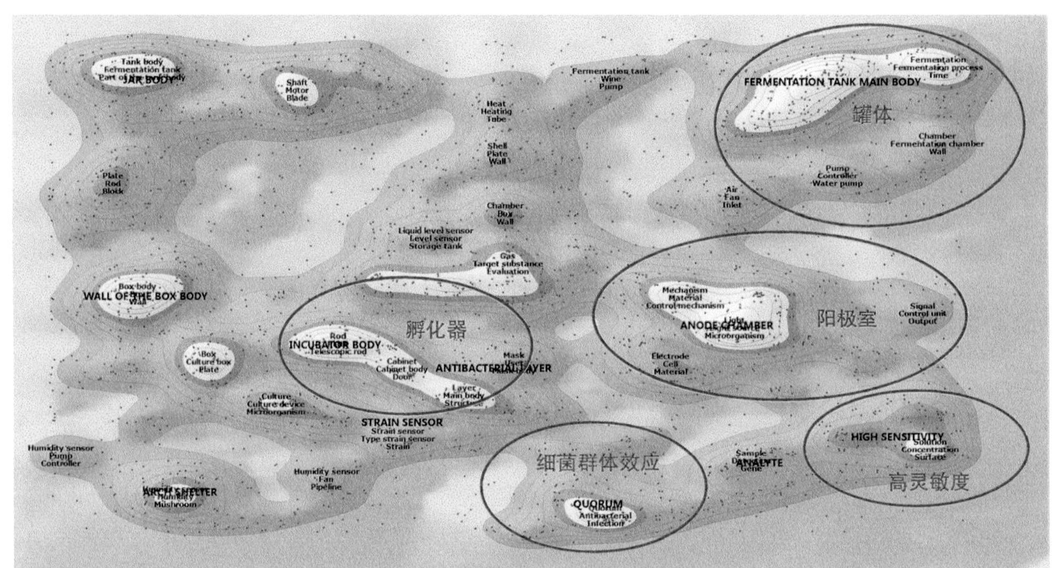

图 6-21 近 5 年（2016—2021 年）全球微生物传感器领域专利技术研发主题知识图谱

第五节 发展趋势预测及未来展望

随着信息时代的到来，准确可信的信息获取对于促进人们生产生活水平的提高变得越来越重要，而传感器技术成为重要方式之一。通过研发具有优越性能的生物传感器，结合便携式及智能化技术，使得新生代的生物传感器能够改良传统的检测手段，促进医学、生物科学和工程与技术等学科领域的发展。

自 1977 年 Kurabe I 等首次将丝孢酵母菌固定在多孔纤维素膜上制成 BOD 微生物传感器用于检测生化需氧量（BOD）以来，微生物传感技术得到了迅速的发展。近年来，微生物传感器的研究进一步深入，其应用也取得了极大拓展。基于其低检测限、低成本和高效率、高灵敏度、专一性识别等优点，已经被广泛应用于检测各种毒性物质，特别是在环境和污染物的监测中，对目标物进行跟踪报道。

在未来的研发过程中，值得重点关注的问题包括：一是通过对传感器在监测过程中的响应时间的控制来实现相应的高效率；二是开发研制便携式传感器以扩展传感器的应用范围；三是减少其受监测环境的影响，实现检测的零误差；四是注重信号转换的问题，确保传感器的稳定性。

目前，我国微生物传感器领域研究十分活跃，研究队伍不断壮大，尽管美国基础研究领域在发文数量方面远超过我国，但是我国的专利数量在全球占有领先地位。我国在基础研究中已经积累的大量分析检测手段及材料学、方法学等方面的成果，为研制生物传感分析仪器奠定了良好基础。

无论是基础研究还是应用研究，无论是国际合作强度还是机构之间的合作强度，我国与其他国家或机构的合作均较少，这就提示我们加强国际 / 机构学科间的交流与有效合作对于加快微生物传感器的研究与产业化进程均具有重要的意义。

由于微生物传感器能够监测健康状况及疾病的发生和进展，因此，微生物传感器被广泛用于家庭医疗保健。随着各种技术进步和非医疗应用拓展，有望增强微生物传感器市场的适用性，从而促进其增长。癌症、糖尿病和其他心血管疾病等慢性疾病的不断蔓延更增加了市场对微生物传感器的需求，如用于血糖监测、妊娠试验和胆固醇监测的微生物传感器。各种最终用户垂直领域的大规模采用和微生物传感器的应用不断增加，正在推动全球对微生物传感器需求的增长。随着各国对相关研究投入的不断加大，微生物传感器技术将加速成熟和应用。

第七章

生物反应器

内容提要

本章基于生物反应器领域政策环境、科研项目、基础研究论文及专利等，分析生物反应器技术发展态势，进而研判其竞争格局和未来发展趋势。

从政策环境来看，20 世纪 80 年代，日本在政府的推动下率先开发研制了 MBR 等反应器，主要发达国家纷纷跟随并在 90 年代中期进入生物反应器技术应用阶段，我国近年来也大力推动生物反应器技术的发展。

从科研项目来看，生物反应器领域科研项目自 2015 年开始出现显著增长，之后保持较为稳定的发展态势。美国国立卫生研究院（US-NIH）资助的项目数量最多，自 2000 年以来已资助 1752 项，占全球主要国家项目数量的 44.34%。生物反应器领域科研项目分属学科主题数量最多的是医学科学，达到 1850 项，此外，在工程与技术、生物科学等领域也获得广泛应用。该领域科研项目经费大部分处于 5 万 ~10 万美元，项目经费较少。

从基础研究论文情况看，全球生物反应器领域基础研究论文数量自 2005 年出现快速增长，目前仍处于稳定增长的阶段。发文量最多的是美国，共发表论文 3723 篇，占全球发文总量的 16.15%，总被引频次达到 126 730 次，篇均被引频次为 34.04 次。生物反应器领域发文量前 25 名的机构中，包含 6 家中国机构，美国、加拿大、日本、德国、韩国、新加坡各有 2 家。生物反应器领域论文的研究方向主要包括：①膜生物反应器；②生物反应器动力学及模型研究；③污水处理技术；④组织工程及仿生生物反应器；⑤生物降解及利用研究；⑥传质过程及流体动力学研究；⑦微藻生物反应器。研究热点主要集中于膜生物反应器、组织工程及仿生生物反应器方向。

从专利分析看，全球生物反应器领域专利数量从 1984 年开始迅速增长，其中主要的技术方向为 C02F-003/00（水、废水或污水的生物处理）、C12M-001/00（酶学或微生物学装置）、C02F-009/00（水、废水或污水的多级处理）、C12M-003/00（组织、人类、动物或植物细胞或病毒培养装置）等。其中，C02F-003/00 为前 20 名技术方向中增速最快的技术方向。专利数量排名前五的国家分别为中国、美国、日本、韩国和德国。在专利数量前 20 名的专利权人中，共有 11 家中国机构、3 家美国机构。该领域各专利权人之间合作较少，其中清华大学和北京碧水源科技股份有限公司存在合作关系。

生物反应器是一种能够进行生化反应的装置，可以模拟生物功能，在多个领域都有应用，如医药生产、有机污染物降解等。COE（欧盟委员会）对生物反应器给出以下定义：包含容器或其他机构，并在内部发生由生物系统或酶的化学反应的装置①。生物反应器可为生物体代谢提供一个优化的物理、化学环境，使生物体能更快更好地生长，以获得更多需要的生物量或者代谢产物。

生物反应器发展的历史与古代使用微生物发酵技术一样古老。自浸没式发酵发明以来，生物反应器在多个领域都有广泛的应用，包括环境保护部门的废水处理、医疗保健部门的细胞培养和组织工程、工业生物技术中高价值药品和散装化学品的生产，甚至在太空探索中培养藻类以产生氧气②。对各种应用的强劲需求刺激了生物反应器结构设计的进步，以满足特定目的，如中国白酒酿造行业中使用的固态发酵生物反应器、用于废水处理的厌氧膜生物反应器、用于发酵行业的经典罐式生物反应器，以及最近开发的用于小规模生产高价值生物药品的廉价一次性生物反应器等。

生物反应器多数使用在生物工程当中，而生物反应器是动物细胞培养中不可替代的主要设备，在生物医药的全生命周期中也起到了越来越重要的作用。生物反应器是实施生物催化反应的装置，其目标是满足细胞增殖及高效合成目标产物。对于动物细胞培养生产的生物药物，生物反应器在中游的各个环节都具有关键作用，生物反应器的发展进一步推动了生物医药产业的发展。常见的生物反应器有细胞培养生物反应器、微生物反应器、动物生物反应器、植物生物反应器、酶生物反应器、膜生物反应器等。

在污水处理、水资源再利用领域，膜生物反应器（Membrane Bio-Reactor，MBR）通过将膜分离单元与生物单元相结合来进行水处理，与传统的污水处理技术相比较，MBR 技术更加高效，而且污水的处理效果更好，能够实现自动化。目前，大型（10 000 m^3/d）和超大型（100 000 m^3/d）MBR 污水处理厂在中国、美国和欧洲等地相继建成并投入使用③。

第一节　全球主要国家相关政策与规划

一、国外相关政策与规划

1. 美国

美国联邦政府在 1993 年的《联邦气候变化行动计划》（“Federal Climate Change Action Plan”）中制定了对生物反应器填埋场的优惠政策：创建一个州 / 联邦联合协调

① 范铁男，郭爽 . 生物反应器的研究进展 [J]. 科学技术创新，2017（29）：122-123.

② WANG B，WANG Z，CHEN T，et al. Development of novel bioreactor control systems based on smart sensors and actuators[J]. Frontiers in bioengineering and biotechnology，2020，8：7.

③ 张浩良，刘聪，洪乾坤，等 . MBR 中膜污染的人工神经网络预测研究进展 [J]. 工业水处理，2022，42（7）：15-23.

计划，以强化对生物反应器填埋场选址、批准和回收的协调管理；修订环保相关标准规范，消除对生物反应器填埋场的不必要障碍。

2016 年 4 月 1 日，美国国家科学技术委员会先进制造分委会发布了《先进制造业：联邦政府优先技术领域概要》报告，提出了 5 个应重点考虑的新兴制造业技术领域——先进材料制造、推动生物制造发展的工程生物学、再生医学生物制造、先进生物制品制造、药品连续生产，并且给出了国防军工安全领域的联邦投资实例。生物反应器的演化是人类面临的挑战之一，使人类在设计面向所有生物制造的可再生、耐用、稳定的生物工艺方面面临难题。不管是基因层面，还是表观遗传学层面，所有生物系统都会面临进化压力。因此，研究者需要采用多重方法，解决生物制造工艺结构强度和稳定性方面的难题。这些方法包括对作为 DNA 稳定性和修复、表观遗传学和进化基础的生物学机制有更清晰的理解，以及开发出有助于在生物制造环境中预测复杂生物学设计的一些定量工具。

2016 年 6 月 13 日，美国国家细胞制造协会（National Cell Manufacturing Consortium，NCMC）在白宫机构峰会上宣布了《面向 2025 年大规模、低成本、可复制、高质量的细胞制造技术路线图》，设计出大规模生产用于癌症、神经退行性疾病及细胞治疗产品（血液、视觉障碍、器官再生、修复）的路径。其中，细胞扩增设备包括设计大容量、集成在线监测信息技术系统和一体化给料的生物反应器。

2021 年 10 月 14 日，美国农业部（USDA）宣布将投资 2.72 亿美元，为全国 27 万农村社区居民改善农村供水基础设施，其中包括建设膜生物反应器废水处理厂。

2. 欧盟

2015 年 3 月，欧盟决定通过 SPIRE 公私伙伴计划向工业生物技术研发项目 PRODIAS 注资 1000 万欧元，预计该项目的总投入将达到 1400 万欧元。PRODIAS 项目由世界著名的化工企业巴斯夫（BASF）牵头，法国嘉吉（Cargill）欧布尔丹公司、德国凯撒斯劳滕大学、英国帝国理工学院、瑞典 AlfaLaval 公司、荷兰 GEAMessoPT 公司、荷兰 Xendo 公司、芬兰 UPM 公司和德国 Enviplan 公司等 8 家跨生物基产业技术机构，以及从事可再生资源、化学、加工工程、设备供应研究的大学和企业共同参与。PRODIAS 的宗旨是开发和实施在生产过程中可再生原料专用的低成本分离和纯化技术。研发重点包括可用于白色生物技术产品的分离技术，具备可选择性和低能耗等优点的创新混合系统，通过优化生物反应器（发酵）和提升下游生产加工效率的生物催化过程以节约原材料的创新方法。

另外，德国斯图加特大学开发了用于太空藻类研究的光生物反应器，旨在进入太空开展微藻养殖与相关研究试验。此项目属于欧盟 TIME SCALE 项目（项目周期：2015—2018 年），主要开发用于太空生命研究的下一代技术，此项目得到欧盟研究与创新框架计划的资金资助。

2017 年 4 月 7 日，欧盟委员会联合 14 个国家 / 地区的政府机构、大学、知识中心、创新企业及终端用户，在比利时布鲁塞尔宣布选中了“以 AnMBR 和水回用结合的可持续污水处理”作为欧盟首个研究和创新领域的“创新协定”（Innovation Deal）的项目。

3. 俄罗斯

2021 年 1 月 9 日，俄罗斯政府发布《俄罗斯联邦长期基础科学研究计划（2021—2030）》，其中在移植和人造器官方向需要开发生物反应器或生物体中的生长技术，用于暂时或永久替换受损或失去的器官和组织①。

4. 加拿大

2022 年 2 月 24 日，加拿大卫生部审批通过了本土研发的首款新冠疫苗 Covifenz，该疫苗是世界首个获批的植物源人体疫苗，引起了科学界和医药界的轰动，进一步激发了国内外对植物生物反应器的研究兴趣。

二、国内相关政策与规划

从 2011 年开始，我国政府高度重视生物反应器产业的发展，2011—2016 年，中央各部门密集发布了多项涉及生物反应器产业的相关政策（表 7–1）。可以看出，2011 年，国家发展改革委、科技部、工业和信息化部等部门在制定优先发展的高技术产业化重点领域指南及各领域“十二五”技术规划中都提出要发展各类生物反应器技术，主要涉及生物医药及农业领域。

2012 年国务院发布的《“十二五”国家战略性新兴产业发展规划》中提出，要强化生物反应器等共性关键技术和工艺装备的开发。此外，2012—2013 年，国家重点聚焦膜生物反应器技术，实现市政污水回用，解决城市缺水问题。从 2014 年开始，我国政府重点关注工业领域难降解废水处理用高效生物反应器技术开发，以及垂直折流多功能生物反应器等设备的研制。从 2016 年开始，我国在《重大环保技术装备与产品产业化工程实施方案》中将垂直折流多功能生物反应器列入水污染防治领域关键技术，并要求加快推进 20 万吨 / 天膜生物反应器法污水处理示范项目。

随着我国生物反应器产业的迅速发展和成熟，近年来各地区（如甘肃、河北、黑龙江等）在制定“十四五”发展规划中，纷纷提出要开展膜生物反应器、微型生物反应器等装备的研制开发。随着各地规划的实施，预计我国生物反应器产业在“十四五”期间将迎来良好的发展机遇。

① 俄罗斯联邦长期基础科学研究计划（2021—2030）[EB/OL].（2020-12-31）[2022-04-12]. http://static.government.ru/media/files/skzO0DEvyFOIBtXobzPA3zTyC71cRAOi.pdf.

表 7–1 中国生物反应器产业相关政策 / 规划

序号	时间	发布机构	政策 / 规划名称	政策 / 规划主要思想
1	2011 年	国家发展改革委等部门	《当前优先发展的高技术产业化重点领域指南（2011 年度）》	生物领域高技术产业化重点领域包括高效生物反应器，高密度培养技术，佐剂、悬浮培养、发酵培养等生物制品产业化关键技术及动植物生物反应器等技术
2	2011 年	科技部	《“十二五”现代生物制造科技发展专项规划》	研发基于微阵列系统、多参数并行化生物反应器的高通量发酵工艺优化技术，加速微生物工业化应用进程。发展新型生物反应器的设计、放大和制造技术，突破生物过程工程与装备、先进固体发酵等关键技术，解决生物制造过程的效率与工程化问题，显著提高我国生物产业过程技术与装备水平
3	2011 年	科技部	《“十二五”生物技术发展规划》	研究和开发新型高效动植物细胞生物反应器、光生物反应器的设计、放大和制造技术
4	2011 年	科技部	《国家“十二五”科学和技术发展规划》	创制优良动植物新品种、液体生物燃料、生物反应器、新型生物农药、基因工程疫苗和药物、农业智能装备、健康食品、海水养殖等重大产品
5	2011 年	工业和信息化部	《产业关键共性技术发展指南（2011 年）》	以国内外市场潜力巨大、临床应用面广的各类新型药物为目标，开展以生物反应器流场特性与生理特性分析相结合的发酵过程优化放大技术的研究和应用
6	2011 年	农业部	《农业科技发展“十二五”规划》	加强畜禽分子设计和细胞工程育种技术、家畜体细胞克隆与干细胞技术、动物生物反应器等高技术研究
7	2011 年	农业部办公厅	《全国农业机械化专项发展规划》	以污物分离器、蛋白分离器、高效生物反应器等为主，推广新型水产养殖设施装备
8	2011 年	工业和信息化部、科技部	《国家鼓励发展的重大环保技术装备目录（2011 年版）》	城镇污水处理设备：膜生物反应器。高浓度难降解有机废水处理设备：垂直折流多功能生物反应器（VTBR）。同步脱碳、脱氮、除磷及污水资源化技术装备，焦化废水综合处理技术与成套装备：膜生物反应器工艺。垃圾渗滤液处理设备：优化膜生物反应器 + 纳滤 + 反渗透处理工艺技术
9	2012 年	国务院	《“十二五”国家战略性新兴产业发展规划》	面向人民健康、农业发展、资源环境保护等重大需求，强化生物资源利用、转基因、生物合成、抗体工程、生物反应器等共性关键技术和工艺装备开发
10	2012 年	国务院	《“十二五”节能环保产业发展规划》	重点示范膜生物反应器（MBR）、垃圾焚烧及烟气处理、烟气脱硫脱硝等先进技术装备及能源、农业等行业清洁生产重大技术装备
11	2012 年	科技部	《高性能膜材料科技发展“十二五”专项规划》	开发高强度、抗污染的膜生物反应器（MBR）专用膜材料，可以实现市政污水回用，解决城市缺水问题。在水资源领域，重点突破海水淡化用高性能反渗透膜、水质净化用纳滤膜和废水处理用膜生物反应器专用膜材料的规模化制备技术，以解决制约我国国民经济可持续发展的水资源短缺和饮用水安全问题

续表

序号	时间	发布机构	政策 / 规划名称	政策 / 规划主要思想
12	2012 年	国务院	《生物产业发展规划》	①开发以药械结合、分子设计学为技术特征的植介入体设计和制作关键技术及其精密加工装备和生物反应器，推动新型生物医用材料及相关医疗器械的产业化发展。 ②加快动植物生物反应器核心技术和新产品的研发和产业化。 ③发展细胞治疗、基因治疗等新技术与装备。支持抗体规模生产、新型生物反应器和佐剂等关键技术的推广应用，加快生物技术药物高品质规模化发展
13	2013 年	科技部	《“十二五”国家碳捕集利用与封存科技发展专项规划》	研发高效低成本固碳优良藻类、菌种和林木培育、培养及基因工程技术，生物转化固碳产物低成本采收分离与多联产加工技术；CO_2 微生物与电化学合成燃料耦合反应技术，高效光生物反应器构建技术
14	2013 年	国家发展改革委	关于修改《产业结构调整指导目录（2011 年本）》有关条款的决定	鼓励污水防治技术设备发展：20 万吨 / 日城市污水处理成套装备（除磷脱氮）；污泥干燥焚烧技术装备（减渣量 90% 以上）；浸没式膜生物反应器（COD 去除率 90% 以上）
15	2013 年	国家发展改革委	《战略性新兴产业重点产品和服务指导目录》	将新型生物反应器和高效节能生物发酵技术、膜生物反应器、海洋动植物生物反应器药物和动物生物反应器及产品作为战略新兴产业重点产品和服务进行培育
16	2014 年	科技部、工业和信息化部	《2014—2015 年节能减排科技专项行动方案》	大力推广高效清洁煤炭锅炉技术、燃煤污染物一体化控制技术、膜生物反应器等减排技术
17	2014 年	国家发展改革委	《西部地区鼓励类产业目录》	鼓励陕西省开展高效生物反应器，高密度培养技术，佐剂、悬浮培养、发酵培养等生物制品开发及生产
18	2014 年	国家发展改革委等五部门	《重大环保技术装备与产品产业化工程实施方案》	加大关键技术攻关力度，如垂直折流多功能生物反应器、微生物法碳捕获技术、活性炭吸附—电解连续再生（微电解）技术等
19	2014 年	水利部	《2014 年度水利先进实用技术重点推广指导目录》	科利尔生物接触氧化河道湖泊水体修复技术：尤其是在河底铺设由专利技术产品组合而成的生物反应器（生物带、水体治理专性高效菌粉、微孔曝气管）
20	2016 年	国务院	《“十三五”生态环境保护规划的通知》	屠宰行业要强化外排污水预处理，敏感区域执行特别排放限值，有条件的采用膜生物反应器工艺进行深度处理
21	2016 年	工业和信息化部等部门	《医药工业发展规划指南》	重点发展缓控释、透皮吸收、粉雾剂等新型制剂工艺设备，大规模生物反应器及附属系统等制药设备

续表

序号	时间	发布机构	政策 / 规划名称	政策 / 规划主要思想
22	2016 年	科技部、财政部、税务总局	《高新技术企业认定管理办法》	国家重点支持的高新技术领域包括高效生物反应过程在线检测和过程控制技术、生物反应过程放大技术及新型生物反应器开发技术等
23	2018 年	生态环境部	《船舶水污染防治技术政策》	船舶黑水处理宜采用膜生物反应器、接触氧化法、电解法、膜过滤、臭氧消毒、紫外线消毒等技术及其组合工艺，减少五日生化需氧量、悬浮物、耐热大肠菌群、化学需氧量和总氯（总余氯）的排放。 鼓励研发处理周期短、占用空间小、无或较少二次污染、运行维护简单，适应船舶运行、处理稳定的生活污水处理装置和技术，如高效膜生物反应器（EMBR）、黑水和灰水一体化处理技术等
24	2021 年	河北省人民政府办公厅	《河北省科技创新“十四五”规划》	研发绿色高效低耗的污水处理生物制剂、膜生物反应器、低能耗少药剂的新型水处理工艺及智能装备
25	2021 年	黑龙江省人民政府	《黑龙江省中长期科学和技术发展规划（2021—2035 年）》	加强发酵装备、高通量筛查装备、单细胞分析装备、新型生物发酵传感器、微型生物反应器等装备的研制
26	2022 年	甘肃省人民政府办公厅	《甘肃省“十四五”制造业发展规划》	推动中空纤维纳滤膜研究及产业化，发展苦咸水淡化、膜生物反应器（MBR）、微生物水处理、膜集成污水处理及模块化污水处理等技术。突破细胞驯化、无血清培养基开发、病毒基因工程株构建、生物反应器工程和病毒分离纯化等疫苗生产关键技术

第二节 全球主要国家科研项目布局分析

生物反应器领域科研项目数据来源于全球科研项目数据库，共收集到科研项目 3951 项，检索时间为 2022 年 1 月 20 日。

一、项目资助年度统计

全球主要国家在生物反应器领域近 10 年资助科研项目的数量统计如图 7-1 所示，可以看出，项目数量自 2015 年开始出现显著增长，之后保持较为稳定的发展态势。近两年的数据由于存在滞后性，仅供参考。

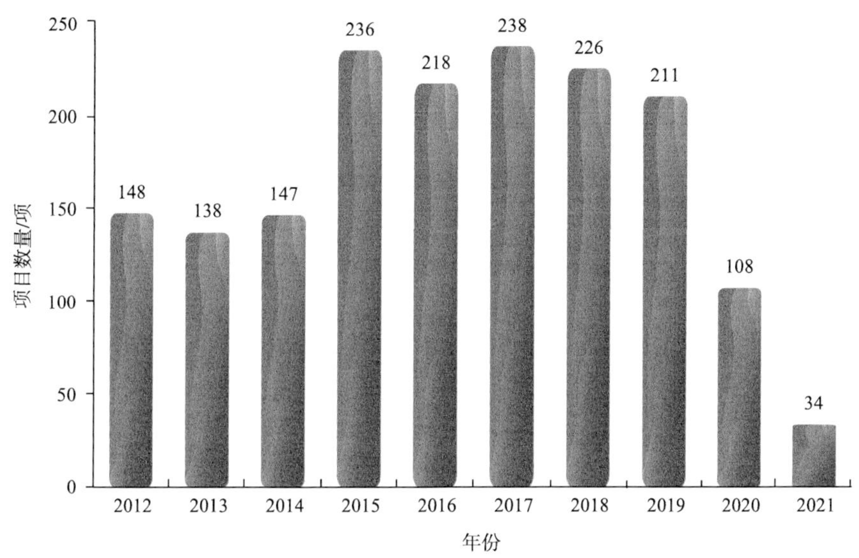

图 7–1　全球主要国家生物反应器领域近 10 年项目资助情况

二、项目国家 / 地区分布统计

生物反应器领域科研项目国家 / 地区分布统计如图 7–2 所示，可以看出，美国资助的项目数量最多，达到 2794 项，占全球主要国家 / 地区项目总量的 70.72%。巴西资助的项目为 227 项，之后为日本（资助 185 项）。资助项目较多的国家 / 地区还包括欧盟、中国、英国、加拿大、印度、瑞士、法国。

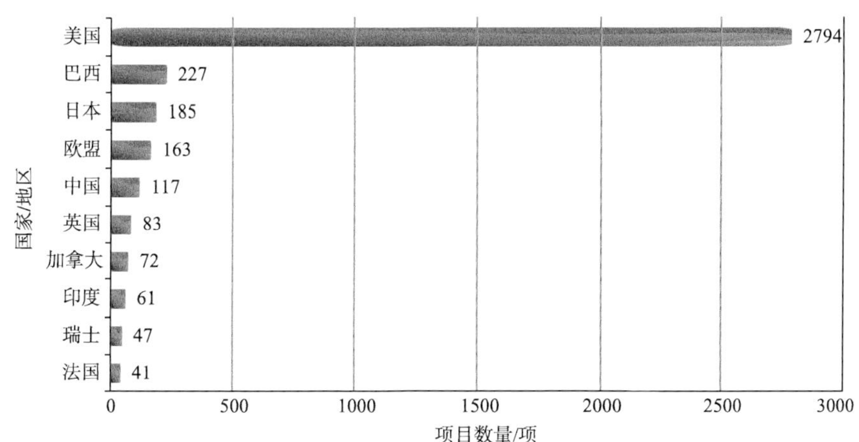

图 7–2　全球生物反应器领域科研项目国家 / 地区分布统计

三、项目资助机构统计

生物反应器领域科研项目资助机构统计如图 7–3 所示，可以看出，美国国立卫生研究院（US-NIH）资助的项目数量最多，达到 1752 项，占全球主要国家项目数量的 44.34%；其次为美国国家科学基金会（US-NSF），资助项目为 535 项。中国国家自然科学基金委员会（CN-NSFC）资助的项目达到 117 项，居全球第 6 位。此外，项目资助较多的机构还包括美国食品与农业研究所（US-NIFA）、巴西圣保罗研究基金会（BR-FAPESP）、日本学术振兴会（JP-JSPS）等。

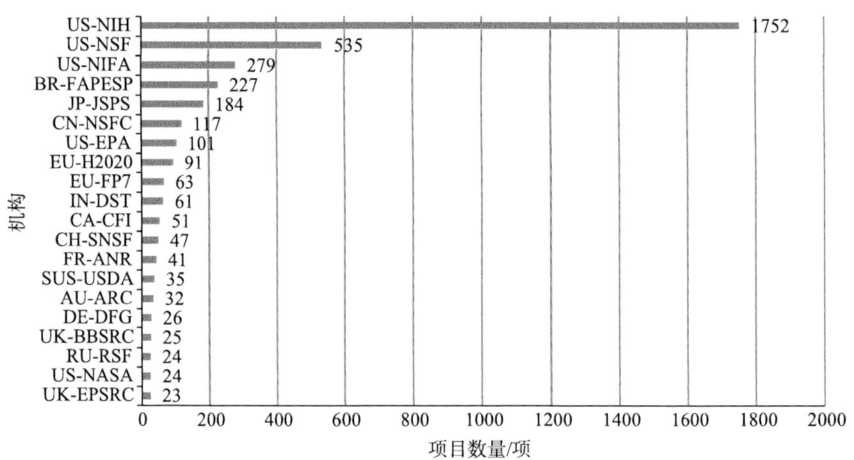

图 7–3　全球主要国家生物反应器领域科研项目资助机构统计

四、项目学科主题分布统计

生物反应器领域科研项目分属学科主题统计如图 7–4 所示，可以看出，数量最多的是医学科学，达到 1850 项，占全球主要国家科研项目总数的 45.68%。之后为工程与技术、生物科学、环境科学、化学科学、农业科学、管理科学、地球科学、物理学、社会科学与人文。

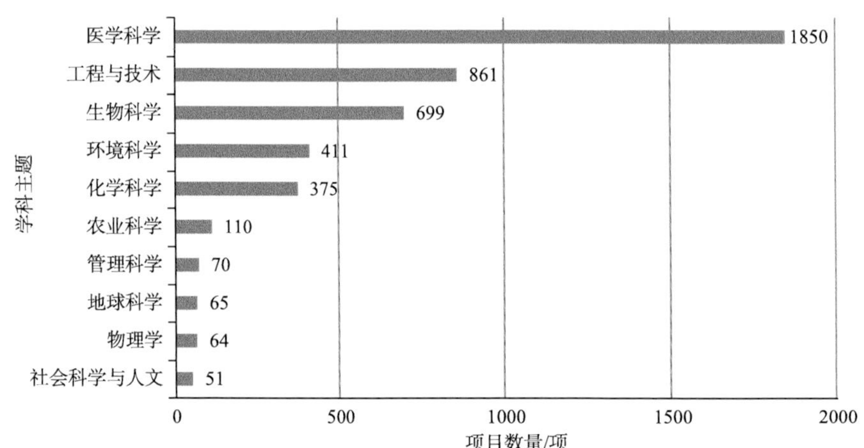

图 7–4　全球主要国家生物反应器领域科研项目学科主题分布统计

五、项目主持机构统计

生物反应器领域科研项目主持机构统计如图 7–5 所示，可以看出，主持项目数量最多的是莱斯大学，达到 44 项。其他主持科研项目数量较多的机构还包括塔夫茨大学、匹兹堡大学、加利福尼亚大学圣迭戈分校、凯斯西储大学、哥伦比亚大学、圣卡洛斯联邦大学、斯坦福大学、耶鲁大学、麻省理工学院等。

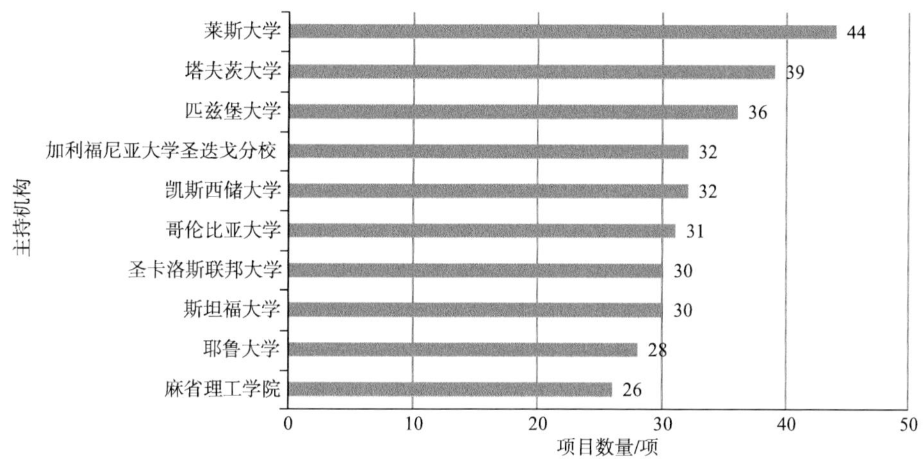

图 7–5 全球生物反应器领域科研项目主持机构统计

六、项目经费统计

生物反应器领域科研项目经费统计如图 7–6 所示，可以看出，100 万美元及以上的项目有 499 项，50 万 ~100 万美元的项目有 819 项，20 万 ~50 万美元的项目有 1974 项，10 万 ~20 万美元的项目有 2337 项，5 万 ~10 万（不含 5 万）美元的项目最多，达到 2363 项，5 万美元及以下的项目为 237 项。说明该领域项目经费资助强度较低。

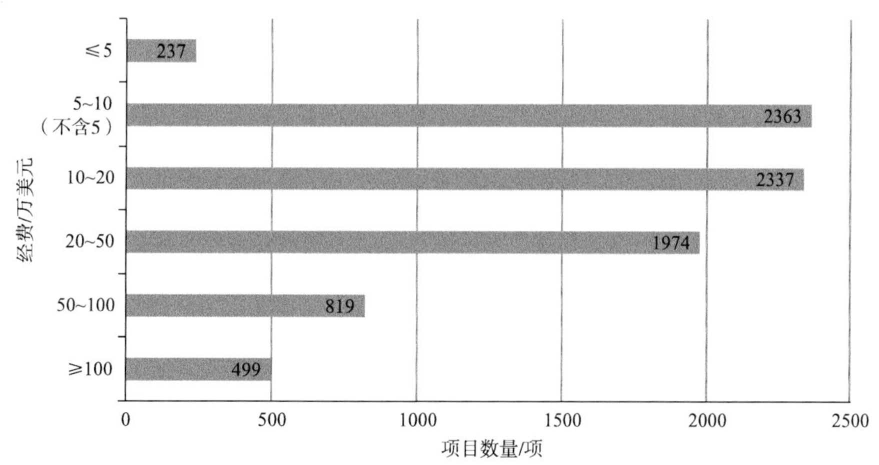

图 7–6 全球生物反应器领域科研项目获资助经费情况统计

第三节 全球基础研究进展

生物反应器领域基础研究数据来源于科学引文索引（SCI-E）、社会科学引文索引

（SSCI）和科技会议录索引（CPCI-S），共收集 1900—2021 年全球生物反应器领域基础研究文献 23 046 篇（只统计 Article、Review、Poceeding Papers 3 种类型，检索时间为 2022 年 1 月 10 日）。

一、发文量年度变化分析

截至 2021 年年底，全球关于生物反应器研究共发表基础研究论文 23 046 篇。从年度发文量来看，2004 年之前增长较为缓慢，2005 年以来从 661 篇迅速增长到 2021 年的 1264 篇，1968 年以来的复合年均增长率高达 14.43%，生物反应器领域基础研究仍处于稳定增长的阶段（图 7–7）。

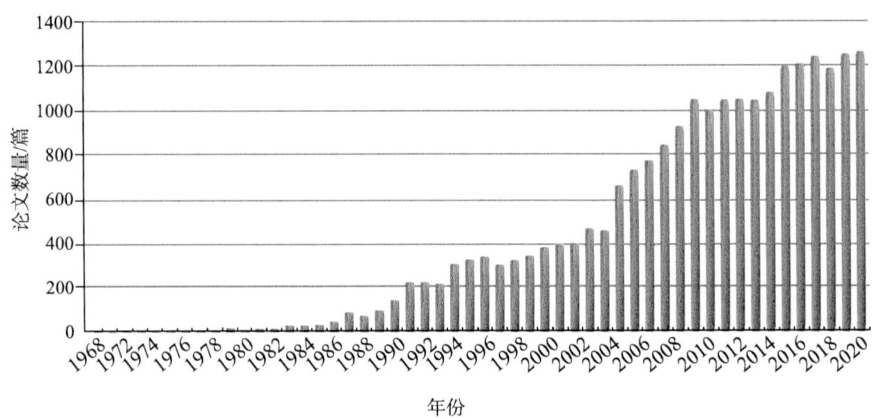

图 7–7 全球生物反应器领域基础研究论文年度产出情况

二、主要国家 / 地区论文产出比较

截至 2021 年年底，生物反应器领域发文量最多的是美国，共发表论文 3723 篇，占全球发文总量的 16.15%，总被引频次达到 126 730 次，篇均被引频次为 34.04 次；其次是中国大陆，发文量 3541 篇，占全球发文总量的 15.36%；德国和加拿大紧随其后，发文量分别占全球发文总量的 6.60% 和 5.60%；发文量较多的国家 / 地区还包括印度、英国、日本、韩国、意大利等（表 7–2）。

表 7–2 全球生物反应器领域发文量 TOP 25 国家 / 地区的发文情况

序号	国家 / 地区	论文数量 / 篇	全球占比	总被引频次 / 次	篇均被引频次 / 次
1	美国	3723	16.15%	126 730	34.04
2	中国大陆	3541	15.36%	82 588	23.32
3	德国	1520	6.60%	45 260	29.78
4	加拿大	1291	5.60%	35 060	27.16
5	印度	1159	5.03%	25 414	21.93

续表

序号	国家 / 地区	论文数量 / 篇	全球占比	总被引频次 / 次	篇均被引频次 / 次
6	英国	1139	4.94%	35 708	31.35
7	日本	1081	4.69%	26 170	24.21
8	韩国	1035	4.49%	34 531	33.36
9	意大利	987	4.28%	20 749	21.02
10	西班牙	972	4.22%	27 954	28.76
11	法国	873	3.79%	23 874	27.35
12	澳大利亚	728	3.16%	26 856	36.89
13	巴西	715	3.10%	10 978	15.35
14	荷兰	632	2.74%	23 198	36.71
15	伊朗	619	2.69%	10 461	16.90
16	土耳其	464	2.01%	10 215	22.02
17	墨西哥	457	1.98%	6502	14.23
18	中国台湾	452	1.96%	11 742	25.98
19	比利时	422	1.83%	12 326	29.21
20	新加坡	419	1.82%	15 479	36.94
21	瑞士	392	1.70%	15 339	39.13
22	波兰	362	1.57%	4642	12.82
23	葡萄牙	316	1.37%	13 736	43.47
24	马来西亚	310	1.35%	6354	20.50
25	瑞典	256	1.11%	7067	27.61

三、主要研究机构分析

生物反应器领域发文量前 25 名的机构中，包含 6 家中国机构，美国、加拿大、日本、德国、韩国、新加坡各有 2 家，其他国家的科研机构较少。中国科学院以发文量 358 篇排在第一位，占全球发文总量的 1.55%，篇均被引频次为 22.59 次。篇均被引频次最高的机构是麻省理工学院（68.89 次），其后是柏林工业大学（63.30 次）、首尔大学（52.36 次）（表 7–3）。

表 7–3　全球生物反应器领域发文量 TOP 25 机构的发文情况

序号	机构名称	国别	论文数量 / 篇	全球占比	总被引频次 / 次	篇均被引频次 / 次
1	中国科学院	中国	358	1.55%	8087	22.59
2	哈尔滨工业大学	中国	243	1.05%	6660	27.41

续表

序号	机构名称	国别	论文数量 / 篇	全球占比	总被引频次 / 次	篇均被引频次 / 次
3	法国国家科学研究中心	法国	231	1.00%	5684	24.61
4	同济大学	中国	227	0.98%	7921	34.89
5	印度理工学院	印度	211	0.92%	5477	25.96
6	南洋理工大学	新加坡	201	0.87%	6510	32.39
7	清华大学	中国	200	0.87%	6700	33.50
8	新加坡国立大学	新加坡	182	0.79%	7825	42.99
9	代尔夫特理工大学	荷兰	177	0.77%	6590	37.23
10	浙江大学	中国	168	0.73%	4474	26.63
11	悉尼科技大学	澳大利亚	161	0.70%	5107	31.72
12	大连理工大学	中国	160	0.69%	7930	49.56
13	女王大学	加拿大	154	0.67%	4454	28.92
14	日本产业技术综合研究所	日本	152	0.66%	2835	18.65
15	首尔大学	韩国	146	0.63%	7645	52.36
16	东京大学	日本	139	0.60%	4012	28.86
17	格拉纳达大学	西班牙	137	0.59%	2937	21.44
18	德黑兰大学	伊朗	136	0.59%	2341	17.21
19	亚琛工业大学	德国	133	0.58%	3627	27.27
20	圣保罗大学	巴西	130	0.56%	1755	13.50
21	麻省理工学院	美国	123	0.53%	8474	68.89
22	全北国立大学	韩国	120	0.52%	4273	35.61
23	伊利诺伊州立大学	美国	116	0.50%	4297	37.04
24	柏林工业大学	德国	114	0.49%	7216	63.30
25	韦仕敦大学	加拿大	114	0.49%	2970	26.05

四、主要基金资助机构分析

全球生物反应器领域 TOP 25 的资助机构 / 基金资助的研究者共发文 8048 篇，占总发文量的 34.92%。其中，所资助研究产出论文最多的是中国国家自然科学基金委员会（6.79%）；其次是美国国立卫生研究院（4.28%）。论文产出量较多的资助机构 / 基金还包括欧盟委员会、美国卫生部公共服务部、加拿大自然科学与工程研究委员会、巴西国家科学技术发展委员会、美国国家科学基金会、中国中央高校基本科研业务费专项资金、西班牙政府、巴西高等教育基金会等（表 7–4）。

表 7-4 全球生物反应器领域科研项目主要资助机构 / 基金的发文情况

序号	机构 / 基金名称	论文数量 / 篇	全球占比
1	中国国家自然科学基金委员会	1564	6.79%
2	美国国立卫生研究院	986	4.28%
3	欧盟委员会	767	3.33%
4	美国卫生部公共服务部	622	2.70%
5	加拿大自然科学与工程研究委员会	390	1.69%
6	巴西国家科学技术发展委员会	322	1.40%
7	美国国家科学基金会	295	1.28%
8	中国中央高校基本科研业务费专项资金	291	1.26%
9	西班牙政府	290	1.26%
10	巴西高等教育基金会	240	1.04%
11	英国研究与创新部门	223	0.97%
12	日本文部科学省	188	0.82%
13	墨西哥科技理事会	187	0.81%
14	中国 863 计划	182	0.79%
15	英国工程和物理科学研究委员会	162	0.70%
16	土耳其科技研究理事会	162	0.70%
17	巴西米纳斯吉拉斯州研究支持基金会	151	0.66%
18	日本学术振兴会	151	0.66%
19	葡萄牙科学技术基金会	137	0.59%
20	德国联邦教育及研究部	135	0.59%
21	澳大利亚研究理事会	132	0.57%
22	欧盟委员会联合研究中心	122	0.53%
23	中国台湾科技发展主管部门	122	0.53%
24	德国科学基金会	115	0.50%
25	国际农业研究磋商组织	112	0.49%

五、研究热点主题分析

1. 主题共现分析

统计生物反应器领域论文的研究主题可以看出（表 7-5），主要集中在膜生物反应器、膜污染、废水处理、生物降解、组织工程等方面。

表 7-5 全球生物反应器领域论文的主要研究主题

序号	英文名称	中文名称	论文数量 / 篇
1	Membrane Bioreactor（MBR）	膜生物反应器	3267
2	Membrane Fouling	膜污染	1366
3	Wastewater Treatment	废水处理	1106
4	Biodegradation	生物降解	735
5	Tissue Engineering	组织工程	595
6	Modeling	建模	403
7	Biofilm	生物薄膜	372
8	Activated Sludge	活性污泥	338
9	Denitrification	反硝化	332
10	Microbial Community	微生物群落	300
11	Fermentation	发酵	287
12	Mass Transfer	物质传递	279
13	Immobilization	固定化	273
14	Anaerobic Digestion	厌氧消化	261
15	Anaerobic Membrane Bioreactor	厌氧膜生物反应器	258
16	Nitrification	硝化作用	233
17	Bioremediation	生物修复	229
18	Airlift Bioreactor	气升式生物反应器	228

从生物反应器领域基础研究论文主题演变情况可以看出，膜生物反应器研究论文数量增长的速度最快，属于近几年研究的热点主题，相比之下，其他主题增长速度较为缓慢（图 7-8）。

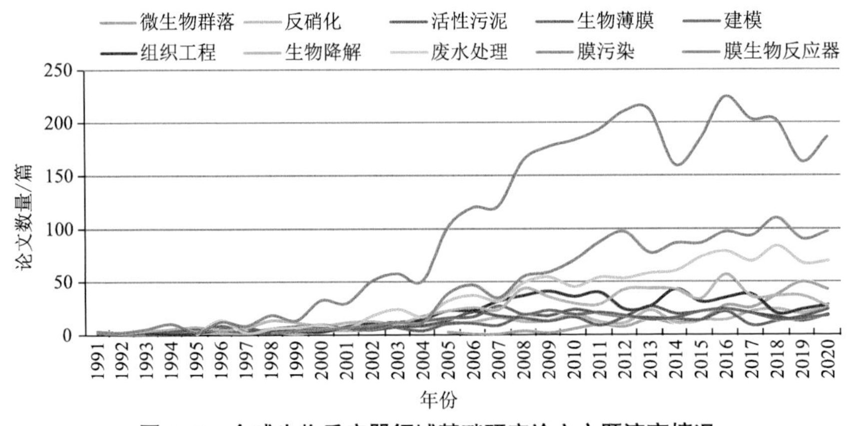

图 7-8 全球生物反应器领域基础研究论文主题演变情况

采用 VOSviewer 软件对文献题目和摘要进行共被引分析及主题共现，图 7-9 中节点圆圈越大，表示关键词出现频次越高，节点圆圈越靠近中心，表示重要性越高，节点间连线越粗，表示两者同时出现的频次越高，相同颜色节点表示同一研究主题。研究发现，生物反应器领域研究方向主要包括：①膜生物反应器；②生物反应器动力学及模型研究；③污水处理技术；④组织工程及仿生生物反应器；⑤生物降解及利用研究；⑥传质过程及流体动力学研究；⑦微藻生物反应器。

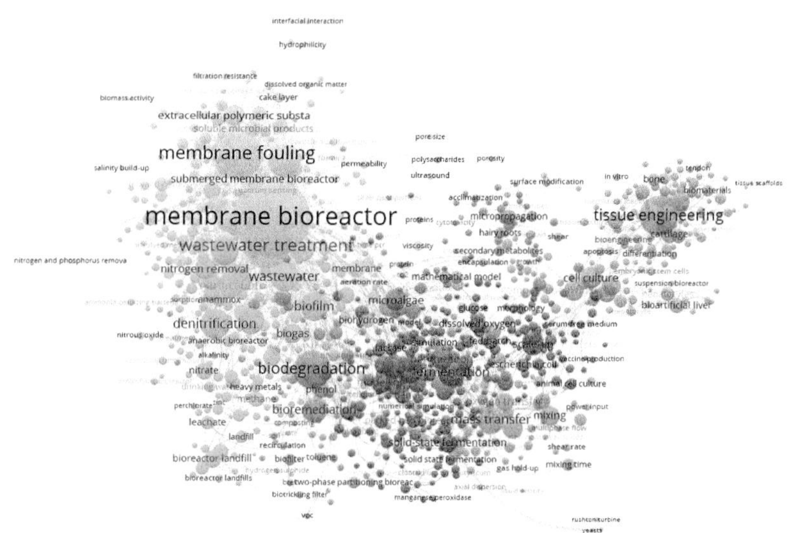

图 7-9　基于 VOSviewer 构建的生物反应器研究高频词共现图谱

图 7-10 所示的研究热点主题密度中，颜色越深，表明词频出现的概率越高，越趋向于研究热点。对深色区域的关键词进行综合分析，得出的研究热点主要集中于膜生物反应器、组织工程及仿生生物反应器方向。

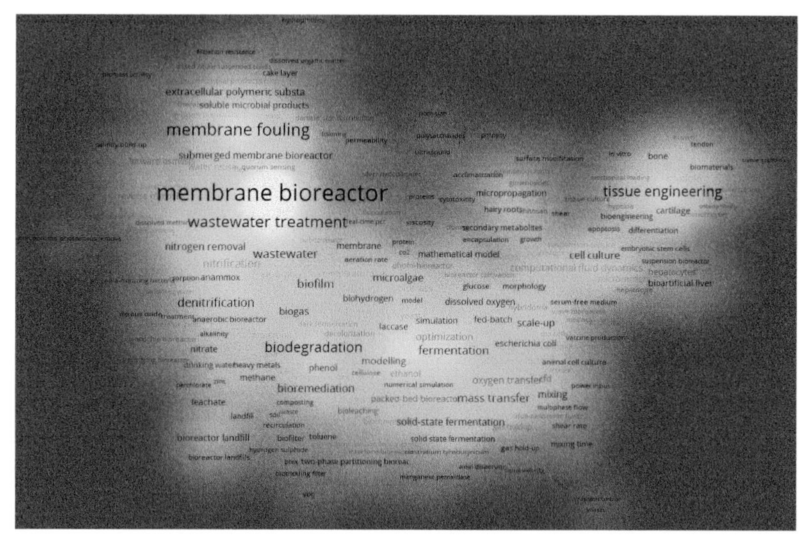

图 7-10　基于 VOSviewer 构建的生物反应器领域基础研究热点主题密度

图 7-11 的时间热度地图展现了生物反应器研究不同主题的演变情况。由图可见，

近年来该领域研究方向从生物降解、生物反应器动力学向膜生物反应器、组织工程及微生物群落结构方向发展。

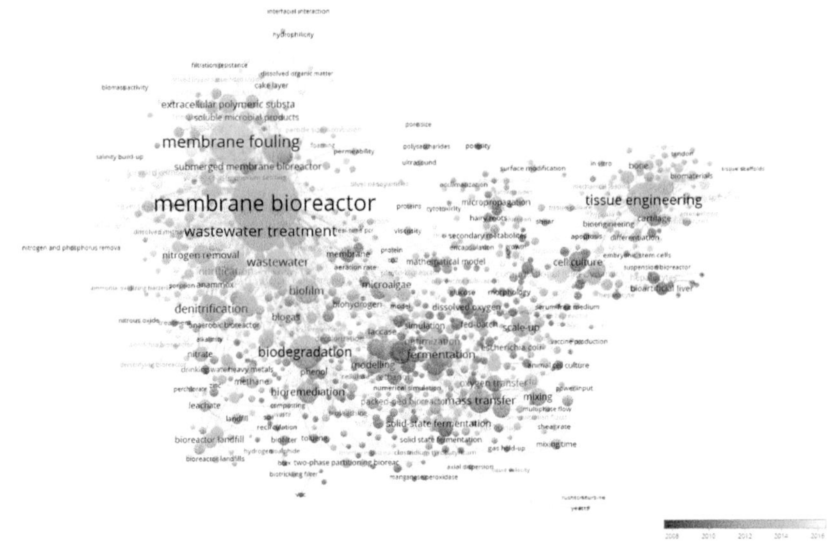

图 7-11 基于 VOSviewer 构建的生物反应器领域基础研究趋势变化

2. 主要国家研究热点

从生物反应器领域主要国家基础研究热点主题对比可以看出，美国的主要研究主题是膜生物反应器、膜污染、生物降解和组织工程；中国的主要研究主题是膜生物反应器、膜污染、废水处理和生物降解；其他国家在膜生物反应器方面的研究也较多，并各有侧重（图 7-12）。

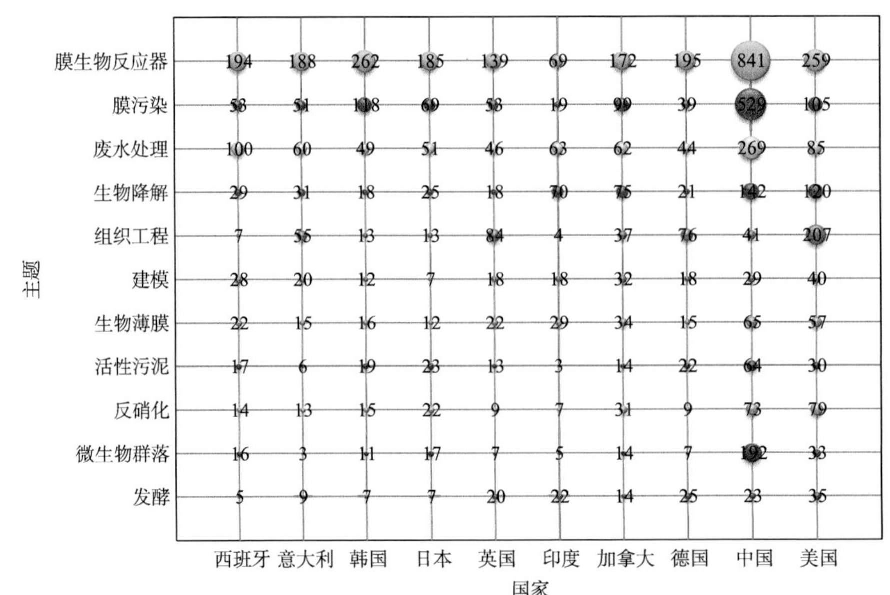

图 7-12 全球生物反应器领域主要国家基础研究热点主题对比

3. 主要机构研究热点

从生物反应器领域主要机构基础研究热点主题对比可以看出，同济大学在膜生物反应器、膜污染和废水处理方向研究较多；其他机构均在膜生物反应器方向研究较多（图 7–13）。

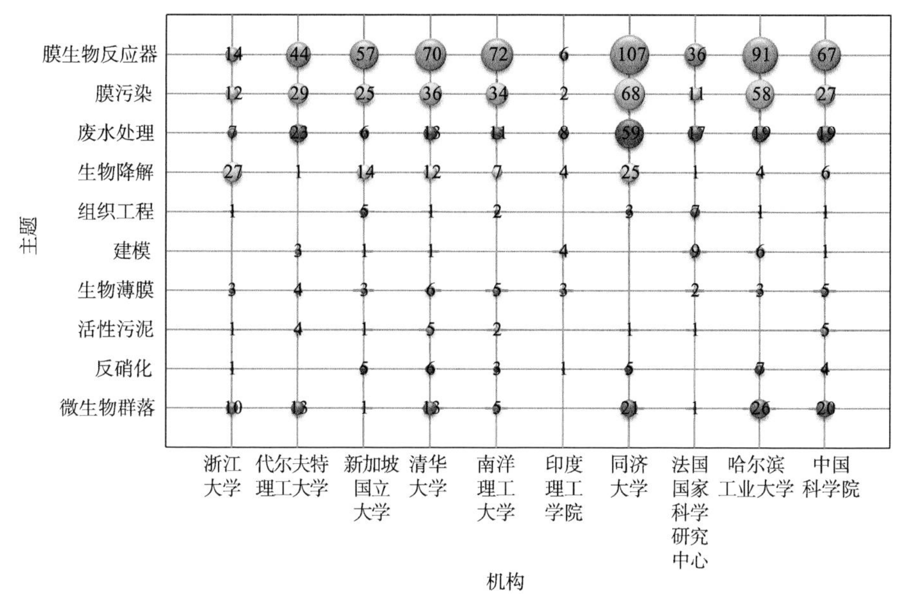

图 7–13　生物反应器领域主要机构基础研究热点主题对比

第四节　全球应用研究进展

相关专利数据主要来自德温特创新索引数据库（DII），通过主题词组合检索，共收集到 1900—2021 年全球生物反应器领域有效专利 21 720 件（检索时间为 2022 年 1 月 19 日）。

一、专利数量年度变化分析

全球生物反应器领域共检索到 21 720 件专利，其中 1983 年以前的专利数量很少，1984 年开始迅速增长，到 2019 年增长到 2140 件（图 7–14）。由于专利存在滞后性，近两年的数据仅供参考。

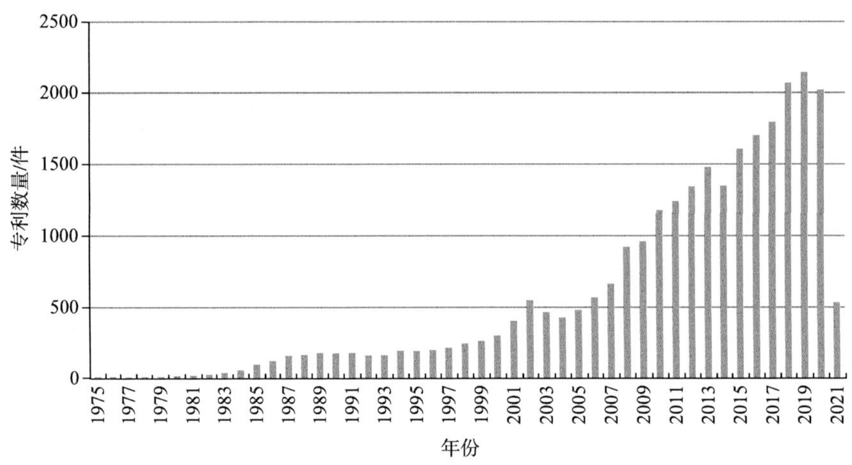

图 7–14　全球生物反应器领域专利数量年度变化情况

二、主要研发技术方向分析

1. 技术方向布局

以 IPC 分类号为基础，通过统计各类专利技术方向的出现频次，可以发现全球生物反应器领域专利的技术方向布局。其中，排名前十的技术方向分别为 C02F-003/00（水、废水或污水的生物处理）、C12M-001/00（酶学或微生物学装置）、C02F-009/00（水、废水或污水的多级处理）、C12M-003/00（组织、人类、动物或植物细胞或病毒培养装置）、C02F-001/00（水、废水或污水的处理）、C12N-005/00（未分化的人类、动物或植物细胞及培养）、C12N-001/00（微生物本身、其组合物及其培养基）、C02F-101/00（污染物的性质）、C02F-103/00（待处理水、废水、污水或污泥的性质）、C02F-011/00（污泥的处理）（表 7–6）。

表 7–6　全球生物反应器领域专利的主要技术方向布局

序号	IPC 号	中文释义	专利数量 / 件
1	C02F-003/00	水、废水或污水的生物处理	7143
2	C12M-001/00	酶学或微生物学装置	5020
3	C02F-009/00	水、废水或污水的多级处理	4497
4	C12M-003/00	组织、人类、动物或植物细胞或病毒培养装置	2079
5	C02F-001/00	水、废水或污水的处理	1800
6	C12N-005/00	未分化的人类、动物或植物细胞及培养	1626
7	C12N-001/00	微生物本身、其组合物及其培养基	1455
8	C02F-101/00	污染物的性质	1361
9	C02F-103/00	待处理水、废水、污水或污泥的性质	931
10	C02F-011/00	污泥的处理	846
11	C12N-015/00	突变或遗传工程	776

续表

序号	IPC 号	中文释义	专利数量 / 件
12	C12R-001/00	微生物	751
13	C12P-007/00	含氧有机化合物的制备	665
14	B01D-065/00	用于一般半透膜分离方法或设备的辅助设备或辅助操作	605
15	B01D-053/00	气体或蒸气的分离；从气体中回收挥发性溶剂的蒸气	555
16	C12N-011/00	与载体结合的或固相化的酶	543
17	C12N-009/00	酶及组合物	541
18	B01D-063/00	用于半透膜分离工艺的一般设备	502
19	C12P-021/00	肽或蛋白质的制备	496
20	C12Q-001/00	包含酶、核酸或微生物的测定或检验方法	474
21	B01D-061/00	利用半透膜分离的方法	413
22	C07K-014/00	具有多于 20 个氨基酸的肽	411
23	C12P-001/00	使用微生物或酶，制备化合物或组合物	383
24	C12N-007/00	病毒及其组合物的制备或纯化	312
25	B01D-069/00	以形状、结构或性能为特征的用于分离工艺或设备的半透膜	293

2. 主要研发技术方向年度变化

图 7–15 为全球生物反应器领域专利的主要研发技术方向年度变化情况，其中，C02F-003/00（水、废水或污水的生物处理）和 C02F-009/00（水、废水或污水的多级处理）在前 20 名技术方向中增速较快。

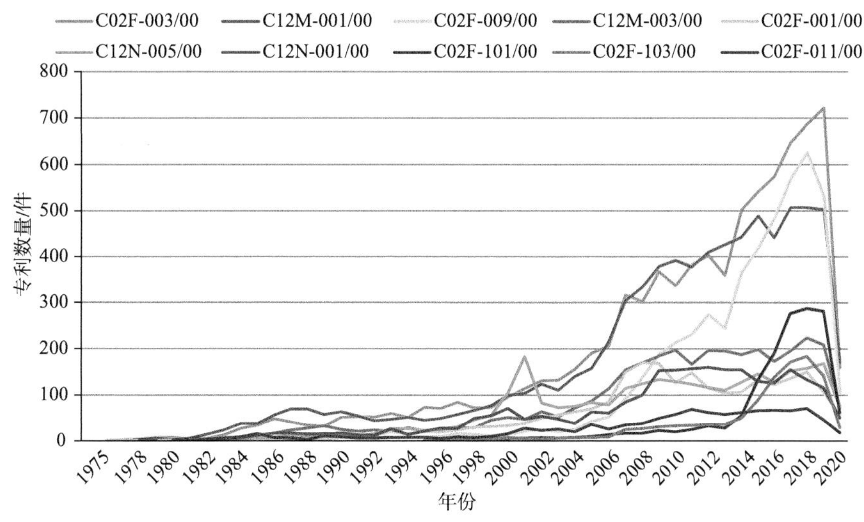

图 7–15　全球生物反应器领域专利主要研发技术方向年度变化情况

三、主要优先权国家 / 机构分析

1. 主要优先权国家 / 机构分布情况

全球生物反应器领域专利主要优先权国家 / 机构的分布情况如图 7–16 所示。专利数量排名前五的国家分别为中国、美国、日本、韩国和德国，专利数量占全球专利数量的比例分别为 55.33%、17.20%、7.14%、6.63% 和 4.28%。

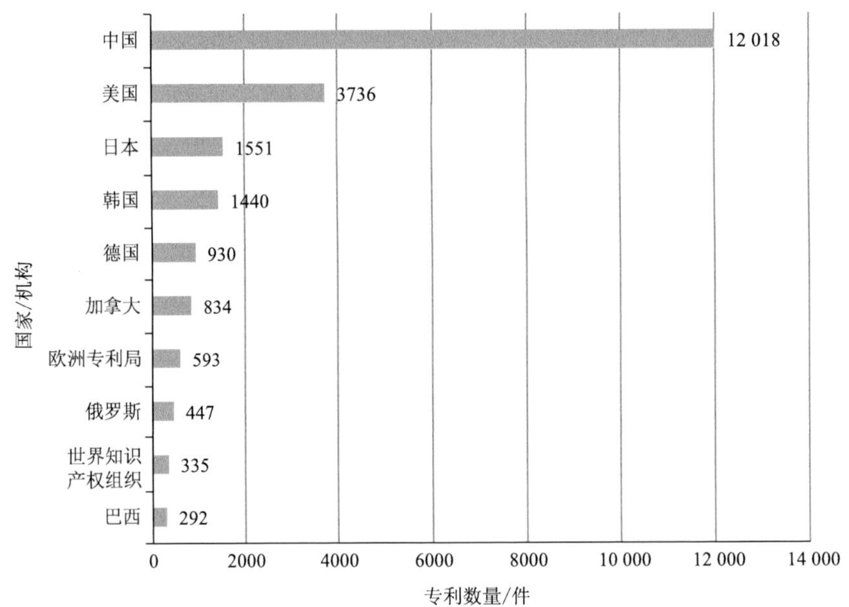

图 7–16　全球生物反应器领域主要优先权国家 / 机构专利数量对比

2. 主要优先权国家 / 机构年度变化情况

由图 7–17 可以看出，中国的生物反应器领域专利数量自 2001 年开始快速增长，而其他国家 / 机构的专利数量增长较为稳定，日本在该领域布局较早，自 20 世纪 80 年代起专利数量就有显著增加，之后保持稳定。

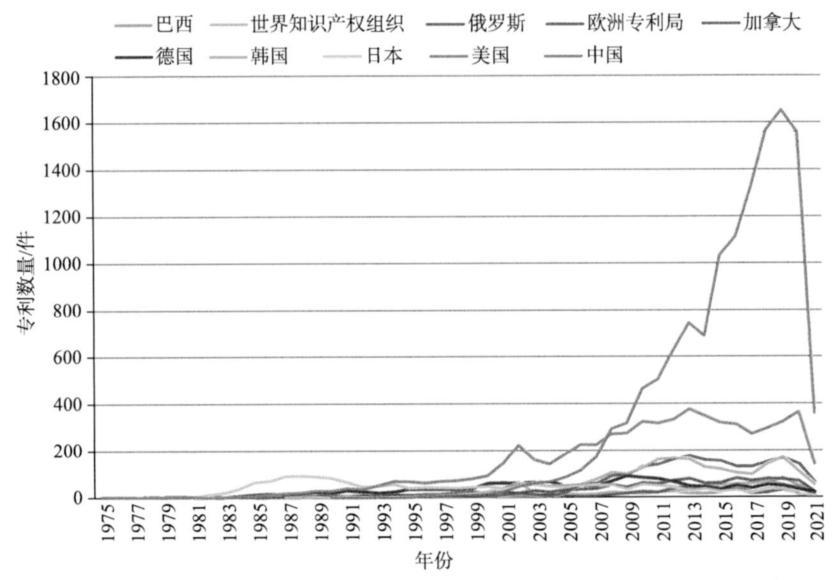

图 7–17　全球生物反应器领域主要优先权国家 / 机构专利数量年度变化情况

3. 主要优先权国家 / 机构研发热点对比

全球生物反应器领域专利主要产出国家 / 机构的研发热点技术方向如图 7–18 所示，可以看出，中国在 C02F-009/14（水、废水或污水的多级生物处理）技术方向专利布局最多；美国主要布局于 C12M-001/00（酶学或微生物学装置）；其他国家 / 机构在 C12M-001/00 方向布局也较多。

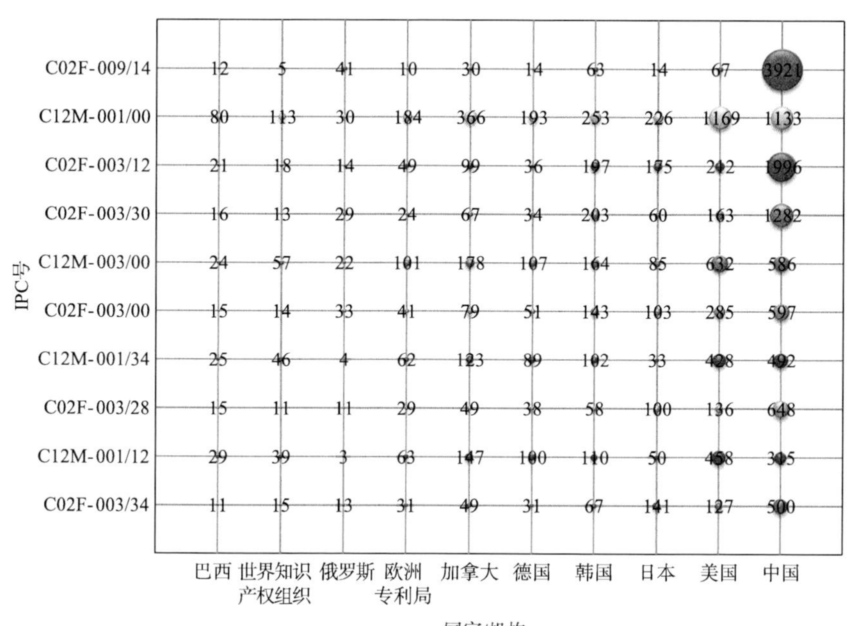

图 7–18　全球生物反应器领域专利主要产出国家 / 机构的研发热点技术方向

四、主要专利权人分析

1. 主要专利权人

全球生物反应器领域的主要专利权人包括美国通用电气公司、美国基因工程技术公司、浙江大学、中国石油化工股份有限公司、德国赛多利斯公司、哈尔滨工业大学、清华大学、中国科学院生态环境研究中心、新西兰兰扎技术有限公司等。在专利数量前 20 名的专利权人中，共有 11 家中国机构、3 家美国机构（截至 2021 年年底）。排名前二十的专利权人中，有 9 家企业，其他均为高校及科研院所（表 7–7）。

表 7–7　全球生物反应器领域主要专利权人

序号	专利权人（英文名称）	专利权人（中文名称）	专利数量 / 件
1	General Electric Co	美国通用电气公司	192
2	Genentech Inc	美国基因工程技术公司	165
3	Univ Zhejiang	浙江大学	143
4	China Petroleum & Chem Corp	中国石油化工股份有限公司	130

续表

序号	专利权人（英文名称）	专利权人（中文名称）	专利数量 / 件
5	Sartorius Stedim Biotech Gmbh	德国赛多利斯公司	120
6	Harbin Inst Technology	哈尔滨工业大学	91
7	Univ Tsinghua	清华大学	85
8	Res Cent Eco Environmental Sci Acad Sin	中国科学院生态环境研究中心	82
9	Lanzatech New Zealand Ltd	新西兰兰扎技术有限公司	76
10	Univ Tongji	同济大学	70
11	Siemens Ag	德国西门子股份公司	64
12	Terumo Bct Inc	美国泰尔茂比司特公司	64
13	Univ Dalian Technology	大连理工大学	58
14	Univ Beijing Technology	北京理工大学	54
15	Univ East China Sci & Technology	华东理工大学	51
16	Univ Nanjing Technology	南京工业大学	49
17	Fraunhofer Ges Foerderung Angewandten Ev	德国弗朗霍夫学会	48
18	Beijing Origin Water Technology Inc Co	北京碧水源科技股份有限公司	47
19	Univ Jiangnan	江南大学	47
20	Natl Inst Adv Ind Sci and Tech	日本产业技术综合研究所	45

2. 主要专利权人市场保护重点

从表7–8中可以明显看出，各个专利权人在中国大陆和美国的专利布局较多，此外，美国基因工程技术公司、新西兰兰扎技术有限公司通过世界知识产权组织也申请了较多专利，表明其在其他国家 / 地区也开始进行专利布局。

表 7–8 全球生物反应器领域主要专利权人市场保护重点

专利权人	主要保护市场及专利数量 / 件														
	CN	US	JP	KR	DE	CA	EP	RU	WO	BR	FR	AU	GB	TW	IN
美国通用电气公司	69	123	4	24		31	14	1	9	8		9	24	2	19
美国基因工程技术公司	2	113		6		3			85			2			
浙江大学	143														
中国石油化工股份有限公司	130														
德国赛多利斯公司	17	15	2	10	87	5	15				5	3			
哈尔滨工业大学	91														
清华大学	85														
中国科学院生态环境研究中心	82														

续表

专利权人	主要保护市场及专利数量 / 件														
	CN	US	JP	KR	DE	CA	EP	RU	WO	BR	FR	AU	GB	TW	IN
新西兰兰扎技术有限公司	23	72	1	29		36	1		15	8		3			
同济大学	70														
德国西门子股份公司	12	33		6	18	12	5		5	1		11			
美国泰尔茂比司特公司	5	42	22	2		4	1		2						
大连理工大学	57	2													
北京理工大学	54														
华东理工大学	51														
南京工业大学	48														
德国弗朗霍夫学会	3	2		2	44	2	3			1					
北京碧水源科技股份有限公司	47														
江南大学	47														
日本产业技术综合研究所			45				1								

注：CN－中国大陆，US－美国，JP－日本，KR－韩国，DE－德国，CA－加拿大，EP－欧洲专利组织，RU－俄罗斯，WO－世界知识产权组织，BR－巴西，FR－法国，AU－澳大利亚，GB－英国，TW－中国台湾，IN－印度。

3. 主要专利权人合作情况

分析全球生物反应器领域主要专利权人的合作情况可以看出，该领域各专利权人之间合作很少，只有清华大学和北京碧水源科技股份有限公司之间存在合作关系（图 7–19）。

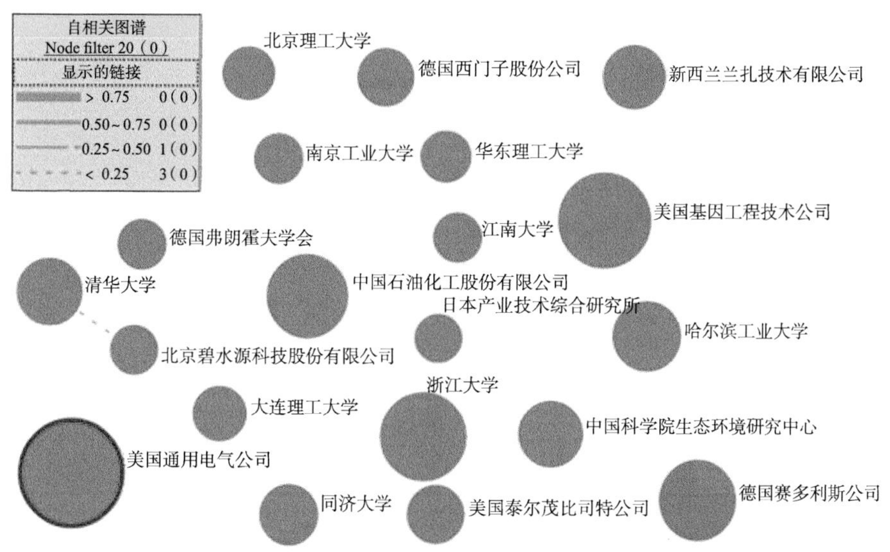

图 7–19　全球生物反应器领域主要专利权人合作情况

4. 主要专利权人专利申请年度变化情况

主要专利权人专利申请年度变化统计表明，美国通用电气公司申请的专利数量较多且呈逐年增长态势；美国基因工程技术公司在 2002 年申请了 123 件专利，但是之后在该领域专利数量锐减；其他公司每年在该领域的专利数量都较为均衡（图 7–20）。

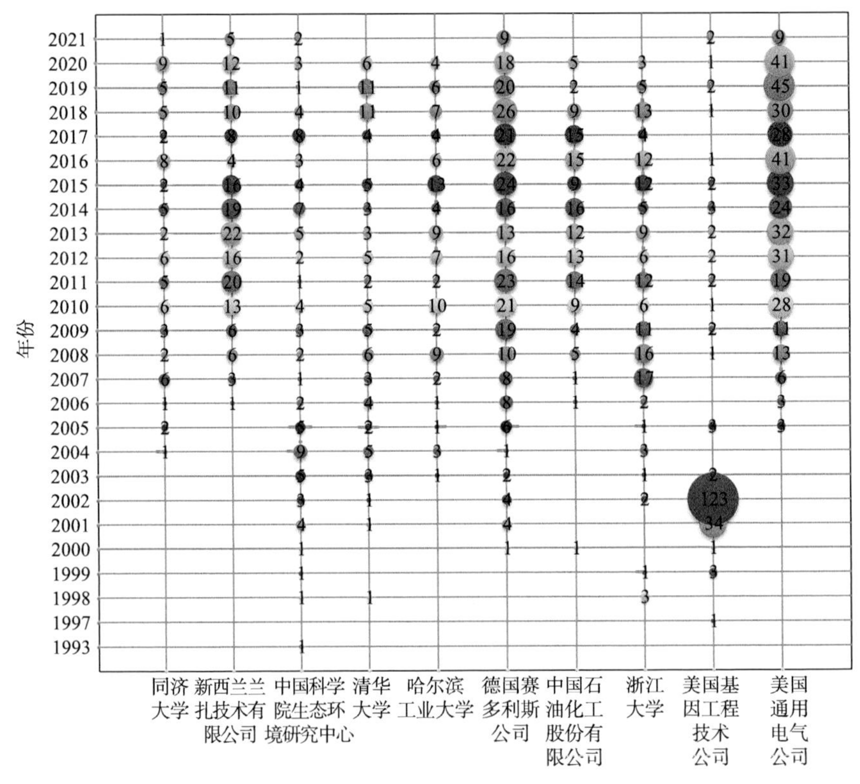

图 7–20　全球生物反应器领域主要专利权人近年专利申请情况

五、主要专利权人的研发热点方向对比

主要专利权人的研发热点方向统计表明，美国通用电气公司主要聚焦 C12M-001/00（酶学或微生物学装置）和 C12M-003/00（组织、人类、动物或植物细胞或病毒培养装置）方向；美国基因工程技术公司集中在 C12N-005/00（未分化的人类、动物或植物细胞及培养）、C12N-009/00（酶及组合物）及 C12P-021/00（肽或蛋白质的制备）方向；其他专利权人申请的技术方向也各有侧重（图 7–21）。

从全球生物反应器领域专利技术研发主题知识图谱可知，主要研发方向大体包括 5 个：一是厌氧氨氧化，涉及污水处理、膜生物反应器等；二是组织工程，涉及干细胞治疗；三是生物反应器配置；四是水处理系统；五是膜生物反应器结构（图 7–22）。

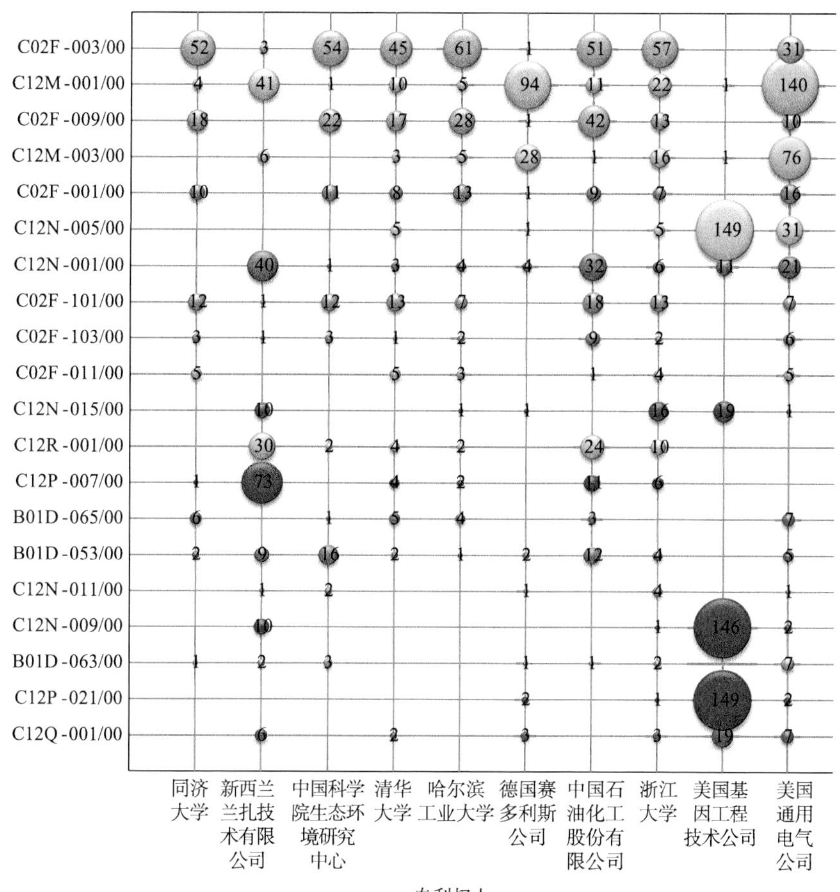

图 7-21　全球生物反应器领域主要专利权人研发热点对比

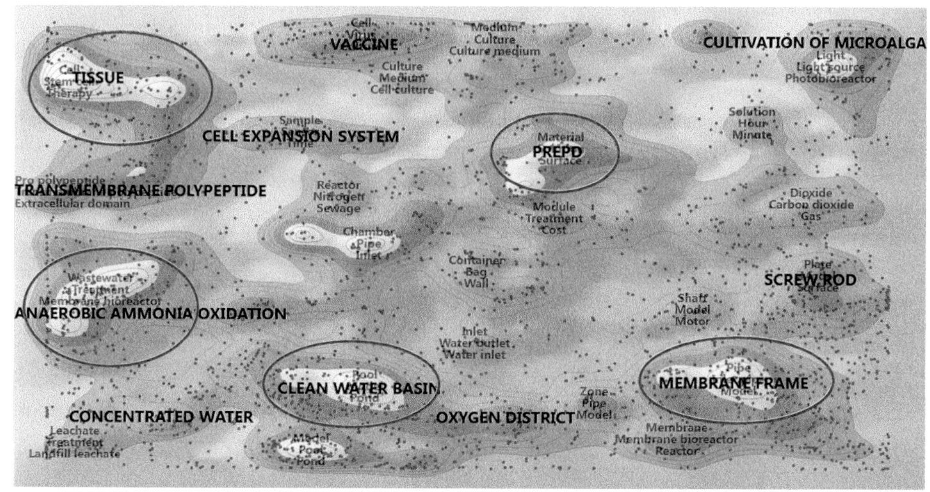

图 7-22　全球生物反应器领域专利技术研发主题知识图谱

对比中国、美国、日本、韩国生物反应器领域专利技术研发主题知识图谱可知，中国主要涉及水处理系统、膜生物反应器、厌氧氨氧化等领域；美国的研发重点在模型、微生物浓度检测等方向；日本的研发重点是生物反应器配置方面；韩国的研发重点是厌氧氨氧化、膜生物反应器结构等方向（图 7–23）。

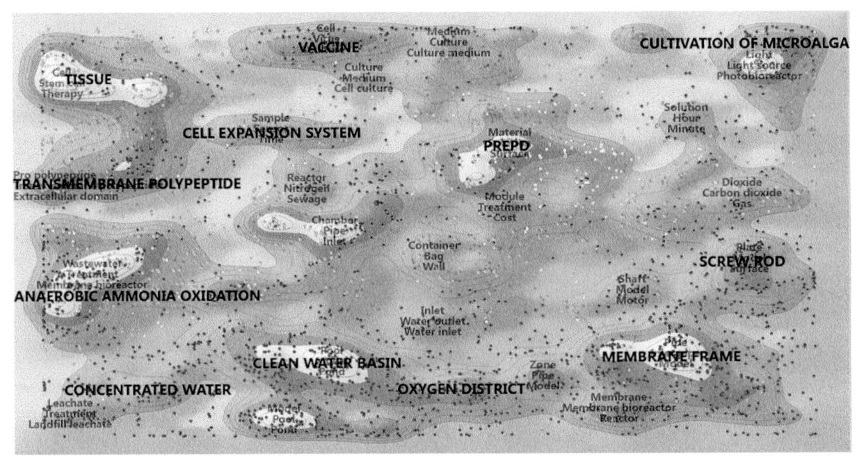

注：每个圆点代表一项专利技术，其中红色代表中国专利技术，绿色代表美国专利技术，黄色代表日本专利技术，蓝色代表韩国专利技术。

图 7–23 中美日韩生物反应器领域专利技术研发主题知识图谱对比

第五节 发展趋势预测及未来展望

生物反应器最主要的应用领域是生物制药，但随着生物制药行业对生物反应器产品的要求越来越严格，生物反应器的产品性能、质量及功能的差异化对生物反应器设计制造企业日益重要，同时，集约化、规模化生产对生物反应器企业综合竞争实力的提高也十分有利。目前，在生物制药领域常见的生物反应器有搅拌式、固定床式、流化床式、多管式、转框式、中空纤维式、气升式、自吸式、塔式、膜反应器、微型生化反应器（反相胶束微反应器、聚合物微反应器、微条反应器）等类型。不仅如此，还有一些可提供光合作用、细菌冶金、新能源等的设备。生物反应器正朝着大型化、多样化和自动化的方向发展。

相较于传统的不锈钢生物反应器，一次性生物反应器具有提高生产效率和灵活性、降低固定资产投入、缩短上市时间、无须在线清洁和蒸汽灭菌、降低生产成本等优点。国外自 2010 年起开始大量使用一次性生物反应器，但国内在 2015 年左右才开展应用。全球一次性生物反应器当前市场空间在 10 亿 ~20 亿美元[①]，预计 2025 年将达到 30 亿 ~40 亿美元，年均增速约 20%；而全球生物反应器（包含一次性、不锈钢等）当前市场空间为 50 亿 ~60 亿美元，增速低于一次性生物反应器。

① 中信建投—医药行业：工欲善其事，必先利其器 [EB/OL]. (2021-08-10)[2022-04-15]. https://max.book118.com/html/2021/0809/8065060143003131.shtm.

全球一次性生物反应器主要供应商为Cytiva、Sartorius、Thermo Fisher、Applikon、Eppendorf等海外企业，国内厂商主要以供应不锈钢反应器为主，一次性生物反应器布局相对早期。不锈钢生物反应器国产化率较高，而一次性生物反应器国产化率较低。目前，国内一次性生物反应器厂商主要以东富龙、乐纯生物和武汉赛科成为主。除少数头部公司外，国内产品的整体水平与国外仍有一定的差距。

近年来，为解决传统生物反应器耗时较长、工作量大且成本较高的问题，高通量微型生物反应器应运而生。这类反应器既大大减少了培养的体积，降低了成本，亦增加了一个培养周期中可运行反应器的数量，并保留了对多个重要参数的控制能力[①]。相较于传统工艺开发过程中所采用的较高通量的模型——摇瓶，其不仅增加了培养环境控制系统，几何学的设计也趋于常规反应器，更易于工艺放大。与传统的可控模型——3L反应器相比，微型反应器不仅可减少物料消耗、降低研发成本，还具备高通量的特点，可充分结合DoE（Design of Experiment）试验设计进行工艺研究，缩短研发周期。

① 郭玉蕾，唐亮，孙瑞强，等. 高通量微型生物反应器的研究进展[J]. 中国生物工程杂志，2018，38（8）：69-75.

第八章

微生物菌剂

内容提要

本章基于微生物菌剂领域政策环境、科研项目、基础研究论文及专利等，对全球微生物菌剂领域的发展状况进行了分析。

从政策环境看，随着国内外对化学肥料等使用的限制，微生物菌剂快速发展。

从科研项目看，近 10 年来，全球主要国家微生物菌剂领域科研项目数量在 2013—2016 年较其他年份多，2017 年开始有所下降。该领域资助科研项目最多的国家为美国，共 673 项，远超其他国家 / 地区，占该领域全球主要国家 / 地区科研项目数量的 87.74%，中国仅有 28 项，占比为 3.65%。从资助机构层面看，项目资助最多的是美国国立卫生研究院（US-NIH），共资助了 394 项，占该领域全球主要国家科研项目数量的 51.37%；中国进入前十的机构是中国国家自然科学基金委员会（CN-NSFC）（25 项，占比 3.26%）。科研项目数量前十的主持机构均为美国机构，其中最多的是美国农业研究服务所（29 项，占比 3.78%）。

从基础研究论文情况看，微生物菌剂领域全球共发表论文 2613 篇，目前微生物菌剂领域基础研究正处于快速发展阶段。论文产出量排名前十的国家包括美国、中国、印度、意大利等，其中，美国发表的论文约占该领域全球全部论文的 21.47%，篇均被引频次为 57.58 次；其次是中国（占比 13.24%，篇均被引频次为 32.35 次）。主要发文机构包括中国科学院、乌得勒支大学、西班牙最高科研理事会、圣保罗大学等。在发文数量前 20 名的机构中，有 4 家中国高校或科研院所，合计发表论文占全球全部论文的 3.98%；有 4 家美国高校或科研院所，合计发表论文占全球全部论文的 3.25%。全球微生物菌剂领域核心论文的研究主题主要集中在植物生长、微生物群落、细菌、土壤、生物降解等方面。

从专利分析看，全球共检索到 15 842 件相关专利，目前微生物菌剂领域专利正处于高速产出阶段。专利产出数量排名第一的国家为中国，专利数量为 14 946 件，占该领域全球专利总量的 94.34%。前 10 名专利权人均为中国机构，包括中国农业科学院、江阴昊松格氏生物技术有限公司、中国科学院、江南大学、南京农业大学等。在专利数量前 10 名的机构中，专利数量最多的科研院所为中国农业科学院，为 169 件，占中国专利数量的 1.13%，占全球专利数量的 1.07%；专利件数最多的企业为江阴昊松格氏生物技术有限公司（160 件，占中国专利数量的 1.07%，占全球专利数量的 1.01%）。全球微生物菌剂领域专利的研究主题主要集中在 C05G-003/00（一种或多种肥料与无特殊肥效的添加剂组分的混合物）、C05F-017/00（以生物或生化处理步骤为特征的肥料的制备，如堆肥或发酵）、C02F-003/00（水、废水或污水的生物处理）等方面。

第一节　全球主要国家相关政策与规划

一、国外相关政策与规划

1. 美国

化学品投入成本的增加及其对土壤质量和环境的不利影响，以及对平衡植物营养的认识的增加，推动了美国农业部门对微生物菌剂的需求，有机和环保农业的兴起也增加了对农业微生物产品的需求。

2015 年，美国制定《生物学产业化：加速先进化工产品制造路线图》，提出了利用微生物制造加速化工产品生产的具体目标。美国环境保护署（US-EPA）是负责虫害防治产品注册的主要政府部门。与传统的化学农药注册相比，微生物注册通常更快、更简单，在已有大量信息的情况下成本更低，且不要求有益害虫或昆虫病原微生物进行登记。促进植物生长的根际细菌、固氮或类似类型的微生物菌剂不需要 EPA 注册。

2. 加拿大

加拿大对微生物菌剂的需求在很大程度上是由传统农业农药化肥使用所导致的问题及对低风险虫害控制产品的需求推动的。加拿大政府推行的促进农业可持续发展的扶持政策对微生物菌剂市场产生了积极影响。加拿大既从事微生物作物保护的研发工作，也通过立法和监管来支持推进这一工作。该国正在加强生物农业发展，主要是通过对土壤的处理，加强作物生产力和活力，其积极的农业政策推动了该国对生物基产品的需求。加拿大食品检验局（CFIA）在生物肥料的注册方面有结构良好和明确规定的程序，为业界所接受。

3. 法国

为推动生产者更多参与有机农业，法国政府专门设立了有机农业未来发展基金，2008—2012 年每年投入 300 万欧元，自 2013 年起每年投入 400 万欧元，为有机农业生产者提供资金补贴。依托这一政策，法国有机农业在生产领域实现了结构调整。2018 年，法国有机农业种植面积达到 203.5 万公顷，比 2012 年增长 97%，占全国农业种植总面积的 7.5%。

法国农业部也在鼓励绿色农业。随着人们环保意识的提高，以及政府减少化肥使用战略的实施，微生物菌剂市场有望在未来几年扩大。根据法国生态农业发展和促进署的扶持计划，自 2020 年起，法国转为有机生产的农户可获得的税收抵免额度从 2500 欧元提升至 3000 欧元。政府将为防止有机农场遭受污染设立 500 万欧元的专项资金，以鼓励更多农民转向有机农业生产。法国还将提供 3000 万欧元资金支持，与各国一起加强对有机农业的创新研究。

4. 欧盟

欧洲使用的主要菌剂是根瘤菌，其他重要的菌剂则包括羽化芽孢杆菌、豆科芽孢杆菌、偶氮螺菌、荧光假单胞菌和农杆菌无毒衍生物镰刀菌素等。在欧盟，微生物越来越被视为支持现代园艺和农业所需的重要作物保护工具，特别是在作物 / 病虫害综合管理（ICM 或 IPM）方面。区域市场的增长依赖于农业领域对土地生产力的需求，同时，为保持土壤健康，欧盟最近制定了一系列目标，希望到 2030 年大幅减少欧洲农场的化学品使用量。随着环境保护意识和需求的提高，在预测期内微生物菌剂在农业和环境中的使用可能会增加。

2020 年 5 月，欧盟又发布了《从农田到餐桌》（“From Farm to Fork”）和《欧盟 2030 年生物多样性战略》（“The EU 2030 Biodiversity Strategy”），旨在重点加强有机农业发展，强制性限制和减少农药、化肥的使用，促进粮食系统向可持续转型。

欧洲对化肥的使用实行了严格的规定，化肥的使用往往被生物肥料所取代。欧盟不断鼓励使用生物肥料，建议农民优化化肥的使用，部分或全部用环保的、经济效益更好的生物肥料替代。欧盟农业政策大力推广生物基础产品的使用，鼓励发展有机农业，为此提供高达 30% 的预算作为绿色发展基金直接支付给农民，以促进可持续的农业实践。

5. 日本

日本是亚太地区第四大生物肥料市场，北海道的农业合作联合会是日本根瘤菌生物肥料的主要生产者和分销商。日本政府在国内推广有机农业的努力使农民对使用生物肥料的有机农业产生了兴趣[①]。早在 1970 年，日本从工业化发展对农业资源的占用日益扩大中觉醒，认识到由于前期过度使用化肥已经给环境带来了巨大压力，日本农业开始步入环境友好型转型期。1992 年，日本开始大力推广环境友好型农业，化肥施用量逐年降低，并积极倡导使用有机肥，日本农业开始步入环境友好型稳定期。在政府的引导和干预下，日本化肥施用量逐年减少，基本实现零增长，这一趋势极大地改善了日本耕地的土壤结构和耕种状况。2006 年，日本颁布以推动有机农业发展为核心的第一部正式法律——《有机农业推进法》[②]。2016 年 12 月，日本农林水产省发布了《努力减少化肥品牌数量》的公告。

日本循环农业专家松沼宪治认为，农业中的病虫害 90% 都是由土壤引起的。从病虫害防治转移到改良土壤，在实现土壤可持续利用的同时，大大降低了生产成本，提高了农产品品质与种植效益[③]。

二、国内相关政策与规划

2006 年，国务院发布《国家中长期科学和技术发展规划纲要（2006—2020 年）》，

① Global Agricultural Microbial Market—Growth，Trends，and Forecast（2020—2025）[R]. Mordor Global Industry Reports，2020.

② 柳玉玲，杨兆强 . 日本环境友好型农业发展经验及启示：基于肥料使用量变化趋势分析 [J]. 世界农业，2020（9）：94-98，127.

③ 严金泉，柴玲欢，马建伟，等 . 日本农业发展模式及其对苏南乡村农业发展的启示 [J]. 农业经济，2018（11）：12–14.

将生物技术列入科技发展战略重点。

2009 年，国家发展改革委、农业部发布《关于编制秸秆综合利用规划的指导意见》，其中要求利用微生物菌剂对农作物秸秆进行发酵腐熟直接还田，以增加稻田土壤有机质，改良土壤理化性质，促进腐殖质的积累与更新，改善土壤耕性。南方地区适宜推广稻田秸秆腐熟还田技术、墒沟埋草耕作培肥技术；北方地区适宜推广秸秆粉碎腐熟还田技术、秸秆沟埋腐熟还田技术。

2012 年，国务院下发《生物产业发展规划》，明确到 2020 年将生物产业发展成为国民经济支柱产业等目标。其中，将生物医药、生物医学、生物农业、生物制造、生物能源、生物环保及生物服务等七大产业确立为生物产业的重点领域和主要任务，同时要求组织实施环保用生物制剂发展行动计划，支持开展污水高效处理菌剂、生物膜、污泥减量化菌剂等生物制剂的开发和推广应用，推进污水生物处理高效反应器、废水深度处理和中水回用成套设备研发。加快有机废弃物腐熟剂、堆肥接种剂、微生物添加剂等专用功能菌剂和有机废物处理、复合肥生产配套装备的研制和产业化推广，推动发展有机肥类和生物复合肥。加快生态系统修复专用植物材料、制剂和装备的研发与规模化应用。这对于生物产业的发展，以及生物肥料在生物农业中发挥更加重要的作用起到了助推作用。

2015 年，农业部制定了《到 2020 年化肥使用量零增长行动方案》和《到 2020 年农药使用量零增长行动方案》，提出“一控、两减、三基本”的目标，要求 2015—2019 年，逐步将化肥使用量年增长率控制在 1% 以内；力争到 2020 年，初步建立科学施肥管理和技术体系，科学施肥水平明显提升，主要农作物化肥使用量实现零增长。

同年，农业部、国家发展改革委等部门制定了《全国农业可持续发展规划（2015—2030 年）》，提出要采取深耕深松、保护性耕作、秸秆还田、增施有机肥、种植绿肥等土壤改良方式，增加土壤有机质，提升土壤肥力；普及和深化测土配方施肥，改进施肥方式，鼓励使用有机肥、生物肥料和绿肥种植。

2017 年，科技部印发《“十三五”生物技术创新专项规划》，提出拓展产业发展空间，提高发展质量和效益，支持生物技术新兴产业发展，基本形成较完整的生物技术创新体系，生物技术产业初具规模，国际竞争力大幅提升。

2021 年，农业农村部、国家发展改革委、科技部、自然资源部、生态环境部、国家林草局联合印发《“十四五”全国农业绿色发展规划》，提出要深化农业供给侧结构性改革，构建绿色低碳循环发展的农业产业体系，对“十四五”时期农业绿色发展做出了系统安排。规划目标是到 2025 年，力争实现化肥、农药使用量持续减少，农业废弃物资源化利用水平明显提高，产地环境质量明显好转，农业生态系统明显改善，绿色产品供给明显增加，减排固碳能力明显增强。

2021 年，农业农村部、国家发展改革委、财政部、商务部、文化和旅游部等部门还发布了《关于推动脱贫地区特色产业可持续发展的指导意见》，要求推进品质提升，集成组装一批绿色生产技术模式，加快推广运用；推广绿色投入品，重点推广有机和微生物肥料、高效低毒低风险农药兽药渔药和生物农药等绿色投入品，规范使用饲料添加剂，推广病虫绿色防控技术和产品。

2021 年，农业农村部办公厅、国家发展改革委办公厅联合印发了《秸秆综合利用技术目录（2021）》，其中在秸秆饲料化利用技术中提到，在秸秆青（黄）贮的过程中可添加微生物菌剂进行微生物发酵处理，也称秸秆微贮技术。

2022 年，农业农村部和财政部联合印发了《关于做好 2022 年农业生产发展等项目实施工作的通知》，要求加大施肥新产品新技术新机具集成推广力度，优化测土配方施肥技术推广机制，扩大推广应用面积，进一步提高覆盖率。鼓励以东北黑土区为重点，因地制宜、规范有序推广应用根瘤菌剂等微生物菌剂，为大豆油料产能提升工程提供支撑。通过施用草木灰、叶面喷施、绿肥种植、增施有机肥等替代部分化肥投入，降低农民用肥成本。

第二节　全球主要国家科研项目布局分析

微生物菌剂领域科研项目数据来源于全球科研项目数据库，共收集到全球主要国家微生物菌剂领域科研项目 767 项。

一、项目资助年度分析

近 10 年来，全球主要国家微生物菌剂领域科研项目的资助情况如图 8-1 所示，在 2013—2016 年，资助数量较其他年份多，2017 年开始有所下降。

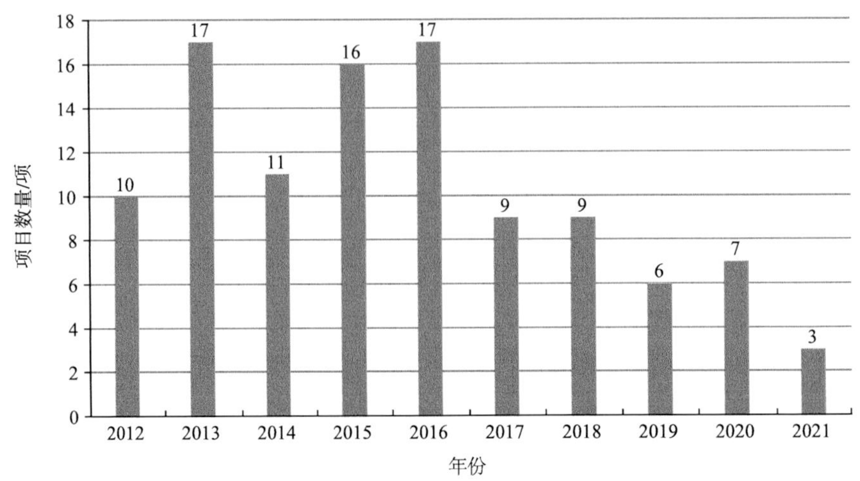

图 8-1　近 10 年全球主要国家微生物菌剂领域科研项目资助数量年度变化情况

二、项目国家 / 地区分布分析

按项目国家 / 地区分布统计，微生物菌剂领域科研项目最多的国家为美国，共 673 项，远超其他国家 / 地区，占该领域全球主要国家 / 地区科研项目数量的 87.74%；其他国家 / 地区的科研项目均较少，中国仅有 28 项，占比为 3.65%（图 8–2）。

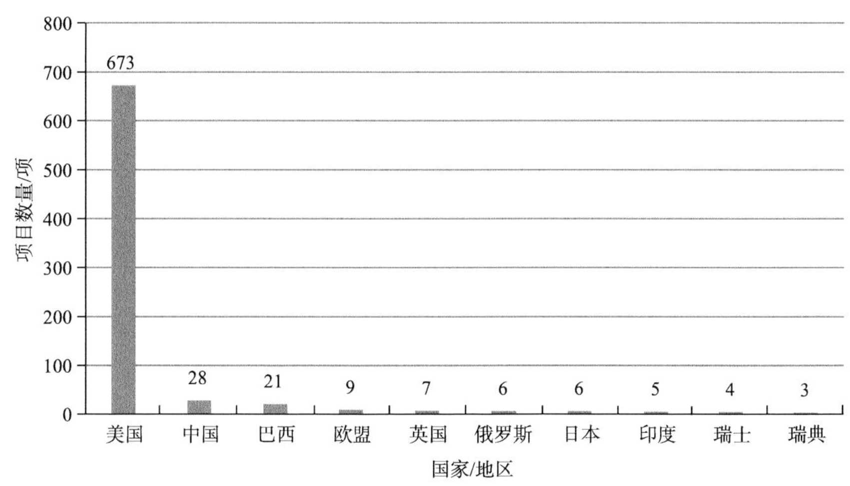

图 8–2　全球微生物菌剂领域主要国家 / 地区科研项目分布情况

三、项目资助机构分析

按项目资助机构统计，全球微生物菌剂领域科研项目资助最多的是美国国立卫生研究院（US-NIH），共资助了 394 项，占全球主要国家 / 地区该领域全部项目数量的 51.37%；美国食品与农业研究所（US-NIFA）资助的项目有 172 项，占全球主要国家 / 地区该领域全部项目数量的 22.43%；中国国家自然科学基金委员会（CN-NSFC）仅资助了 25 项，占比为 3.26%（表 8–1）。

表 8–1　全球微生物菌剂领域主要科研项目资助机构情况统计

序号	机构名称	项目数量 / 项	全球占比
1	美国国立卫生研究院（US-NIH）	394	51.37%
2	美国食品与农业研究所（US-NIFA）	172	22.43%
3	美国农业部（US-USDA）	64	8.34%
4	中国国家自然科学基金委员会（CN-NSFC）	25	3.26%
5	美国国家科学基金会（US-NSF）	23	3.00%
6	巴西圣保罗研究基金会（BR-FAPESP）	21	2.74%
7	美国环境保护署（US-EPA）	18	2.35%

续表

序号	机构名称	项目数量 / 项	全球占比
8	日本学术振兴会（JP-JSPS）	6	0.78%
9	俄罗斯科学基金会（RU-RSF）	6	0.78%
10	印度国家科学技术部（IN-DST）	5	0.65%

四、项目学科主题分析

按项目学科主题分布统计，全球微生物菌剂领域科研项目最多的是医学科学，项目数量达到了 444 项，占全球主要国家 / 地区该领域全部项目数量的 57.89%；生物科学的项目有 130 项，占全球主要国家 / 地区该领域全部项目数量的 16.95%；农业科学的项目有 86 项，占比为 11.21%（图 8–3）。

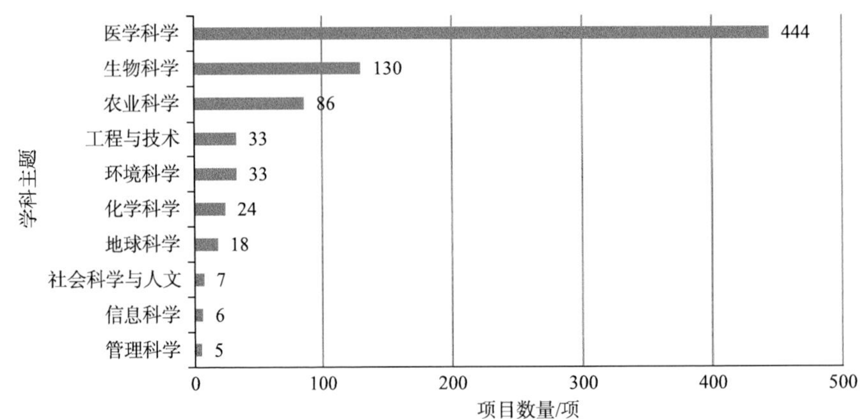

图 8–3　全球微生物菌剂领域主要科研项目学科主题分布统计

五、项目主持机构分析

按项目主持机构统计，全球微生物菌剂领域科研项目数量前 10 位的主持机构均为美国机构，其中最多的是美国农业研究服务所，主持的项目数量有 29 项，占全球主要国家 / 地区该领域全部项目数量的 3.78%；其次是匹兹堡大学，主持的项目数量为 15 项，占全球主要国家 / 地区该领域全部项目数量的 1.96%；第三是阿拉巴马大学，主持的项目有 14 项，占比为 1.83%（表 8–2）。

表 8–2　全球微生物菌剂领域科研项目数量排名前十的主持机构

序号	机构名称	项目数量 / 项
1	美国农业研究服务所	29
2	匹兹堡大学	15
3	阿拉巴马大学	14
4	夏威夷大学	12

续表

序号	机构名称	项目数量 / 项
5	克莱姆森大学	10
6	华盛顿大学	10
7	埃默里大学	9
8	马萨诸塞大学	9
9	美国北部地区资源中心	8
10	宾夕法尼亚大学	8

第三节　全球基础研究进展

选择科睿唯安公司（Clarivate Analytics）的 Web of Science 平台中的 Web of Science Core Collection 数据库作为分析研究的基础数据源，共检索到微生物菌剂领域基础研究论文 2613 篇（数据检索时间范围：1900—2021 年，检索时间为 2022 年 1 月 17 日）。

一、发文量及年度变化分析

全球微生物菌剂领域论文发表数量及年度变化如图 8-4 所示，该领域的论文发表最早出现在 1959 年，但是 1959—1990 年每年发表的论文寥寥无几，表明这段时间微生物菌剂相关的基础研究活动较少。自 1991 年起，微生物菌剂相关的论文数量开始突破个位数，一直到 2012 年，发文数量缓慢增加；2013 年开始，突然出现快速增长，在 10 年内，发表的论文数量就达到了 1444 篇，是 1990 年之前论文总数的 31 倍以上，并一直保持着强劲的增长态势；2021 年发表了 281 篇，占论文总数的 10.75% 左右。可见，目前微生物菌剂领域基础研究正处于快速发展阶段。

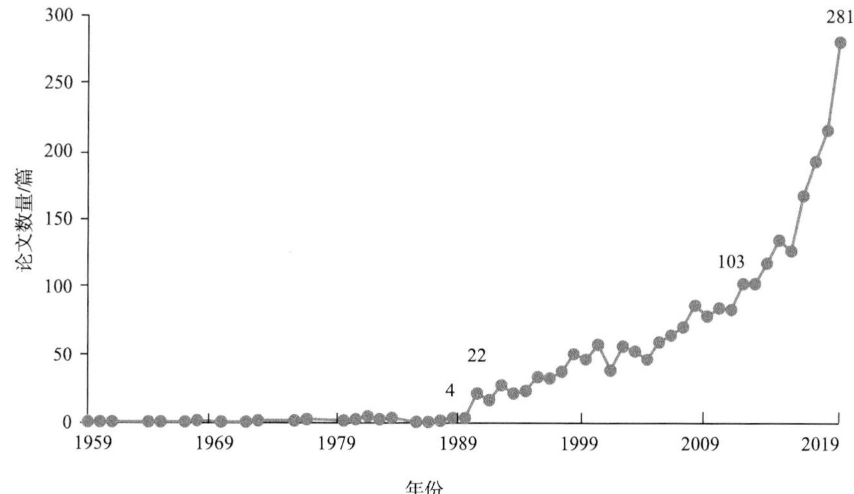

图 8-4　全球微生物菌剂领域基础研究论文发表数量年度变化情况

二、主要国家论文产出及合作强度分析

全球微生物菌剂领域论文产出量排名前十的国家包括美国、中国、印度、意大利、英国、巴西、法国、德国、西班牙、加拿大（图 8-5）。其中，美国发表的论文数量最多，约占该领域全球全部论文的 21.47%，篇均被引频次为 57.58 次；中国发表的论文占全球全部论文的 13.24%，篇均被引频次为 32.35 次；印度发表的论文占全球全部论文的 9.34%，篇均被引频次为 18.66 次（表 8-3）。

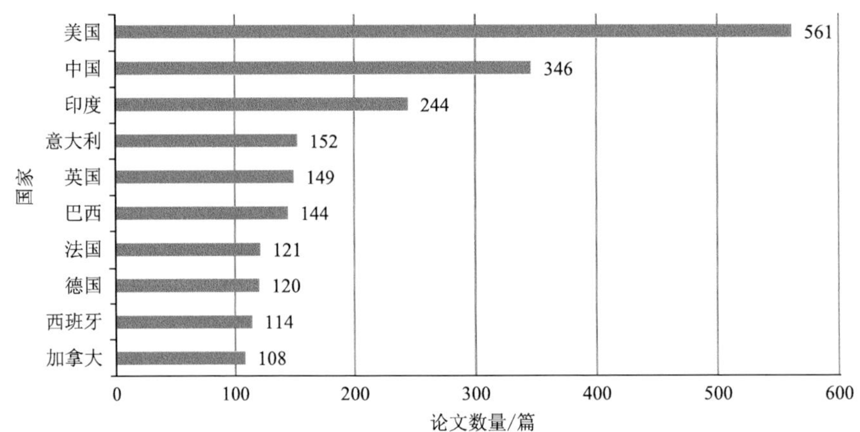

图 8-5 全球微生物菌剂领域基础研究论文发表数量前十的国家

表 8-3 全球微生物菌剂领域发文量前十国家的发文情况

序号	国家	论文数量 / 篇	总被引频次 / 次	篇均被引频次 / 次	全球占比
1	美国	561	32 305	57.58	21.47%
2	中国	346	11 194	32.35	13.24%
3	印度	244	4554	18.66	9.34%
4	意大利	152	5182	34.09	5.82%
5	英国	149	7228	48.51	5.70%
6	巴西	144	2221	15.42	5.51%
7	法国	121	4280	35.37	4.63%
8	德国	120	3962	33.02	4.59%
9	西班牙	114	4954	43.46	4.36%
10	加拿大	108	4170	38.61	4.13%

全球微生物菌剂领域主要发文国家之间均有一定程度的合作关系，美国是全球主要国家的首选合作对象；英国是意大利、西班牙、德国等国家的主要合作对象之一；美国的主要合作国家包括法国、英国、加拿大等；中国和其他国家的合作较少（图 8-6）。

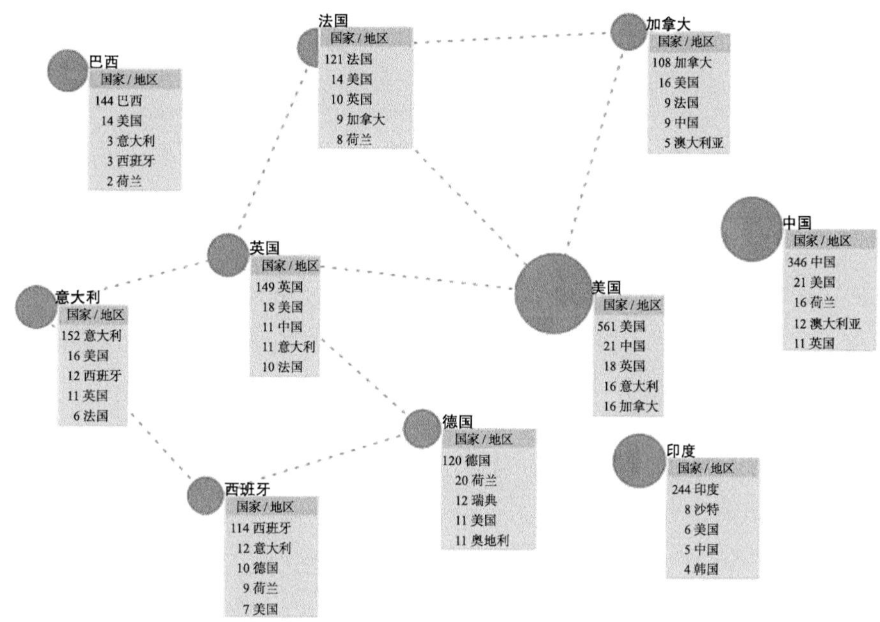

图 8-6　全球微生物菌剂领域基础研究国际合作情况（基于论文合著分析）

三、主要研究机构论文产出及合作强度分析

全球微生物菌剂领域论文的主要发表机构包括中国科学院、乌得勒支大学、西班牙最高科研理事会、圣保罗大学、佛罗里达大学、美国农业部农业工程应用技术研究所、加拿大农业与农产食品部、南京农业大学、那不勒斯费德里克二世大学、卡罗林斯卡学院等。在发文数量排名前二十的机构中，共有 4 家中国高校或科研院所，合计发表论文占全球全部论文的 3.98%；共有 4 家美国高校或科研院所，合计发表论文占全球全部论文的 3.25%；共有 2 家加拿大高校或科研院所，合计发表论文占全球全部论文的 1.95%（表 8-4）。

表 8-4　全球微生物菌剂领域发文量前二十的机构

序号	机构名称	所属国家	论文数量 / 篇	全球占比	总被引频次 / 次	篇均被引频次 / 次
1	中国科学院	中国	53	2.03%	6866	129.55
2	乌得勒支大学	荷兰	35	1.34%	1657	47.34
3	西班牙最高科研理事会	西班牙	33	1.26%	1923	58.27
4	圣保罗大学	加拿大	30	1.15%	503	16.77
5	佛罗里达大学	美国	29	1.11%	1138	39.24
6	美国农业部农业工程应用技术研究所	美国	26	1.00%	993	38.19
7	加拿大农业与农产食品部	加拿大	21	0.80%	706	33.62
8	南京农业大学	中国	21	0.80%	362	17.24

续表

序号	机构名称	所属国家	论文数量 / 篇	全球占比	总被引频次 / 次	篇均被引频次 / 次
9	那不勒斯费德里克二世大学	意大利	21	0.80%	1294	61.62
10	卡罗林斯卡学院	瑞典	19	0.73%	1188	62.53
11	赫尔辛基大学	芬兰	18	0.69%	514	28.56
12	法国国家科学研究中心	法国	16	0.61%	293	18.31
13	维索萨联邦大学	巴西	16	0.61%	217	13.56
14	美国农业科学研究院	美国	15	0.57%	999	66.60
15	贝拿勒斯印度教大学	印度	15	0.57%	259	17.27
16	中国农业科学院	中国	15	0.57%	202	13.47
17	南京林业大学	中国	15	0.57%	138	9.20
18	拉夫拉斯联邦大学	巴西	15	0.57%	170	11.33
19	米兰大学	意大利	15	0.57%	851	56.73
20	明尼苏达大学	美国	15	0.57%	634	42.27

分析全球微生物菌剂领域主要研究机构的合作情况可以看出，中国科学院和国内的其他高校 / 研究机构均有合作，和国外的美国农业科学研究院、乌得勒支大学也有合作；乌得勒支大学则是和中国科学院、南京林业大学、南京农业大学、那不勒斯费德里克二世大学及卡罗林斯卡学院都有合作（图 8–7）。

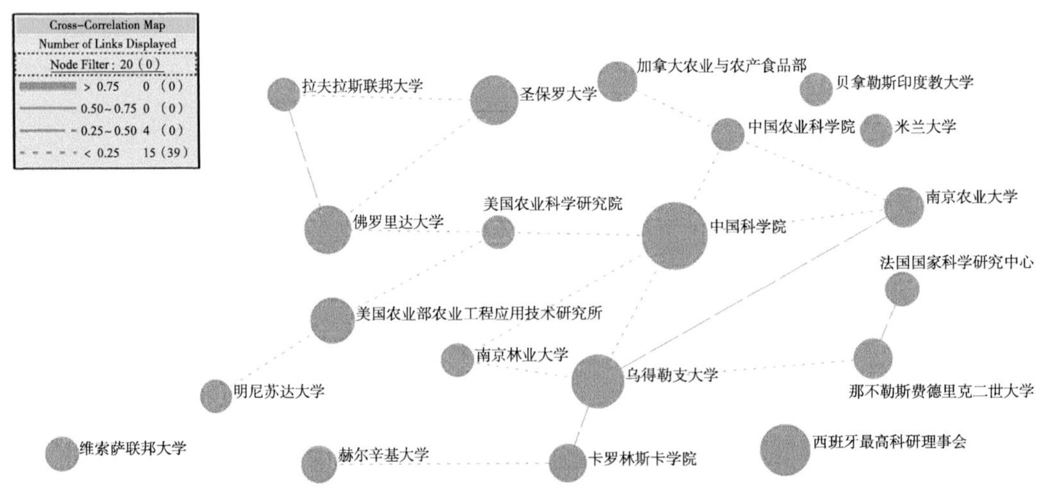

图 8–7 全球微生物菌剂领域基础研究机构合作情况（基于论文合著分析）

四、研究主题分析

全球微生物菌剂领域核心论文的研究主题主要集中在植物生长、微生物群落、细菌、土壤、生物降解、生物控制、多样性、根瘤菌、生物感染及根际等方面（表 8–5）。

表 8–5　全球微生物菌剂领域前十的热点研究主题

序号	研究主题	论文数量 / 篇	全球占比
1	植物生长	310	11.86%
2	微生物群落	235	8.99%
3	细菌	230	8.80%
4	土壤	190	7.27%
5	生物降解	187	7.16%
6	生物控制	168	6.43%
7	多样性	164	6.28%
8	根瘤菌	145	5.55%
9	生物感染	136	5.20%
10	根际	129	4.94%

图 8–8 是全球微生物菌剂领域发文量前十的机构在前十热点研究主题的论文分布情况。可以发现，中国科学院的研究重点主要是微生物群落、生物降解、多样性方面；乌得勒支大学的研究重点主要是微生物群落和多样性方面；西班牙最高科研理事会的研究重点主要是植物生长、细菌、土壤、生物降解及根瘤菌方面，其中在植物生长方面的研究远高于其他机构；圣保罗大学在全球前十的研究热点主题的研究处于各方向均衡发展的状态；佛罗里达大学的研究重点主要是微生物群落、细菌及生物控制方面；美国农业部农业工程应用技术研究所的研究重点主要是植物生长、生物控制及根瘤菌方面；加拿大农业与农产食品部的研究重点主要是植物生长和生物控制方面；南京农业大学的研究重点主要是微生物群落和多样性方面，其研究方向和乌得勒支大学基本一致；那不勒斯费德里克二世大学的研究重点主要是植物生长和微生物群落方面；卡罗林斯卡学院的研究在前十的热点研究主题中只涉及植物生长、细菌和生物感染方面，以生物感染为主。

图 8–9 是全球微生物菌剂领域发文量前十的国家在前十热点研究主题的论文分布情况。可以发现，美国的研究重点主要是微生物群落、细菌、多样性、生物感染方面；中国的研究重点主要是微生物群落、生物降解及植物生长方面，其中在微生物群落方面的

研究为全球最多；印度的研究重点主要是植物生长、土壤及根瘤菌方面，其中在植物生长方面的研究远高于其他国家；意大利、英国、巴西等国家在全球前十的研究热点主题的研究处于各方向均衡发展的状态。

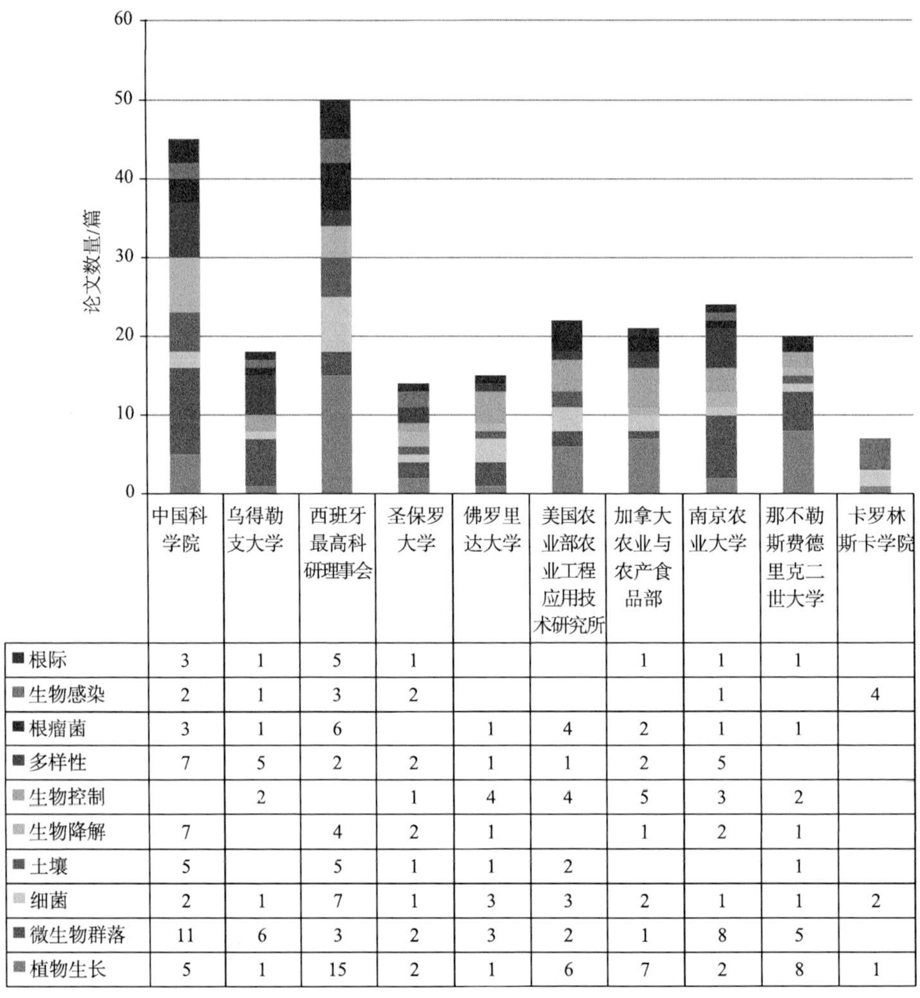

	中国科学院	乌得勒支大学	西班牙最高科研理事会	圣保罗大学	佛罗里达大学	美国农业部农业工程应用技术研究所	加拿大农业与农产食品部	南京农业大学	那不勒斯费德里克二世大学	卡罗林斯卡学院
根际	3	1	5	1			1	1	1	
生物感染	2	1	3	2				1		4
根瘤菌	3	1	6		1	4	2	1	1	
多样性	7	5	2	2	1	1	2	5		
生物控制		2		1	4	4	5	3	2	
生物降解	7		4	2	1		1	2	1	
土壤	5		5	1	1	2			1	
细菌	2	1	7	1	3	3	2	1	1	2
微生物群落	11	6	3	2	3	2	1	8	5	
植物生长	5	1	15	2	1	6	7	2	8	1

图 8-8　全球微生物菌剂领域发文量前十的机构在前十研究热点主题的论文分布情况

利用 VOSviewer 软件对文献题目和摘要进行主题聚类，图 8-10 中节点圆圈越大，表示关键词出现频次越高，节点圆圈越靠近中心，表示重要性越高，节点间连线越粗，表示两者同时出现的频次越高，相同颜色节点表示同一研究主题。研究发现，微生物菌剂技术涉及的基础研究被聚类成典型的 5 个方向，主要包括植物生长、生物感染、微生物群落、生物控制、乳酸菌等。

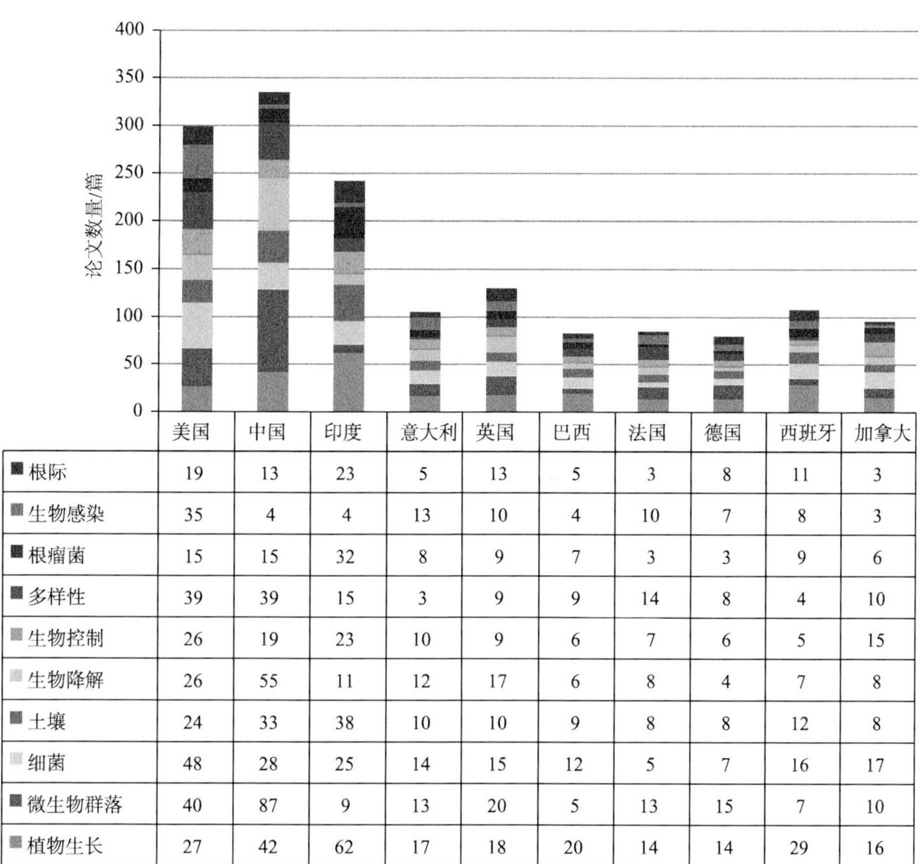

	美国	中国	印度	意大利	英国	巴西	法国	德国	西班牙	加拿大
根际	19	13	23	5	13	5	3	8	11	3
生物感染	35	4	4	13	10	4	10	7	8	3
根瘤菌	15	15	32	8	9	7	3	3	9	6
多样性	39	39	15	3	9	9	14	8	4	10
生物控制	26	19	23	10	9	6	7	6	5	15
生物降解	26	55	11	12	17	6	8	4	7	8
土壤	24	33	38	10	10	9	8	8	12	8
细菌	48	28	25	14	15	12	5	7	16	17
微生物群落	40	87	9	13	20	5	13	15	7	10
植物生长	27	42	62	17	18	20	14	14	29	16

图 8-9　全球微生物菌剂领域发文量前十的国家在前十热点研究主题的论文分布情况

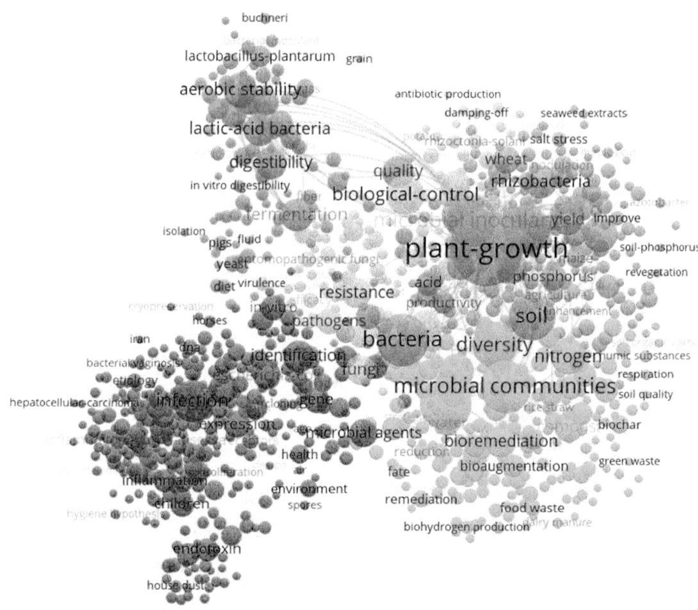

图 8-10　基于 VOSviewer 构建的微生物菌剂研究高频词共现图谱

图 8–11 所示的研究热点主题密度中，颜色越深，表明词频出现的概率越高，越趋向于研究热点。对深色区域的关键词进行综合分析，得出的主要研究热点主题有 Plant-Growth、Soil、Microbial Communicaties、Bacteria、Diversity、Infection、Biological-Control、Rhizobacteria 等。

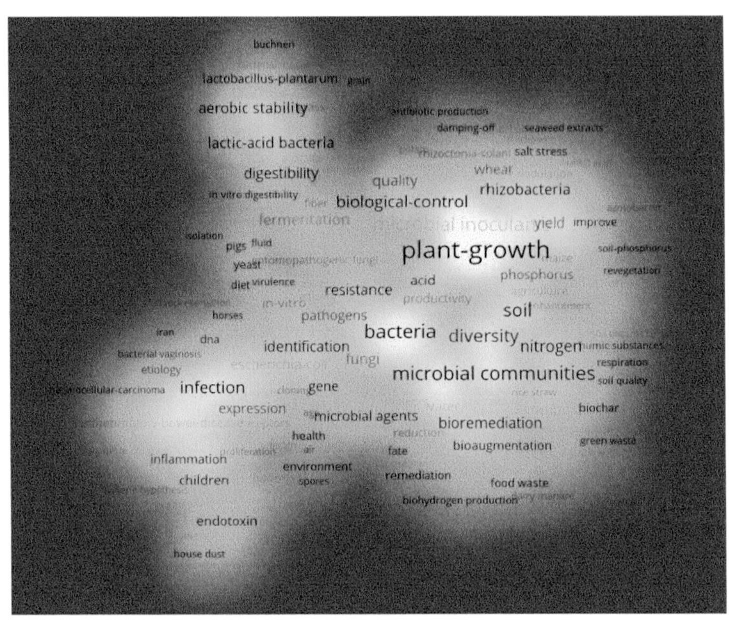

图 8–11　基于 VOSviewer 构建的微生物菌剂基础研究热点主题密度

图 8–12 的时间热度地图展现了微生物菌剂研究同主题的演变情况。由图可见，文章内容从内毒素、生物感染、肿瘤研究逐渐向病毒、生物控制、生物降解、发酵等的研究转变，再到后来的植物生长、微生物群落、微生物组等方向。

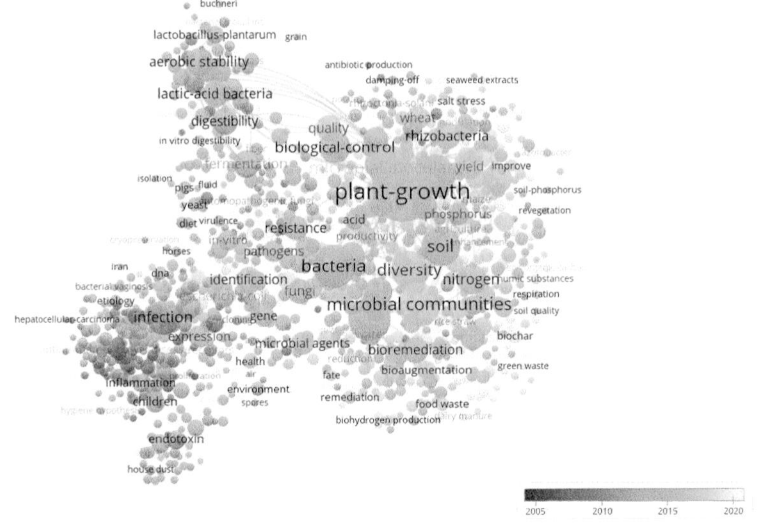

图 8–12　基于 VOSviewer 构建的微生物菌剂基础研究趋势变化

第四节　全球应用研究进展

基于科睿唯安公司（Clarivate Analytics）的德温特创新索引 DII（Derwent Innovations Index）为分析研究的基础数据源，共检索到 15 842 件相关专利（数据检索时间范围：1900 年 1 月 1 日至 2021 年 12 月 31 日）。

一、专利数量及年度变化分析

微生物菌剂领域专利数量及年度变化情况如图 8–13 所示，该领域的专利最早出现在 1977 年，仅有 2 件，1977—2005 年专利数量均较少，表明这段时间微生物菌剂相关的应用研究较少。自 2006 年开始，微生物菌剂相关的专利数量开始明显增长，到 2010 年，出现了波动下降，2011 年开始快速增长，并一直保持着强劲的增长态势，2018 年专利数量达到了 2360 件。目前，微生物菌剂领域专利研发正处于高速发展阶段。

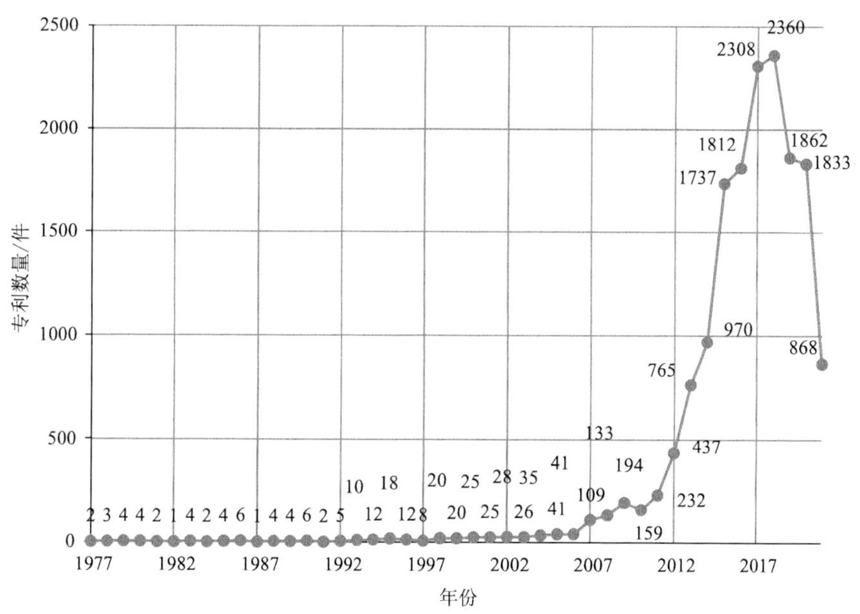

图 8–13　全球微生物菌剂领域专利数量年度变化情况

二、主要优先权国家 / 机构分析

全球微生物菌剂领域专利产出数量排名第一的国家是中国，专利数量为 14 946 件，占该领域全球专利总量的 94.34%。专利数量排名第二到第十一的国家 / 机构包括韩国、美国、加拿大、日本、世界知识产权组织、巴西、欧洲专利局、澳大利亚、英国和法国（图 8–14），其中韩国专利数量为 486 件，占该领域全球专利总量的 3.07%；美国专利数

量为 222 件，占该领域全球专利总量的 1.40%；加拿大专利数量为 50 件，占该领域全球专利总量的 0.32%。

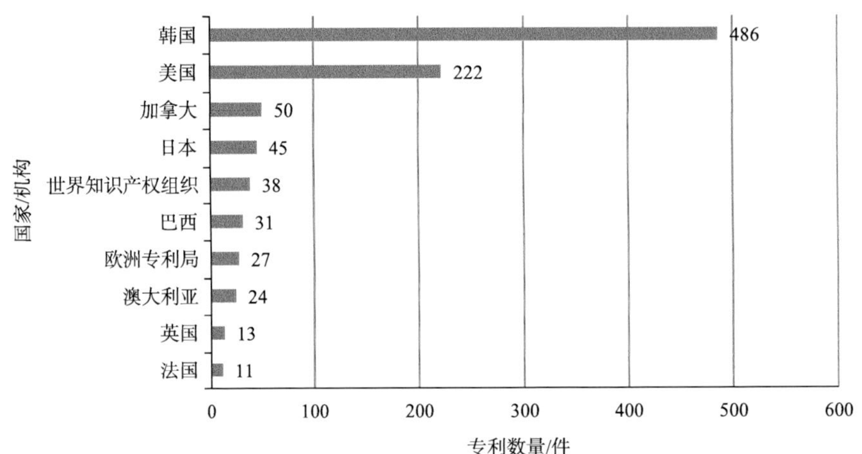

图 8–14 全球微生物菌剂领域专利数量第二到第十一国家 / 机构的分布情况

分析全球微生物菌剂领域专利申请主要国家 / 机构的合作情况可以看出，美国、欧洲专利局、世界知识产权组织、巴西、加拿大之间的直接合作强度较大，与其他国家之间的合作较少（图 8–15）。

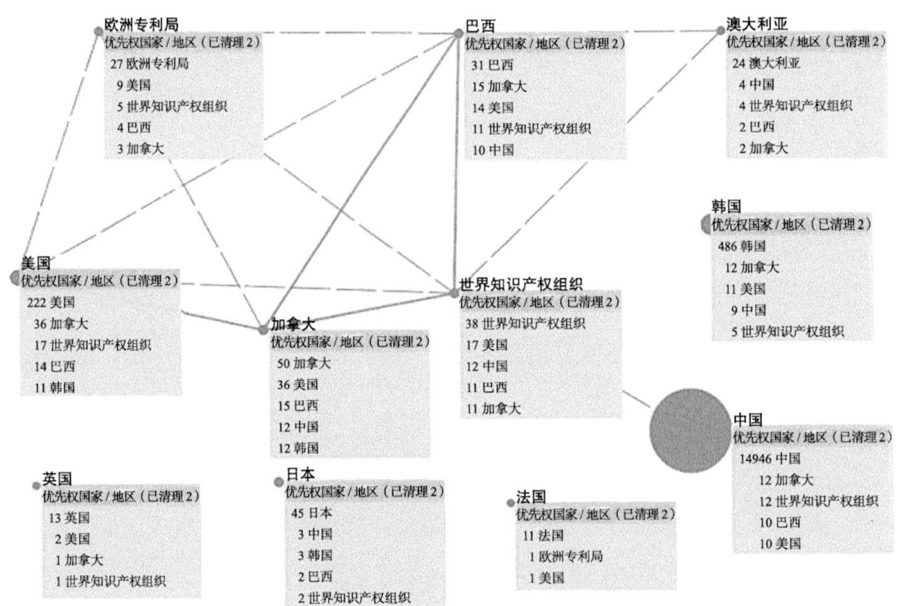

图 8–15 全球微生物菌剂领域专利国际合作情况

三、主要专利权人分析

全球微生物菌剂领域专利数量排名前十的专利权人均为中国机构，包括中国农业科学院、江阴昊松格氏生物技术有限公司、中国科学院、江南大学、南京农业大学、无锡物语环境科技有限公司、贵州大学、中国农业大学、山东胜伟园林科技有限公司、中国烟草总公司。在专利数量排名前十的机构中，有 6 所高校 / 科研院所和 4 家企业，其中专利数量最多的科研院所为中国农业科学院，为 169 件，约占本领域中国专利总件数的 1.13%，约占本领域全球全部专利数量的 1.07%；专利数量最多的企业为江阴昊松格氏生物技术有限公司，为 160 件，约占本领域中国专利总件数的 1.07%，约占本领域全球全部专利数量的 1.01%（表 8–6）。

表 8–6　全球微生物菌剂领域专利数量前十的专利权人

序号	专利权人	专利数量 / 件
1	中国农业科学院	169
2	江阴昊松格氏生物技术有限公司	160
3	中国科学院	154
4	江南大学	141
5	南京农业大学	101
6	无锡物语环境科技有限公司	97
7	贵州大学	72
8	中国农业大学	68
9	山东胜伟园林科技有限公司	66
10	中国烟草总公司	63

主要专利权人中，中国农业科学院、中国科学院、贵州大学和中国烟草总公司之间的合作较多，江阴昊松格氏生物技术有限公司、无锡物语环境科技有限公司、山东胜伟园林科技有限公司作为企业，与高校之间的合作较少（图 8–16）。

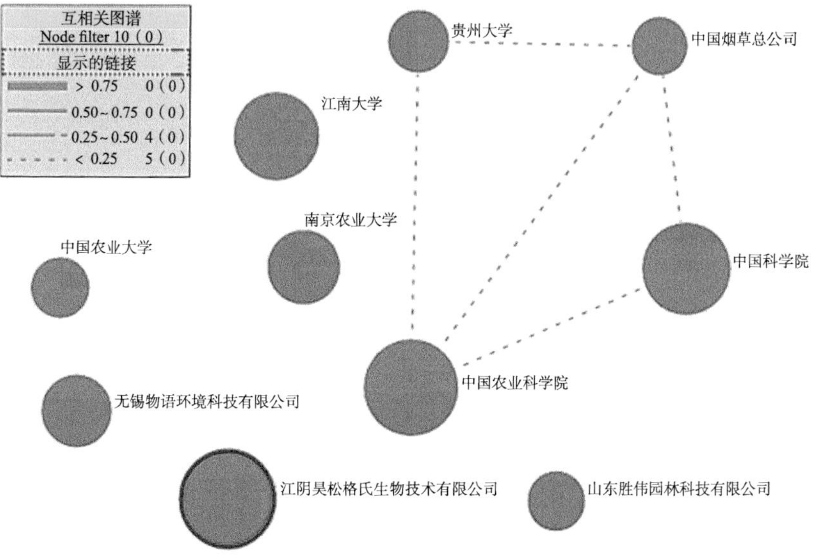

图 8–16　全球微生物菌剂领域主要专利权人合作情况

四、主要研发技术方向分析

以 IPC 分类号为基础，通过统计专利技术的出现频次，可以发现全球微生物菌剂领域专利的研究主题主要集中在 C05G-003/00（一种或多种肥料与无特殊肥效的添加剂组分的混合物）、C05F-017/00（以生物或生化处理步骤为特征的肥料的制备，如堆肥或发酵）、C02F-003/00（水、废水或污水的生物处理）、A01N-063/00（杀生物剂、驱虫剂、引诱剂或植物生长调节剂）、A01P-003/00（杀菌剂）、A23K-010/00（动物饲料）、C05F-011/00（其他有机肥料）、C09K-017/00（土壤调节材料或土壤稳定材料）、B09C-001/00（土壤污染复原）、A01P-021/00（植物生长调节剂）（表 8–7）。

表 8–7 全球微生物菌剂领域前十的热点技术方向

序号	IPC 号	中文释义	专利数量 / 件	全球占比
1	C05G-003/00	一种或多种肥料与无特殊肥效的添加剂组分的混合物	4998	31.55%
2	C05F-017/00	以生物或生化处理步骤为特征的肥料的制备，如堆肥或发酵	2340	14.77%
3	C02F-003/00	水、废水或污水的生物处理	1694	10.69%
4	A01N-063/00	杀生物剂、驱虫剂、引诱剂或植物生长调节剂	1629	10.28%
5	A01P-003/00	杀菌剂	881	5.56%
6	A23K-010/00	动物饲料	858	5.42%
7	C05F-011/00	其他有机肥料	854	5.39%
8	C09K-017/00	土壤调节材料或土壤稳定材料	775	4.89%
9	B09C-001/00	土壤污染复原	685	4.32%
10	A01P-021/00	植物生长调节剂	657	4.15%

图 8–17 是全球微生物菌剂领域专利数量前十的机构在前十热点技术方向的专利分布情况。可以发现，中国农业科学院的专利主要集中在 C05G-003/00（一种或多种肥料与无特殊肥效的添加剂组分的混合物）、A01N-063/00（杀生物剂、驱虫剂、引诱剂或植物生长调节剂）、A01P-003/00（杀菌剂）、C05F-011/00（其他有机肥料）、A01P-021/00（植物生长调节剂）等方面；中国科学院的研究主要集中在 C05G-003/00（一种或多种肥料与无特殊肥效的添加剂组分的混合物）和 C02F-003/00（水、废水或污水的生物处理）方面；江南大学的研究主要集中在 C02F-003/00（水、废水或污水的生物处理）和 A23K-010/00（动物饲料）等方面；江阴昊松格氏生物技术有限公司和无锡物语环境科技有限公司这两家企业虽然专利总量较多，但在前十的研究方向专利申请很少。

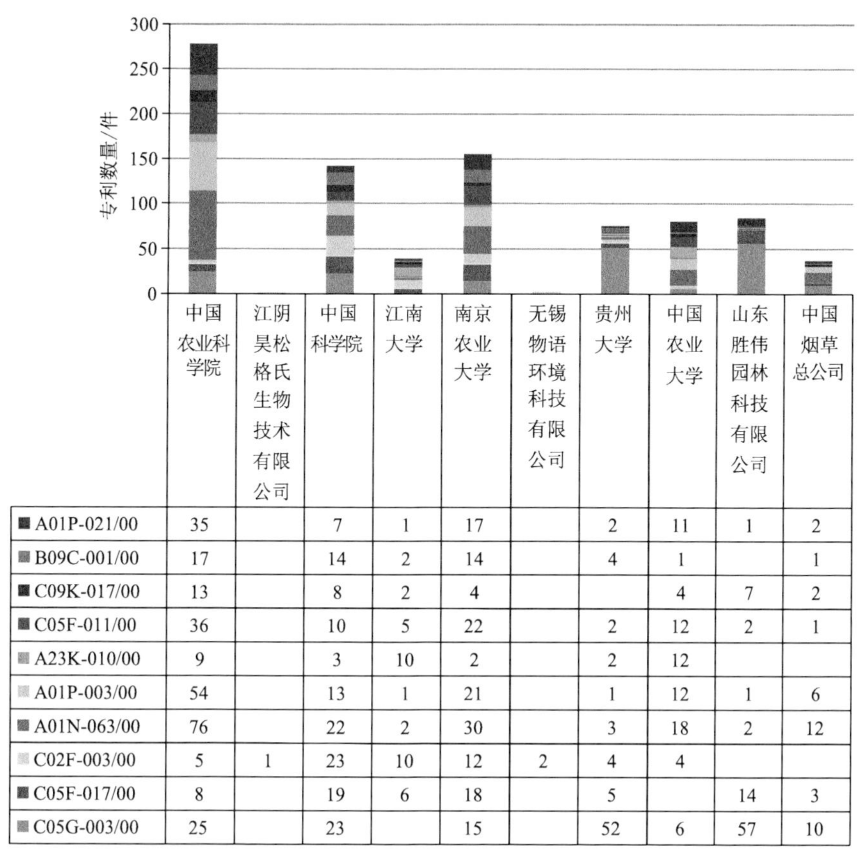

	中国农业科学院	江阴昊松格氏生物技术有限公司	中国科学院	江南大学	南京农业大学	无锡物语环境科技有限公司	贵州大学	中国农业大学	山东胜伟园林科技有限公司	中国烟草总公司
A01P-021/00	35		7	1	17		2	11	1	2
B09C-001/00	17		14	2	14		4	1		1
C09K-017/00	13		8	2	4			4	7	2
C05F-011/00	36		10	5	22		2	12	2	1
A23K-010/00	9		3	10	2		2	12		
A01P-003/00	54		13	1	21		1	12	1	6
A01N-063/00	76		22	2	30		3	18	2	12
C02F-003/00	5	1	23	10	12	2	4	4		
C05F-017/00	8		19	6	18		5		14	3
C05G-003/00	25		23		15		52	6	57	10

图 8–17　全球微生物菌剂领域专利数量前十的机构在前十热点技术方向的专利分布情况

图 8–18 是全球微生物菌剂领域专利数量第二到第十一的国家 / 机构在前十热点技术方向的专利分布情况。可以发现，韩国、美国、加拿大、日本、世界知识产权组织、巴西、欧洲专利局、澳大利亚的研究均重点关注了 A01N-063/00（杀生物剂、驱虫剂、引诱剂或植物生长调节剂）；韩国的研究重点还包括 C02F-003/00（水、废水或污水的生物处理）、C05F-011/00（其他有机肥料）。中国的专利研发主要集中在 C05G-003/00（一种或多种肥料与无特殊肥效的添加剂组分的混合物）、A01N-063/00（杀生物剂、驱虫剂、引诱剂或植物生长调节剂）和 A01P-003/00（杀菌剂）方面。

从全球微生物菌剂领域专利研发主题知识图谱可知，主要研发方向大体包括 5 个方向：一是原料，涉及水、粉末等；二是模型；三是二级种子培养液；四是种子活性；五是微生物菌剂的主要成分等（图 8–19）。

中国在微生物菌剂领域的专利数量在全球占有绝对优势，对比中国、美国、日本、韩国微生物菌剂领域专利研发主题知识图谱可知，中国在各个主要的技术方向都有涉及；美国、日本、韩国的研究均较少，涉及的技术研发方向主要包括微生物菌剂的主要成分、植物生长调节剂、生物感染等（图 8–20）。

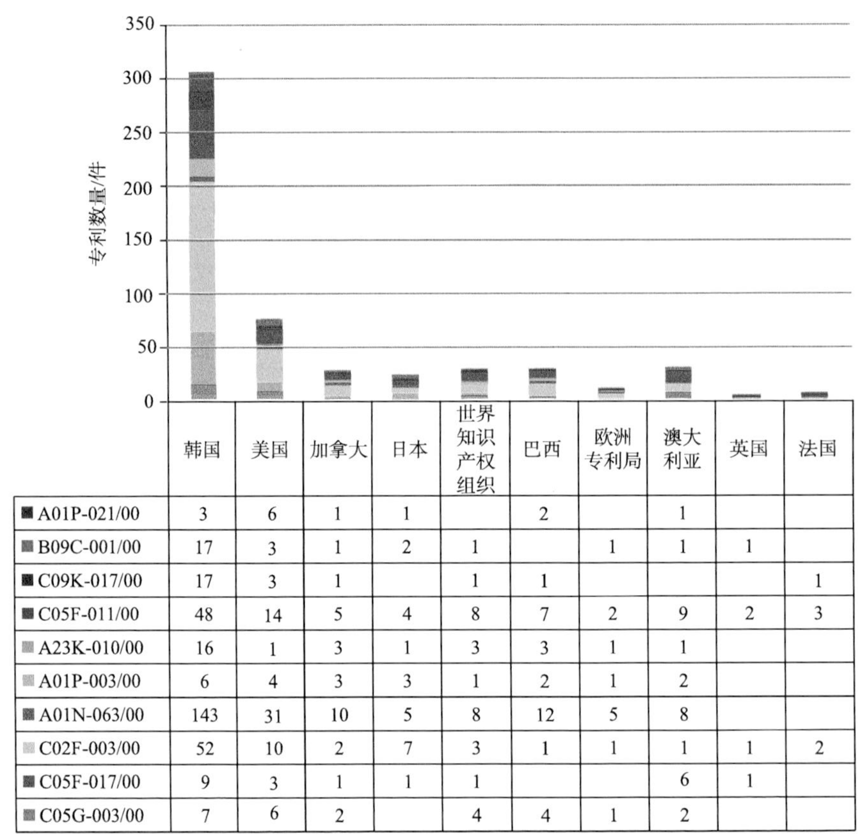

	韩国	美国	加拿大	日本	世界知识产权组织	巴西	欧洲专利局	澳大利亚	英国	法国
A01P-021/00	3	6	1	1		2		1		
B09C-001/00	17	3	1	2	1		1	1	1	
C09K-017/00	17	3	1		1	1				1
C05F-011/00	48	14	5	4	8	7	2	9	2	3
A23K-010/00	16	1	3	1	3	3	1	1		
A01P-003/00	6	4	3	3	1	2	1	2		
A01N-063/00	143	31	10	5	8	12	5	8		
C02F-003/00	52	10	2	7	3	1	1	1	1	2
C05F-017/00	9	3	1	1	1			6	1	
C05G-003/00	7	6	2		4	4	1	2		

图 8-18 全球微生物菌剂领域专利数量第二到第十一的国家 / 机构在前十热点技术方向的专利分布情况

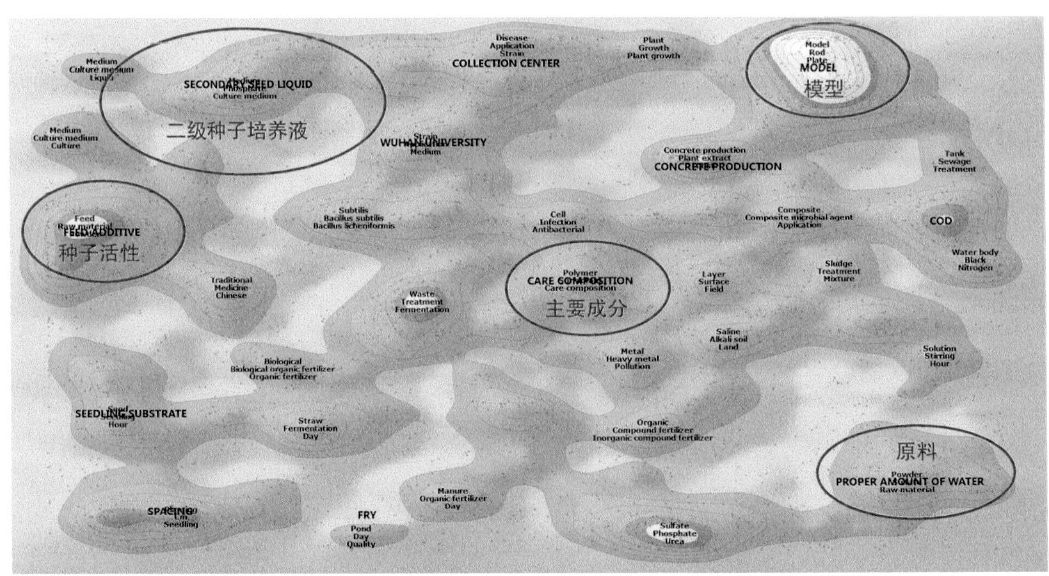

图 8-19 全球微生物菌剂领域专利研发主题知识图谱

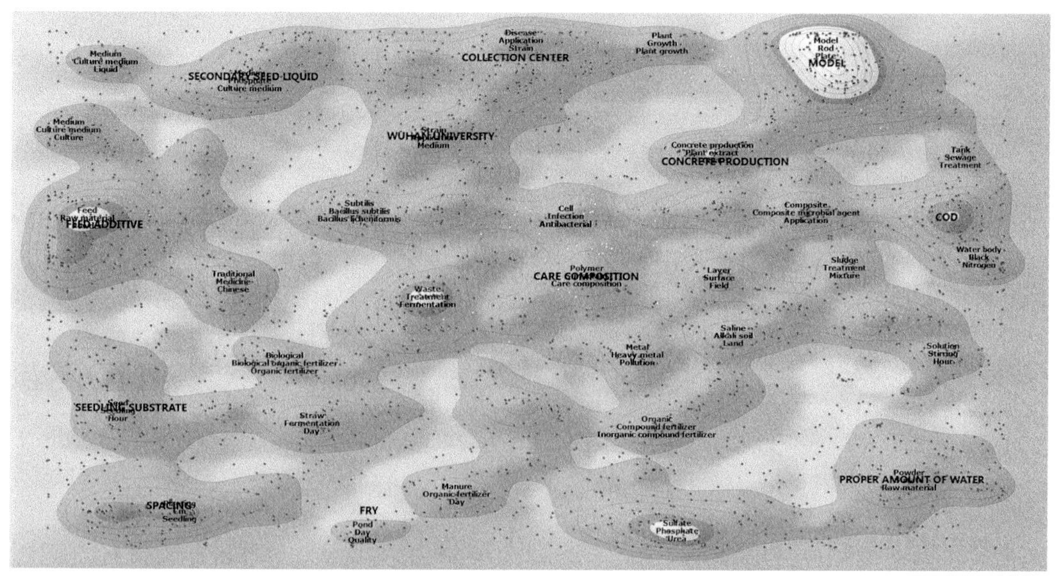

注：每个圆点代表一项专利技术，其中红色代表中国专利技术，蓝色代表日本专利技术，黄色代表美国专利技术，绿色代表韩国专利技术。

图 8-20　中美日韩微生物菌剂领域专利研发主题知识图谱对比

分析近 5 年（2016—2021 年）全球微生物菌剂领域专利研发主题知识图谱可知，近 5 年的研发方向主要集中在种植方法、生物酶解技术、模型、饲料发酵等方向（图 8-21）。

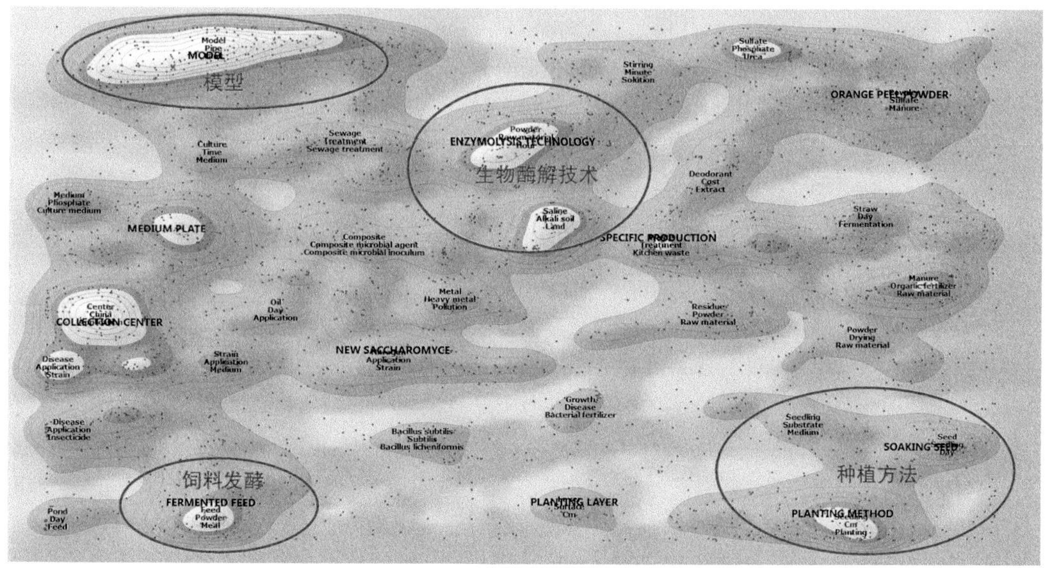

图 8-21　2016—2021 年全球微生物菌剂领域专利研发主题知识图谱

第五节 发展趋势预测及未来展望

在全球微生物菌剂研究领域，美国在科研项目、基础研究方面都表现出主导性的优势，全球微生物菌剂的研究与医学、农业科学和生物科学联系紧密，意味着其与人类的健康、生命和生活紧密相关。我国目前的应用研究较多，申请专利数量较其他国家 / 地区有明显优势，但是该领域我国和其他国家、机构之间的合作相对来说较少。

微生物菌剂在近年的农业发展中起着越来越重要的作用，特别是在增加土壤肥力、产生植物激素类物质刺激作物生长和防治有害微生物等 3 个方面。这是由于微生物菌剂可促进土壤中难溶性成分的溶解和释放，增加土壤中有机质，改善土壤中养分的供应能力。同时，微生物菌剂中的特定微生物还可分泌细胞分裂素、生长素等活性物质，进而促进农作物生长发育。此外，微生物菌剂还有提高作物抗逆性，增强植物防病、抗病能力的作用。微生物肥料作为新型肥料中的一员，不仅能够活化土壤养分、改善土壤理化性质、防治土壤有害微生物、提高肥料利用效率，而且具有促进作物生长、协助植物吸收养分、增加作物抗逆性、改善作物品质等作用，在化肥零增长行动中也具有重要作用①。

因此，我们需要进一步深入研发微生物菌剂，通过加强新型功能菌株的筛选，采用现代高通量筛选技术，对优良菌种的分类、培养特性、有效性指标、代谢产物，以及菌种对于土壤、作物品种的适应能力或要求等方面进行研究，再结合现代基因工程技术等手段，筛选出具有固氮（根瘤菌）、解磷（丛枝菌根等）、解钾、土壤修复、减轻和克服作物病害与连作障碍的新优良菌株，最终生产出优质的微生物菌剂，解决我国因土地流转速度加快和普通化肥过量使用导致的土壤板结和化肥使用的恶性循环问题。

2021 年 4 月 14 日，由中国农资传媒主办、河北萌帮水溶肥料股份有限公司承办、中国生物刺激剂发展联盟协办的“第二届解硅菌农业应用学术研讨会”在河北省石家庄市召开②。研讨会上，农业农村部相关领导、科研院所专家学者、阿氏菌项目的国内外专家深度解读硅在中国农业中的重要性及解硅菌的应用潜力，并进一步挖掘生物解硅技术在农业生产和应用上的更多可能性。会议专家们的共识是，当前我国微生物肥料产业总体上还处于新业态的初期阶段，业界人士对产业进入新业态要有充分的认识，并要按其发展要求，因势利导，提升自己的技术、产品和服务水平与层次；未来肥料一定是朝着高效、增产、提质、绿色的方向发展，微生物肥料新技术产品研发应用要朝着修复菌剂对土壤健康维护和修复、微生物肥料对作物增产增效（减肥增效）、应用微生物肥料提

---

① 周璇，沈欣，辛景树 . 我国微生物肥料行业发展状况 [J]. 中国土壤与肥料，2020（6）：293–298.

② “第二届解硅菌农业应用学术研讨会”召开 [EB/OL].（2021-04-15）[2022-04-15]. http://www.xinhuanet.com/food/2021-04/15/c_1127332848.htm.

升农产品质量、增强作物抗逆性功能等方向发展，其中解硅菌在以上 4 个方面都具有良好的应用前景[①]。

此外，还有专家指出，微生物标记在菌种鉴定、溯源和示踪，菌种特性代谢物的研究，微生物肥料（菌剂）高效应用机制的研究，微生物肥料（菌剂）登记的管理升级，特有功能性菌株的有效保护等方面具有重要意义。微生物肥料（菌剂）作为生物刺激剂的重要分支，功能性菌株特性代谢物的深度研究会越来越受到重视，并建议纳入登记管理。因此，加强微生物肥料（菌剂）生物标记方法的基础研究，建立高效通用的生物标记方法对微生物肥料（菌剂）的菌种保护和登记管理已势在必行[②]。

① 生物硅肥的开发与商业化实现突破，助力微生物肥料行业转型升级 [EB/OL]. (2021-04-15)[2022-04-15].https://www.163.com/dy/article/G7KCKLQB0514ALKP.html.

② “第二届解硅菌农业应用学术研讨会”召开 [EB/OL].（2021-04-15）[2022-04-15].http://www.xinhuanet.com/food/2021-04/15/c_1127332848.htm.